有机化学

主　编　宋东伟　张义友
副主编　冯　强　张纪红　冯俊霞　卓俊睿
参　编　刘　悦　宋　丹　王　欣　房　静
　　　　曹　佳　毕　野　徐　斌
主　审　陈　克

吉林大学出版社

图书在版编目（CIP）数据

　　有机化学 / 宋东伟，张义友主编. -- 长春：吉林
大学出版社，2017.7
　　ISBN 978-7-5692-0752-1

　　Ⅰ.①有… Ⅱ.①宋… ②张… Ⅲ.①有机化学—教
材 Ⅳ.①O62

中国版本图书馆 CIP 数据核字（2017）第 221958 号

书　　名　有机化学
　　　　　YOUJI HUAXUE

作　　者　宋东伟　张义友　主编
策划编辑　黄国彬　章银武
责任编辑　孟亚黎
责任校对　樊俊恒
装帧设计　赵俊红
出版发行　吉林大学出版社
社　　址　长春市朝阳区明德路 501 号
邮政编码　130021
发行电话　0431-89580028/29/21
网　　址　http://www.jlup.com.cn
电子邮箱　jdcbs@mail.jlu.edu.cn
印　　刷　三河市宇通印刷有限公司
开　　本　787×1092　1/16
印　　张　15
字　　数　380 千字
版　　次　2017 年 7 月　第 1 版
印　　次　2023 年 8 月　第 2 次印刷
书　　号　ISBN 978-7-5692-0752-1
定　　价　48.00 元

前　言

高等职业教育作为高等教育发展中的一个类型，担负着为生产、建设、服务和管理第一线培养高技能人才的历史使命。有机化学课程是高职高专药学、药品检测技术与安全专业、药品生产技术专业（化学药方向、生物药方向、中药方向、药物制剂方向）、食品检测技术等专业必修的专业基础课程。本书是根据高等职业教育培养高素质技能型人才的培养目标，以就业为导向、能力为本位、学生为主体的原则，为药学及药物生产技术等专业的学科建设需要而编写的教材。

本书本着"必须，够用，实用"的原则，降低理论知识的难度，突出知识的应用性；实践中坚持以职业活动为导向，注重职业技能的培养。本书内容安排上每一章节有学习目标、章节主要内容、相关的知识链接、章后小结、目标检测题等项目，以适应课上课下的教学需要，为后续课程奠定基础。第一章为有机化学基础概述，总体叙述有机化学中的基本理论和概念，为后续章节内容奠定基础。第二章到十六章为烃及烃的衍生物、对映异构、含氮化合物、糖类、杂环等具体内容；第十七章为有机化学实验，以培养学生动手能力和基本素质为目标，选取较多的综合性实验，不同专业可以根据要求自行选择安排内容。

本书由天津生物工程职业技术学院的宋东伟和张义友担任主编，由天津生物工程职业技术学院的冯强和张纪红、石家庄学院的冯俊霞和遵义医药高等专科学校的卓俊睿担任副主编，其他参加编写人员包括天津生物工程职业技术学院的刘悦、宋丹、王欣、毕野、房静、曹佳和徐斌等。本书由陈克教授担任主审。本书在编写过程中得到系部及学校各位领导大力支持，在此一并表示感谢！本书的相关资料和售后服务可扫封底微信二维码或登录www.bjzzwh.com下载获得。

本书在编写过程中，难免有疏漏和不当之处，敬请各位专家及读者不吝赐教。

编　者

前　言

目录

第一章 有机化学基础概述

学习目标

掌握：有机化合物的特性及其结构表示方法。

熟悉：价键理论基本内容及共价键参数。

了解：有机化合物中的电子效应。

第一节 有机化合物和有机化学

一、有机化合物和有机化学发展概述

人们最初认识有机物大都是由动植物等有机体得到的物质，例如 18 世纪从葡萄汁中获得了酒石酸，从尿液中获得尿素，从酸牛奶中取得了乳酸等。由于这些物质均为从有生命的物体中获得，并且由于当时的条件所限制，不能用人工合成，"有机"这一词便由此而生。1828 年，维勒（Wholer）第一次人工合成了尿素；1845 年，Kolbe 合成了醋酸；1854 年，Berthelot 合成了油脂。随着科学的发展，更多的有机物被合成，"生命力"才彻底被否定，从此有机化学进入了合成的时代。到目前已经合成了几千万种的化合物。有机化合物是指含有碳氢化合物及其衍生物，可含有 C、H、O、N、P、S 等元素。有机化学是研究有机化合物的结构、性质、合成、反应机理及化学变化规律和应用的一门科学。

二、有机化合物的特性

有机化合物在生活中十分广泛，与无机化合物比较，大多数有机化合物具有以下特性：

1. **有机化合物容易燃烧**

燃烧产物主要是 CO_2 和 H_2O，若除碳氢外还有其他元素，产物还包括这些元素的氧化物。通常可根据生成物的组成和数量来进行元素定性及定量分析。而大多数无机化合物难以燃烧。

2. 有机化合物熔点、沸点较低

很多典型的无机物是离子化合物，它们的结晶是由离子排列而成的，晶格能较大，若要破坏这个有规则的排列，则需要较多的能量，故熔点、沸点一般较高。而有机物多以共价键结合，它的结构单元往往是分子，其分子间范德华力作用力较弱。因此，熔点、沸点一般较低。

3. 有机化合物反应速率慢

无机反应一般都是离子反应，往往瞬间可完成。例如卤离子和银离子相遇时即刻形成不溶解的卤化银沉淀。有机反应一般是非离子反应，速率较慢，副产物较多。为了加速有机反应速率，常用加热、加催化剂或用光照射等手段进行。

4. 有机化合物难溶于水，易溶于有机溶剂

汽油、食用油、氯仿、苯等有机物不易溶于水，而溶于石蜡等有机溶剂。这是由于汽油与石蜡分子是弱极性或非极性分子，分子间作用力相差不大。一般物质的溶解性遵循相似相溶原则，即极性强的化合物易溶于强极性的溶剂中，极性弱或非极性化合物易溶于极性弱或非极性的溶剂中。

5. 有机化合物反应复杂，副产物多

有机反应常伴有副反应发生。有机物分子比较复杂，能发生反应的部位比较多。因此反应时常产生复杂的混合物使主要的反应产物大大降低。一个有机反应若能达到 60%～70% 的产率，就比较令人满意了。但科学研究中为了提取某种需要的物质，往往产率只有 1% 也认为可行。由于产物复杂，所以有机物的分离技术显得很重要。

6. 有机化合物种类数量多，结构繁杂

有机物至今已有二千多万种以上，而且还在不断增加。构成有机物的元素不多，但数量很多，其主体 C 原子结合得很牢固，结合的方式也多种多样，所以结构繁杂，存在多种异构体（碳链、位置、几何、旋光等）。

7. 有机化合物导电性能差

有机化合物一般是非电解质，在水溶液或熔融状态下不导电。有机化合物中的化学键大多数都是非极性或弱极性的共价键，在水溶液或熔融状态难以电离成离子，故有机化合物一般为非电解质。

上述有机化合物的这些特性，是相对大部分有机化合物而言的，个别有机化合物也有特殊情况。例如乙醇、醋酸等溶于水，四氯化碳不易燃烧等。

三、药学与有机化学的关系

生命运动从分子水平上就是有机化学，95% 以上的药物为有机化合物。药物的制备、质量控制、贮存、作用机制、代谢都与有机化学密切相关。有机化合物的结构特征是全部有机化学的基础，从化合物的结构特征出发，可以很好地理解有机化合物的主要性质特征，包括物理性质和化学性质。在认识了有机化合物的性质的基础上，进一步寻找合适的方法和途径实现有机化合物间的相互转化，为实现目标药物开发、应用等奠定良好的基础。

四、有机化合物的分类

有机化合物数量庞大，一般结构相似的化合物，其性质也相似。故常根据结构特征有两种分类方法，一是根据碳原子的连接方式（碳链骨架）分类；另一种是按官能团分类。

（一）按碳链骨架分类

1. 开链化合物（脂肪族化合物）

该类化合物分子中的碳原子之间相互连接形成开放的碳链，可以是直链，也可以带支链。由于脂肪中含有这种开链结构，所以又称为脂肪族化合物。例：

$$CH_3CH_2CH_2CH_2CH_3 \qquad CH_3CHCH_2CH_2CH_3$$

2. 环形化合物

环形化合物是指原子首尾相连组成的具有一个或多个环型的化合物。包括碳环化合物和杂环化合物。脂环族化合物与芳香族化合物都属于碳环化合物。杂环化合物又可分为脂杂环和芳杂环化合物。

（1）脂环族化合物

该类化合物是由开链化合物的分子首尾相连闭合而成，其性质与相应的开链化合物相似。例：

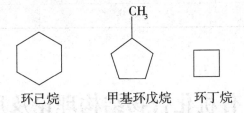

环己烷　　　甲基环戊烷　　　环丁烷

（2）芳香族化合物

该类化合物分子结构中含有苯环或稠合芳香环，其性质与脂环族化合物区别较大。因该类物质最初是从某些具有芳香气味的物质中得到的，故称为芳香族化合物。

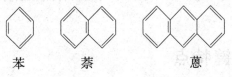

苯　　　　萘　　　　蒽

（3）杂环化合物

该类化合物分子中，成环的原子除了碳原子外还有其他的原子（称为杂原子）构成。杂原子通常可以是氧、氮、硫等。例如：

呋喃　　　　吡咯　　　　吡啶

（二）按官能团分类

官能团是指有机化合物分子中比较活泼而且容易发生化学反应的一些原子和原子团，官能团可以决定化合物的主要性质。因此，我们可以采用按官能团分类的方法来研究有机化合物（见表1-1）。

表 1-1　有机化合物的分类及其官能团

官能团	名称	化合物类别
$>C=C<$	双键	烯烃
$-C\equiv C-$	三键	炔烃
$-X$（F，Cl，Br，I）	卤素	卤代物
$-OH$	羟基	醇（脂族）酚（芳香族）
$-O-$	醚键	醚
$-CHO$	醛基	醛
$>C=O$	酮基	酮
$-COOH$	羧基	羧酸
$-SO_3H$	磺酸基	磺酸
$-NO_2$	硝基	硝基化合物
$-NH_2$	氨基	胺
$-CN$	氰基	腈

第二节　有机化合物结构理论及反应类型

碳是构成有机化合物的基本元素，碳原子的结构特点和独特的成键方式是有机化合物数量众多的重要原因。

一、碳原子成键特点

19世纪后期，凯库勒和古柏尔在有关结构学说的基础上，确定有机化合物中碳原子为四价经典理论。因为其最外层为4个电子，在化学反应中不容易失去或得到电子，常常通过共用4对电子来与其他原子相结合，形成共价键。

例如：碳原子可与四个氢原子形成四个C—H键而生成甲烷。

$$\cdot \overset{\cdot}{\underset{\cdot}{C}} \cdot + 4H \times \longrightarrow H \overset{H}{\underset{H}{\overset{\times}{\underset{\times}{C}}}} H \qquad H - \overset{H}{\underset{H}{\overset{|}{\underset{|}{C}}}} - H$$

由一对电子形成的共价键叫作单键，用一条短直线表示，如果两个原子各用两个或三个未成键电子构成的共价键，则构成的共价键为双键或三键。碳原子可以与 C、H、O、N、S 等原子形成不同的共价键。

$$C—C \qquad\qquad C=C \qquad\qquad C≡C$$
碳碳单键　　　　　　碳碳双键　　　　　　碳碳三键

二、共价键理论

1. 共价键形成的基本要点

价键的形成是原子轨道的重叠或电子配对的结果，当两个原子都有未成键电子，并且自旋方向相反，就能配对形成共价键。若成键电子自旋方向相同，则不能形成共价键。

共价键具有饱和性，是指当一个原子的未成对电子已经配对成键后就不能再与其他原子的未成对电子配对的现象。例如，当氢原子的 1s 电子与氯原子的 3p 电子配对形成 HCl 后，就不可能与第二个氯原子结合。一般情况下，原子的未成对电子数等于它的化合价或共价键的数目。

两个原子的轨道发生重叠成键时，应尽可能沿着重叠最大的方向进行，即共价键的方向性。原子轨道重叠程度越大，成键越牢固。而 p 电子的原子轨道具有一定的空间取向，只有当它从某一方向互相接近时才能使原子轨道得到最大的重叠，生成的分子的能量得到最大程度的降低，才能形成稳定的价键。

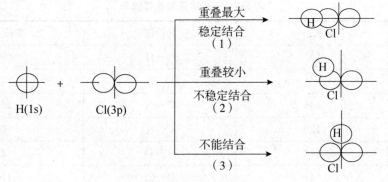

图 1-1　HCl 共价键形成

2. 共价键的种类

根据原子轨道中电子重叠方式不同，共价键可分为 σ 键和 π 键两种类型。如果成键的两个原子沿着键轴的方向发生头碰头的相互重叠，电子云围绕键轴呈圆筒形成对称分布，在两个原子之间电子云密度最大，此时形成的共价键叫 σ 键，如图 1-2。

若两个相互平行的 p 轨道从侧面以肩并肩的方式相互重叠，其重叠部分不呈圆筒形对称分布，而是具有一个对称面，由键轴的上下两部分组成，称为 π 键，如图 1-3 所示。

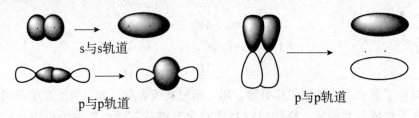

图 1-2　形成σ键示意图　　　　　图 1-3　肩并肩形成 π 键示意图

σ键和 π 键形成方式不同，二者的特点也不同，对比如表 1-2 所示：

表 1-2　σ键与 π 键比较异同

类别	σ键	π 键
重叠程度	头碰头，重叠大	肩并肩，重叠小
轴对称	是，可自由旋转	否，不能自由旋转
存在形式	可单独存在	与σ键共存于双键或三键中
稳定性	稳定，不易断裂	不稳定，易断裂

三、共价键的键参数

共价键的性质主要通过键长、键角、键能和键的极性等物理量来体现，统称为键参数。

1. 键长

键长是形成共价键的两个原子核间距离，其主要取决于成键原子间电子云的重叠程度，重叠程度越大，键长越短。键长还与碳原子的杂化方式及成键类型有关。一般键长越短，键越强、越牢固。键长越长，越易发生化学反应。一些常见共价键键长如表 1-3 所示。

表 1-3　一些常见共价键键长

共价键	键长/pm	共价键	键长/pm
C—H	107	N—H	109
C—C	154	C—N	147
C=C	135	C=N	129
C≡C	120	C≡N	116
C—O	143	C=O	122
C—F	141	C—Cl	176
C—Br	194	C—1	214

上表中数据是平均值。由数据可以看出，双键或三键的形成，不是单键键长的叠加数值；由于重键形成，使两个原子核之间的电子云重叠程度加大，使键长缩短。

2. 键角

键角是指分子中从同一个原子发出的两个共价键之间的夹角。键长和键角决定着分子的立体形状。在有机化合物分子中，饱和碳的四个键的键角 109.5°才稳定。

3. 键能

键能指断裂单个特定共价键所吸收的能量，也称为该键的解离能。键能越大，两个原子结合越牢固，键越稳定，见表1-4。

表 1-4　一些常见共价键键能

共价键	键能/（kJ/mol）	共价键	键能/（kJ/mol）
C—H	411	N—H	391
C—C	345	O—H	464
C=C	610	C—N	307
C≡C	835	C=O（醛）	736
C—O	361	C=O（酮）	748
C—F	485	C—Cl	340
C—Br	286	C—I	218

4. 键矩——键的极性

键矩是用来衡量键极性的物理量。键的极性与键合原子的电负性有关，一些元素电负性数值大的原子具有强的吸电子能力。常见元素电负性见表1-5。

表 1-5　常见元素电负性为

元素	H	C	N	O	F	Si	P	S	Cl	Br	I
电负性	2.1	2.5	3.0	3.5	4.0	1.8	2.1	2.5	3.0	2.96	2.0

对于两个相同原子形成的共价键来说，可以认为成键电子云均匀地分布在两核之间，这样的共价键没有极性，为非极性共价键。例如 H—H 是非极性，键矩为 0，其电子云均匀分布于两个原子之间。但当两个不同原子形成共价键时，由于原子的电负性不同，成键电子云偏向电负性大的原子一边，这样另一个原子带有部分正电荷。电子云不完全对称而呈现极性叫作极性共价键，可用箭头表示这种极性键，也可以用 δ^+、δ^- 标出极性共价键的带电情况。一个共价键或分子的极性的大小用键矩（偶极矩）μ 表示，μ 的单位用 D（德拜 Debye）表示。键矩有方向性，通常规定其方向由正到负，用箭头→表示。例如：

$$\overset{\delta^+}{H} \longrightarrow \overset{\delta^-}{Cl} \qquad \overset{\delta^+}{CH_3} \longrightarrow \overset{\delta^-}{Cl}$$

$$\mu = 1.03D \qquad \mu = 1.94D$$

常见的共价键的偶极矩见表1-6。

表 1-6　常见共价键偶极矩

共价键	偶极矩/〔（C·m）×10^{-30}〕	共价键	偶极矩/〔（C·m）×10^{-30}〕
C—H	1.33	C—F	4.70
O—H	5.04	C—Cl	4.87
N—H	4.37	C—Br	4.60
C—O	2.47	C—I	3.97
C—N	0.73	C≡N	11.67

键的极性影响整个分子的极性，分子的偶极矩是各键的键矩总和，键矩的向量。又如

CH_3—Cl 电子云靠近其中电负性较大的 Cl 原子。因此，用带微量电荷表示。这样的键角有一定键矩，键矩为 1.94D，是极性共价键。CH_4 的键矩为 0，是对称分子。注意，由极性键组成的分子不一定是极性分子，例如 CCl_4 是极性键，但是 CCl_4 是非极性分子。

四、共价键的断裂及反应类型

有机化合物发生化学反应的实质是某些旧的化学键的断裂和新的共价键的形成过程。研究共价键的断裂方式有两种——均裂和异裂。

1. 均裂——成键的一对电子平均分给两个原子或原子团，生成两个自由基。

$$A:B \longrightarrow A\cdot + B\cdot$$
$$自由基$$

在有机反应中，共价键按均裂方式进行的反应叫作自由基反应。一般自由基作为反应的中间体，单独存在时间十分短暂，但通过特殊的方法能够捕获到。

2. 异裂——成键的一对电子在断裂时分给某一原子和原子团，生成正负离子。

$$
\begin{array}{c}
(1) \\
C\;|:\;X \longrightarrow \\
(2)
\end{array}
\begin{array}{c}
\xrightarrow{(1)} \quad C^+ \quad + \quad X^- \\
碳正离子 \\
\xrightarrow{(2)} \quad C^- \quad + \quad X^+ \\
碳负离子
\end{array}
$$

在有机反应中，按共价键异裂方式进行的反应叫作离子型反应。根据反应进攻试剂不同，可分为亲电、亲核反应两种类型。

$$
离子型反应
\begin{cases}
亲电反应 \longrightarrow 由亲电试剂进攻而引发的反应；\\
亲核反应 \longrightarrow 由亲核试剂进攻而引发的反应。
\end{cases}
$$

在反应过程中能够接受电子的试剂称为亲电试剂，例如 H^+，Cl^+，Br^+，SO_3，BF_3，$AlCl_3$ 等均为亲电试剂。在反应过程中能够提供电子而进攻反应物中带部分正电荷的碳原子的试剂称为亲核试剂，例如 $-OH$，$-NH_2$，$-CN$，H_2O，NH_3 等含有孤对电子的物质及负离子都是亲核试剂。

3. 按有机反应形式分类

有机化学反应根据反应物和生成物的组成和结构变化进行分类，常提到氧化还原、加成、消除、取代、聚合、重排反应等。

(1) 氧化还原反应：原子或离子失去电子叫氧化，得到电子叫还原。在共价键中，原子并未失去或得到整个电子，只是共享电子对更靠近电负性大的原子，在计算氧化数时，可以认为电负性大的原子得到一个电子，电负性小的原子失去一个电子。有机化合物中所含的 O、N、S、X 等杂原子，其电负性都比 C 大，因此碳原子算"＋"，杂原子算"－"。碳原子与氢原子相连时则算"－"，相同原子相连时算 0；反应时，原子的氧化数增加为氧化，反之为还原。

在有机化学中，一般氧化反应是指分子中加入氧或失去氢的反应，例如乙醇氧化可以得到乙醛或乙酸。还原是指分子失去氧或得到氢的反应。

(2) 加成反应：有机化合物与另一种物质作用生成新的一种物质的反应称为加成反

应。例如乙烯与氢气作用生成乙烷的反应属于该类反应。

（3）消除反应：从有机化合物分子中消去一个简单分子的（如 H_2O，HX 等）而生成不饱和化合物的反应称为消除反应。例如，从卤代烃分子中脱去 HX 而生成烯烃的反应即为该类反应。

（4）取代反应：有机化合物分子中的原子或基团被其他的原子或基团所取代的反应，称为取代反应。例如烷烃分子中的氢原子被卤素取代的反应即为该类取代反应。

（5）聚合反应：是指低相对分子质量的小分子聚合成高相对分子质量的大分子（或高分子）的反应。例如乙烯在一定条件下聚合生成聚乙烯的反应，即属于聚合反应。

（6）重排反应：某些有机化合物由于自身不稳定，在一些试剂、加热或其他因素影响下，分子中某些原子或基团发生转移或碳原子骨架结构发生改变的反应称为重排反应。

五、键的极性在链上的传递——诱导效应

1. 诱导效应的产生

在有机化合物分子中由于某原子或基团对电子云的排斥或吸引，使得分子中的电子云发生变化。由于成键原子或基团的电负性不同而使成键电子云沿着分子链向电负性较大的原子或基团方向偏移的效应称为诱导效应。例如氯原子取代烷烃分子中的氢原子后，因为氯原子的电负性比较强，使得 C—Cl 的电子云向氯原子偏移而使氯原子相连的碳原子带上部分正电荷。这个原子又吸引与其相连的碳原子上的电荷，使得氯原子邻近的 C—C 的电子云也发生偏移。这种偏移程度逐渐减弱，一般超过第三个原子以后就忽略不计了。在氯原子的周围电子云密度大些，即带部分负电荷，用"δ^-"表示。与氯原子相连的碳原子失去较多的电子，所以带部分正电荷，用"δ^+"表示。与氯相差越远，影响越小，失去的电荷越少，所以带正电荷也越少，依次用"$\delta\delta^+$"、"$\delta\delta\delta^+$"表示。

$$\overset{\delta\delta\delta^+}{CH_3}-\overset{\delta\delta^+}{CH_2}-\overset{\delta^+}{CH_2}-\overset{\delta^-}{Cl}$$

2. 诱导效应的表示方法

诱导效应是有机物极性共价键本身具有永久性作用的静电效应，一般以 I 来表示，其电子云的移动方向是以 C—H 键的氢作为比较标准。当电负性大于氢原子的原子或基团（X）取代氢原子，则 C—X 键之间的电子云偏向于 X，与 H 相比，X 具有吸电子性，故称为吸电子基，其引起的诱导效应称为吸电子的诱导效应，用"$-I$"表示。若电负性小于氢原子的原子或基团（Y）取代氢原子，则 C—Y 键之间的电子云偏向于 C，与 H 相比，Y 具有斥电子性，故称为斥电子基，由其引起的诱导效应称为斥电子的诱导效应，用"$+I$"表示。

$$\overset{\delta^+}{Y}\longrightarrow\overset{\delta^-}{C} \qquad C—H \qquad \overset{\delta^+}{C}\longrightarrow\overset{\delta^-}{X}$$

$$+I\text{效应} \qquad\qquad \text{比较标准} \qquad\qquad -I\text{效应}$$

3. 诱导效应的相对强度

一般具有 $+I$ 效应的原子团主要是负离子及烷基，其相对强度如下：

$-O^->-COO^->(CH_3)_3C->(CH_3)_2CH->CH_3CH_2->CH_3-$；

对于－I效应的原子或基团，一般吸电子能力比较，同周期族元素电负性大的吸电子能力大，例如：

$$F>Cl>Br>I; \quad —F>—OR>—NR_2;$$

不同杂化状态的碳原子，S轨道成分越大，吸电子能力越强，例如：

$$—C\equiv CR>—CR=CR_2>—CR_2—CR_3$$

上述所说为静态诱导效应，有机反应中还有动态诱导效应的作用。

第三节　有机化合物构造式表示及结构异构体

一、有机化合物构造式的表示

有机化合物结构复杂，需要用构造式来表示分子的组成及分子的结构，表示方法有网状结构式、结构简式、键线式等。例如：

$$\begin{array}{ccccc} H & H & H & H & \\ | & | & | & | & \\ H—C—C—C—C—H & & & & , \\ | & | & | & | & \\ H & H & H & H & \end{array} \qquad CH_3—CH_2—\underset{\underset{CH_3}{|}}{CH}—CH_3 \qquad CH_3CH_2CHCH_3 \underset{CH_3}{|} ,$$

网状结构式　　　　　　　　　结构简式　　　　　　　　　键线式

二、有机化合物的结构异构体

在有机化合物中，分子式相同，结构不同的化合物称为同分异构体，也叫结构异构体，包括构造异构、立体异构等。构造异构体是指因分子中原子的连结次序不同或者键合性质不同而引起的异构体。构造异构体又包括碳架异构体、位置异构体、官能团异构体、互变异构体、价键异构体。立体异构分为构型和构象异构。构型异构体分为几何异构体、旋光异构体。构象异构体极限情况分为交叉式构象、重叠式构象。下面看一些分子构造异构的现象实例。

$$\text{同分异构体}\begin{cases} \text{构造异构体}\begin{cases} \text{碳架异构体} \\ \text{位置异构体} \\ \text{官能团异构体} \\ \text{价键异构体} \\ \text{互变异构体} \end{cases} \\ \\ \text{立体异构体}\begin{cases} \text{构型异构体}\begin{cases} \text{几何异构体} \\ \text{旋光异构体} \end{cases} \\ \text{构象异构体}\begin{cases} \text{交叉式构象} \\ \text{重叠式构象} \end{cases} \end{cases} \end{cases}$$

1. 碳架异构体是指因碳架不同而引起的异构体，例如：

$$C_4H_{10} \qquad CH_3CH_2CH_2CH_3 \qquad CH_3\overset{\overset{\displaystyle CH_3}{|}}{C}HCH_3$$

正丁烷 　　　　　 异丁烷

2. 位置异构体是由于官能团在碳链或碳环上的位置不同而产生的异构体，例如：

$$C_3H_8O \qquad CH_3CH_2CH_2OH \qquad CH_3\overset{\overset{\displaystyle OH}{|}}{C}HCH_3$$

1-丙醇 　　　　　 2-丙醇

3. 官能团异构体是指由于分子中官能团不同而产生的异构体，例如：

$$C_2H_6O \qquad CH_3OCH_3 \qquad CH_3CH_2OH$$

甲醚 　　　　　 乙醇

4. 互变异构体是指因分子中某一原子在两个位置迅速移动而产生的官能团异构体，例如：

$$C_3H_6O \qquad H_3C-\overset{\overset{\displaystyle O}{\|}}{C}-CH_2-H \Longleftrightarrow CH_3-\overset{\overset{\displaystyle OH}{|}}{C}=CH_2$$

丙酮 　　　　　 丙烯醇

立体异构地后面章节有专门介绍。

本章小结

知识点	知识内容归纳
有机化合物特点	绝大多数易燃、熔点沸点较低、反应速率慢；难溶于水，易溶于有机溶剂；反应复杂，副产物多；种类数量多，结构繁杂；导电性能差
有机化合物分类	按官能团及碳链骨架存在两种分类方式
官能团	有机化合物分子中比较活泼而且容易发生化学反应的一些原子和原子团，官能团可以决定化合物的主要性质
共价键种类及特点	σ键头碰头方式结合，重叠大，可单独存在，性质稳定，不易断裂 π键肩并肩方式结合，重叠小，需与σ键共存，不稳定，易断裂
共价键参数	键长、键角、键能和键的极性
共价键断裂方式	均裂和异裂
有机反应的类型	离子型反应；氧化还原反应；加成反应；消除反应；取代反应；聚合反应；重排反应
共价键的诱导效应	由于成键原子或基团的电负性不同而使成键电子云沿着分子链向电负性较大的原子或基团方向偏移的效应称为诱导效应
有机化合物结构表示	网状结构式、结构简式、键线式
同分异构体	分子式相同，结构不同的化合物称为同分异构体

目标检测

1. 解释下列术语：

(1) 有机化合物　(2) 共价键　(3) 键能　(4) 键角　(5) 键长

(6) σ键　(7) π键　(8) 均裂　(9) 异裂　(10) 诱导效应

2. 指出下列各化合物所含官能团的名称。

$$CH_3—CH=CH_2 \qquad CH_3CH_2Cl \qquad \underset{\qquad\quad|\quad\;\;\;}{CH_3CHCH_3} \\ \qquad\qquad\qquad\qquad\qquad\qquad\qquad\qquad OH$$

$$\underset{CH_3CH_2CH}{O} \qquad \underset{CH_3—C—CH_3}{O} \qquad CH_3CH_2COOH$$

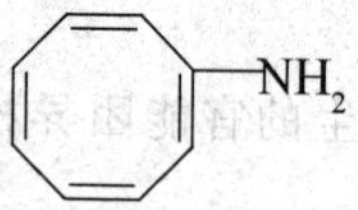

$$\langle \rangle—NH_2 \qquad\qquad CH_3C\equiv CCH_3$$

3. 根据电负性数据，用 δ^+ 和 δ^- 标明下列键或分子中带部分正电荷和部分负电荷的原子。

C—O　　O—H　　C—Cl　　N—H　　C—Br

4. 简述：

(1) 有机化合物有哪些特点？

(2) 比较σ键与π键的异同。

(3) 按共价键的断裂方式不同，有机化合物可以分为哪些化学反应？

第二章 烷 烃

掌握：烷烃概念通式、简单烷烃的普通命名法和较复杂烷烃的系统命名法；烷烃及物理化学性质。

熟悉：烷烃卤代反应机理。

了解：烷烃碳原子的 sp^3 杂化轨道及简单烷烃构象异构。

仅由碳氢两种元素组成的有机化合物叫作烃。根据烃分子中碳架的不同，烃有如下分类：

$$烃 \begin{cases} 链烃（脂肪烃） \\ 环烃 \begin{cases} 脂环烃 \\ 芳香烃 \end{cases} \end{cases}$$

第一节 烷烃的通式、同系列和构型

一、烷烃的同系列

分子中的碳原子以单键开链相互连接，其余价键与氢原子结合的链烃叫作烷烃，又称为饱和脂肪烃。烷烃分子通式：C_nH_{2n+2}。如烷烃分子通式相同、结构相似、在组成上相差一个或多个系差的一系列化合物叫作同系列。同系列中的各化合物互称为同系物，例如甲烷、丙烷、丁烷等互称同系物。相邻的两烷烃分子间相差一个 CH_2 基团，这个 CH_2 基团叫作系差。

一般同系物的结构和性质相似，其物理性质随着碳原子的数目增加而呈规律性的变化。化学性质上的共性也可以通过几个典型的代表性的同系物推断出来，故性质相对简单许多。

二、烷烃的结构特征和构象异构体

1. **碳原子的 sp^3 杂化轨道及甲烷的正四面体构型**

碳原子在成键时，能量相同或相近的原子轨道，可以重新组合成新的轨道，叫作杂化轨道。烷烃分子中的碳都是 sp^3 杂化。碳原子的 sp^3 杂化轨道形成如下图所示：

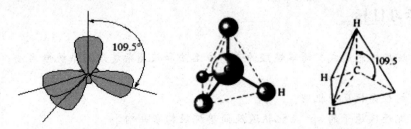

四个完全等同的 sp^3 杂化轨道以正四面体形对称地排布在碳原子的周围，它们的对称轴之间的夹角为 $109.5°$。碳原子 sp^3 杂化轨道的形状、分布如图 2-1。

图 2-1　碳原子的 sp^3 杂化轨道　　　　　　**图 2-2　甲烷的正四面体构型**

甲烷具有正四面体的结构特征，碳原子处于正四面体的中心，与碳原子相连的四个氢原子位于正四面体的四个顶点，四个碳氢键完全相同，键长为 $0.110nm$，彼此间的键角为 $109.5°$。甲烷的正四面体构型见图 $2-2$。

2. 乙烷的构象

当烷烃中的碳原子数大于 3 的时候，碳链就形成锯齿形状。烷烃中的碳氢键和碳碳键都是 σ 键。σ 键可以自由旋转，不会破坏电子云的重叠，所以 σ 单键旋转时会产生无数个构象，这些构象互为构象异构体（或称旋转异构体）。单键旋转时，相邻碳上的其他键会交叉成一定的角度（ϕ），称为两面角。两面角为 $0°$ 时的构象为重叠式构象。两面角为 $60°$ 时的构象为交叉式构象。两面角在 $0-60°$ 之间的构象称为扭曲式构象。乙烷重叠式构象与交叉式构象的表示方法见图 $2-3$.

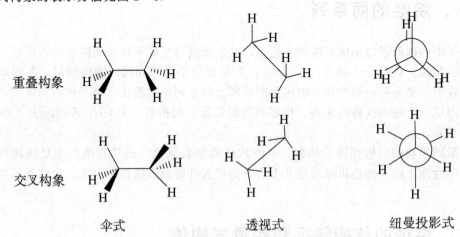

图 2-3　乙烷重叠式构象与交叉式构象的表示方法

伞式、透视式与纽曼投影式的画法也适合于其他有机化合物。

三、烷烃构造异构

由于碳原子的链接方式（构造）不同，烷烃存在构造异构，是同分异构现象中的一种。例如分子式为 C_4H_{10} 的烷烃，存在以下两种构造：$CH_3—CH_2—CH_2—CH_3$，

$$CH_3—\overset{\displaystyle CH_3}{\underset{\displaystyle H}{\overset{|}{\underset{|}{C}}}}—CH_3$$

前者称为正丁烷，后者称为异丁烷，两者是同分异构体。一般碳原子个数越多，存在的同分异构越多。

练一练

以结构式或结构简式写出分子式为 C_5H_{12} 的开链烷烃的所有碳链异构体。

第二节　烷烃命名及性质

一、碳、氢原子的类型和烷基

1. 碳氢原子类型

根据碳原子与其他碳原子相连的个数不同，碳原子可以分为伯、仲、叔、季等类型。伯碳原子（又称为一级碳原子）指只与一个碳原子直接相连的碳原子，常用 $1°$ 表示。仲碳原子（又称为二级碳原子）指与两个碳原子直接相连的碳原子，常用 $2°$ 表示。叔碳原子（又称为三级碳原子）指与三个碳原子直接相连的碳原子，常用 $3°$ 表示。季碳原子（又称为四级碳原子）指与四个碳原子直接相连的碳原子，常用 $4°$ 表示。

例如：

$$\overset{1°}{CH_3}—\overset{4°}{\underset{\underset{\displaystyle CH_3}{1°}}{\overset{\overset{\displaystyle 1°}{CH_3}}{C}}}—\overset{2°}{CH_2}—\overset{3°}{\underset{\underset{\displaystyle CH_3}{1°}}{CH}}—\overset{1°}{CH_3}$$

与伯、仲、叔碳原子直接相连的氢原子分别叫伯、仲、叔氢原子（常用 $1°H$；$2°H$；$3°H$ 表示）。因季碳原子上不连氢原子，所以氢只有三种类型。

2. 烷基

烷烃分子去掉一个氢原子后余下的部分称为烷基。其通式为 $C_nH_{2n+1}—$，常用 R— 表示。常见的烷基如下：

甲基	$CH_3—$	（Me）
乙基	$CH_3CH_2—$	（Et）

正丙基	$CH_3CH_2CH_2—$	(n—Pr)
异丙基	$(CH_3)_2CH—$	(iso—Pr)
正丁基	$CH_3CH_2CH_2CH_2—$	(n—Bu)
异丁基	$(CH_3)_2CHCH_2—$	(iso—Bu)
仲丁基	$CH_3CH_2CH—$ $\overset{|}{CH_3}$	(sec—Bu)
叔丁基	$(CH_3)_3C—$	(ter—Bu)

二、烷烃命名

烷烃命名存在普通命名和系统命名两种方法。烷烃的命名是有机化合物命名的基础，命名时需要准确简便地反映出分子的组成和结构。常用的命名法有普通命名法和系统命名法两种。

1. 普通命名法（习惯命名法）

该法适用于简单、含碳原子较少的烷烃，其基本原则是：

（1）根据烷烃分子中碳原子的数目命名为"某烷"。含有十个或十个以下碳原子的直链烷烃，用天干顺序甲、乙、丙、丁、戊、己、庚、辛、壬、癸十个字分别表示碳原子的数目；含有 10 个以上碳原子的直链烷烃，用中文数字表示碳原子的数目，后面加烷字，即"某烷"。例如：

$$CH_3CH_2CH_3 \qquad\qquad CH_3（CH_2）_{10}CH_3$$
$$\text{丙烷} \qquad\qquad\qquad \text{十二烷}$$

（2）对于含有支链异构体的烷烃，则必须在某烷前面加上一个汉字来区别。在链端第二位碳原子上连有一个甲基时，称为"异"某烷，在链端第二位碳原子上连有两个甲基时，称为"新"某烷。例如戊烷有三种异构体，分别称为正戊烷、异戊烷、新戊烷。

$$CH_3—CH_2—CH_2—CH_2—CH_3 \qquad CH_3—\overset{CH_3}{\underset{H}{C}}—CH_2—CH_3 \qquad CH_3—\overset{CH_3}{\underset{CH_3}{C}}—CH_3$$
$$\qquad\quad\text{正戊烷} \qquad\qquad\qquad\qquad \text{异戊烷} \qquad\qquad\qquad \text{新戊烷}$$

2. 系统命名法

系统命名法是我国化学会根据 1892 年日内瓦国际化学会议首次拟定的系统命名原则。国际纯粹与应用化学联合会（简称 IUPAC 法）几次修改补充后的命名原则，结合我国文字特点而制定的命名方法，又称日内瓦命名法或国际命名法。

（1）直链烷烃的命名　直链烷烃的系统命名法与普通命名法基本一致，只是把"正"字去掉。例如：

$$CH_3CH_2\ CH_2CH_3 \qquad\qquad CH_3（CH_2）_{10}CH_3$$
$$\text{丁烷} \qquad\qquad\qquad \text{十二烷}$$

（2）支链烷烃的命名　支链烷烃的命名是将其看作直链烷烃的烷基衍生物，即将直链作为母体，支链作为取代基。

带支链烷烃命名原则如下：

①选母体（或主链）　选择分子中最长的碳链作为母体，若有两条或两条以上等长碳链时，应选择支链最多的一条为母体，根据母体所含碳原子数目称"某烷"，再将支链作为取代基，此处的取代基都是烷基。如：

$$CH_3-\overset{4}{C}H-\overset{3}{C}H_2-\overset{2}{C}H-\overset{1}{C}H_3$$

$$\underset{\underset{\overset{6}{C}H_3}{\overset{5}{C}H_2}}{\quad}\qquad\quad\overset{}{C}H_3$$

②母体碳原子编号　从距支链较近的一端开始，给母体上的碳原子编号。若母体上有两个或者两个以上的取代基时，则母体的编号顺序应遵循"最低系列"原则。例：

$$\overset{}{C}H_3$$
$$H_3\overset{1}{C}-\overset{2}{C}H-\overset{3}{C}H-\overset{4}{C}H_2-\overset{5}{C}H-\overset{6}{C}H_3$$
$$\quad\ H_3C\qquad\qquad\ CH_3$$

③出名称　按照取代基的位次（用阿拉伯数字表示）、相同取代基的数目、取代基由小到大的顺序将每个支链的位次和名称加在母体名称之前。上例化合物的名称为：2，3，5-三甲基己烷。

④如果支链上还有取代基时，则必须从与主链相连接的碳原子开始，给支链上的碳原子编号；然后在括号中或用带撇数字补充支链上烷基的位次、名称及数目。例如：

$$CH_3$$
$$H_3CH_2C-C-CH_3$$
$$\overset{1}{C}H_3-\overset{2}{C}H_2-\overset{3}{C}H_2-\overset{4}{C}H_2-\overset{5}{C}-\overset{6}{C}H_2-\overset{7}{C}H_2-\overset{8}{C}H_2-\overset{9}{C}H_2-\overset{10}{C}H_3$$
$$\quad\ CH_3$$
$$H_3CH_2C-C-CH_3$$
$$CH_3$$

用括号表示：2-甲基-5，5-二（1，1-二甲基丙基）癸烷。

用带撇的数字表示：2-甲基-5，5-二-1'，1'-二甲基丙基癸烷。

三、烷烃的物理性质

常温常压下，四个碳原子以内的烷烃、烯烃、炔烃和环烷烃为气体；$C_5 \sim C_{16}$ 的烷烃、$C_5 \sim C_{18}$ 的烯烃、$C_5 \sim C_{17}$ 的炔烃、$C_5 \sim C_{11}$ 的环烷烃为液体；高级烷烃、烯烃、炔烃和环烷烃为固体。

1. 熔点

同系列的烃化合物的熔点基本上也是随分子中碳原子数目的增加而升高的。对于烷烃，C_3 以下的变化不规则，自 C_4 开始随着碳原子数目的增加而逐渐升高，其中含偶数碳原子烷烃的熔点比相邻含奇数碳原子烷烃的熔点升高多一些，见图2-3。这种变化趋势称为锯齿形上升。相对分子质量相同的烷烃，叉链增多，熔点下降。这些现象出现是因为熔点高低取决于分子间的作用力和晶格堆积的密集度。

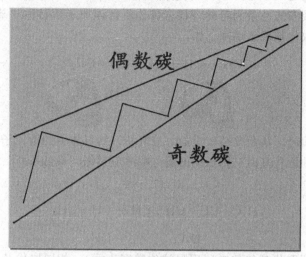

图2-3 奇偶数原子不同的烷烃的熔点规律

2. 沸点

同系列的烃化合物的沸点随分子中碳原子数的增加而升高。这是因为随着分子中碳原子数目的增加，相对分子质量增大，分子间的范德华引力增强，若要使其沸腾汽化，就需要提供更多的能量，所以同系物相对分子质量越大，沸点越高。烷烃沸点的特点如下：

（1）沸点一般很低。

（2）随相对分子质量增大而增大。

（3）相对分子质量相同、叉链多、沸点低。例如正戊烷沸点36℃，而叔丁烷的沸点为9.5℃。这是由于直链分子间接触面积大，作用力强；带支链分子间接触面积小，作用力弱。

3. 密度

同系列的烃化合物，随分子中碳原子数目增加而逐渐增大。烷烃相对密度都小于$1g/cm^3$（$0.424\sim0.780g/cm^3$），比水轻。

4. 溶解度

根据"相似相溶"的经验规则，烷烃分子没有极性或极性很弱，因此难溶于水，易溶于非极性溶剂。

四、烷烃的化学性质

烷烃化学性质总体上比较稳定：对强酸，强碱，强氧化剂，强还原剂都不发生反应。烷烃的多数反应都是自由基型反应，需要在光照或加热条件下才能发生。

（一）烷烃的卤代和自由基反应机理

1. 烷烃的卤代

卤代反应是指分子中的氢原子或基团被卤原子取代的反应称为卤代反应。烷烃能与卤素在高温或光照条件下发生取代反应。X_2 的反应活性为 $F_2 > Cl_2 > Br_2 > I_2$，其中氟代反应太剧烈，难以控制；而碘代反应太慢，难以进行。实际上广为应用的是氯代反应和溴代反应，氯代比溴化反应快 5 万倍。例如：

$$CH_4 + Cl_2 \xrightarrow[\text{或光照，25℃}]{400℃} CH_3Cl + HCl$$

一氯甲烷

$$CH_4 + Br_2 \xrightarrow[\text{光照}]{125℃} CH_3Br + HBr$$

一溴甲烷

烷烃的卤代反应一般难以停留在一取代阶段，通常得到各卤代烃的混合物。例如甲烷的氯代：

$$CH_4 + Cl_2 \xrightarrow[\text{或光照}]{400℃} CH_3Cl + CH_2Cl_2 + CHCl_3 + CCl_4$$

甲烷氯代反应只适宜工业生产而不适宜实验室制备。反应可以用来制备一氯甲烷或四氯化碳，不适宜制备二氯甲烷和三氯甲烷。氯代反应和溴化反应都有选择性，一般 $3°H$ 最易被取代，$2°H$ 次之，$1°H$ 最难被取代。但溴代反应的选择性比氯代反应高得多。

2. 自由基反应机理

卤代反应均属于自由基型反应，是通过共价键的均裂生成自由基而进行的链反应。它包括链引发、链增长和链终止三个阶段。反应必须在光、热或自由基引发剂的作用下发生。溶剂的极性、酸或碱催化剂对反应无影响。通常氧气是自由基反应的抑制剂。

例：甲烷氯代反应机理

链引发　$Cl : Cl \xrightarrow{h_v} 2Cl \cdot$

氯原子（氯自由基）

链增长　$Cl \cdot + H : CH_3 \longrightarrow HCl + \cdot CH_3$

甲基自由基

$\cdot CH_3 + Cl : Cl \longrightarrow CH_3Cl + Cl \cdot$

$Cl \cdot + H : CH_2Cl \longrightarrow HCl + \cdot CH_2Cl$

一氯甲基自由基

$\cdot CH_2Cl + Cl : Cl \longrightarrow CH_2Cl_2 + Cl \cdot$

$Cl \cdot + H : CHCl_2 \longrightarrow HCl + \cdot CHCl_2$

二氯甲基自由基

$\cdot CHCl_2 + Cl : Cl \longrightarrow CHCl_3 + Cl \cdot$

$Cl \cdot + H : CCl_3 \longrightarrow HCl + \cdot CCl_3$

三氯甲基自由基

$\cdot CCl_3 + Cl : Cl \longrightarrow CCl_4 + Cl \cdot$

链终止　Cl· + Cl· $\longrightarrow$ Cl$_2$

　　　　　·CH$_3$ + ·CH$_3$ $\longrightarrow$ CH$_3$CH$_3$

　　　　　Cl· + ·CH$_3$ $\longrightarrow$ CH$_3$Cl

共价键均裂时所需的能量称为键解离能。键解离能越小，形成的自由基越稳定。当一个烷烃可能在不同的部位生成不同的自由基时，稳定的自由基在能量上是有利的，是容易生成的。烷基自由基的稳定性次序为：3°>2°>1°>CH$_3$；常见自由基的稳定性次序如下：

$$\langle\bigcirc\rangle-CH_2\cdot > CH_2=CHCH_2\cdot > (CH_3)_3C\cdot > (CH_3)_2CH\cdot > CH_3CH_2\cdot > CH_3\cdot$$

苯甲基自由基　　烯丙基自由基　　叔丁基自由基　　异丙基自由基　乙基自由基　甲基自由基

从母体烷烃生成相应自由基所需要的能量越小，所生成的自由基所携带的能量就越小，自由基就越稳定。自由基越稳定，就越容易生成。自由基稳定性的顺序就是容易生成的顺序。

（二）烷烃氧化

1. 燃烧

产物是二氧化碳和水，并放出大量的热，作为能源物质。

$$CH_4 + O_2 \xrightarrow{\text{点燃}} CO_2 + H_2O + \text{热量}$$

2. 氧化

在控制条件时，烷烃可以部分氧化，生成烃的含氧衍生物。例如石蜡（含 20～40 个碳原子的高级烷烃的混合物）在特定条件下氧化得到高级脂肪酸。

$$RCH_2CH_2R' + O_2 \xrightarrow{KMnO_4} RCOOH + R'COOH$$

（三）异构化反应

正丁烷在三氯化铝和盐酸作用下可以异构为异丁烷。

$$CH_3CH_2CH_2CH_3 \xrightarrow{AlCl_3,\ HCl} CH_3-\overset{\displaystyle CH_3}{\underset{\displaystyle |}{CH}}-CH_3$$

（四）裂化反应

烷烃在隔绝空气的情况下受热分解，生成相对分子量比较小的烷烃与烯烃的反应称为烷烃的裂化。正丁烷在受热情况下发生催化裂化生成小分子的烯烃和烷烃等，是石油化工中极为重要的反应，用于生产燃料。

$$CH_3CH_2CH_2CH_3 \xrightarrow{\Delta} \begin{cases} CH_4 + CH_2=CH-CH_3 \\ CH_3-CH_3 + CH_2=CH_2 \\ CH_2=CHCH_2CH_3 + H_2 \end{cases}$$

工业上常利用催化裂化把高沸点的重油转化为低沸点的汽油，从而提高石油的利用率，增加汽油产量，提高汽油的质量，由催化裂化得到的汽油已达到汽油总产量的 80% 以上。

五、重要的烷烃

1. 甲烷

甲烷是最简单的烃，在标准状态下甲烷是一种无色无味气体。一些有机物在缺氧情况下分解时所产生的沼气就是甲烷。甲烷主要作为燃料，如天然气和沼气、石油气的主要成分，广泛应用于民用和工业中。作为化工原料，可以用来生产乙炔、氢气、合成氨、尿素、硝氯基甲烷、二硫化碳、一氯甲烷、二氯甲烷、三氯甲烷、四氯化碳和氢氰酸等。

$$CH_4 + H_2O \xrightarrow[725℃]{Ni} CO + H_2$$

知识链接

可燃冰，又名天然气水合物，分布于深海沉积物或陆域的永久冻土中，由天然气与水在高压低温条件下形成的类冰状的结晶物质，因其外观像冰一样而且遇火即可燃烧，所以又被称作"可燃冰"或者"固体瓦斯"和"气冰"。

可燃冰被称为能满足人类使用1000年的新能源，是今后替代石油、煤等传统能源的首选。天然气水合物是一种高效清洁能源，1立方米天然气水合物分解后可生成约164～180立方米天然气。天然气水合物甲烷含量占80%～99.9%，燃烧污染比煤、石油、天然气都小得多，而且储量丰富，全球储量足够人类使用1000年，因而被各国视为未来石油天然气的替代能源。

可燃冰赋存于水深大于100～250米（两极地区）和大于400～650米（赤道地区）的深海海底以下数百米至1000多米的沉积层内，这里的压力和温度条件能使天然气水合物处于稳定的固态。中国南海可燃冰是世界上已发现可燃冰地区中饱和度最高的地方。

2. 石油醚

石油醚是轻质的石油产品的一种，主要是低级烷烃的混合物，常温下为无色澄清的液体，有类似乙醚的气味，故称为石油醚，是常见重要的有机溶剂。石油醚不溶于水，溶解于大多数有机溶剂，它能溶解于油和脂肪中。石油醚的相对密度为0.63～0.66℃，沸点分为高沸点和低沸点两种。前者沸点范围30～60℃，主要成分为戊烷和己烷混合物；后者沸点范围为 60～90℃，主要成分为庚烷和辛烷混合物。石油醚容易挥发和着火，使用时要特别注意。

3. 凡士林

凡士林为 C_{18}～C_{22} 烷烃的混合物，实验室常作润滑剂，具有密封作用；在医药工业中常作软膏类剂型的基质材料。

4. 石蜡

液体石蜡为 C_{18}～C_{24} 烷烃的混合物，可作为溶剂。固体石蜡为 C_{25}～C_{34} 烷烃的混合物，可作为一些丸剂的密封材料。

 **本章小结**

知识点	知识内容归纳
烷烃的通式、同系列	烷烃分子通式：C_nH_{2n+2}； 分子通式相同、结构相似、在组成上相差一个或多个系差的一系列化合物叫作同系列。
烷烃的结构特征和构象异构体	碳原子的 sp^3 杂化；甲烷的正四面体构型； σ 单键旋转时会产生无数个构象，这些构象互为构象异构体。常见重叠式与交叉式构象的表示
碳、氢原子的类型和烷基	伯、仲、叔碳原子及伯、仲、叔氢原子
烷烃命名	普通命名法、系统命名法
烷烃的物理性质	熔点、沸点、密度、溶解度
烷烃的化学性质	烷烃的卤代、氧化、异构裂化等。

目标检测

1. 写出下列取代基的名称。

(1) CH_3—　　　(2) CH_3CH_2—　　　(3) $(CH_3)_2CH$—

(4) $CH_3CH_2CH_2$—　　　(5) $CH_3CH_2\overset{\displaystyle |}{\underset{\displaystyle CH_3}{CH}}$—　　　(6) $(CH_3)_3C$—

2. 用系统命名法命名下列化合物。

(1) $(C_2H_5)_2CH(CH_2)_4CH(CH_3)_2$　　　(2) $(CH_3CH_2)_2CHCH_2CH_3$

(3) $H_3C-\overset{\displaystyle CH_3}{\underset{\displaystyle H_3C}{\overset{\displaystyle |}{\underset{\displaystyle |}{CH}}}}-CH-CH_2-\overset{\displaystyle CH_3}{\underset{\displaystyle CH_3}{\overset{\displaystyle |}{\underset{\displaystyle |}{C}}}}-CH_3$

(4) $CH_3-CH-CH_2-\overset{\displaystyle |}{\underset{\displaystyle CH_3}{CH}}-CH_3$
　　　　　　　$\overset{\displaystyle |}{\underset{\displaystyle CH_3}{CH_2}}$

$$
\begin{array}{c}
\qquad\qquad\qquad\qquad CH_3 \\
\qquad\qquad\qquad CH_3CH_2{-}CH \\
(5)\quad CH_3{-}CH_2{-}CH_2{-}CH_2{-}C{-}CH_2{-}CH_2{-}C{-}CH_2{-}CH_3 \\
\qquad\qquad\qquad\quad\ \ |\qquad\qquad\qquad H_2 \\
\qquad\qquad\qquad\ CH_3\quad H_3CH_2C{-}C{-}CH_3 \\
\qquad\qquad\qquad\qquad\qquad\quad\ |\ \\
\qquad\qquad\qquad\qquad\qquad\quad CH_3
\end{array}
$$

3. 写出下列化合物结构式。

(1) 戊烷　　(2) 2-甲基丁烷　　(3) 新戊烷　　(4) 2,3-二甲基戊烷

4. 写出 C_5H_{12} 所有一氯取代物的结构。

第三章　烯　烃

📖 学习目标

掌握：烯烃的分子结构特点、命名、顺反异构体及烯烃的化学性质.

熟悉：马氏规则和反马氏规则.

了解：重要的烯烃。

分子结构中含有碳碳双键的不饱和链烃称为烯烃。碳碳双键是烯烃的官能团。分子中只含有一个碳碳双键的烯烃称为单烯烃，通式为 C_nH_{2n}。烯烃是化学工业的重要原料，可以用来合成多种多样的化工产物和中间体。

一、烯烃的结构

（一）sp² 杂化

按照杂化轨道理论，乙烯分子中碳原子以一条 s 轨道和两条 p 轨道进行杂化，形成能量完全相等的三条 sp² 杂化轨道。在乙烯分子中，成键的两个碳原子各以一条 sp² 杂化轨道沿对称轴方向以"头碰头"重叠方式形成 C—C σ 键，另两条 sp² 杂化轨道分别与 H 形成两个 σ 键，这五个 σ 键处在同一平面内。而两个碳原子中未参与杂化的 p 轨道彼此从侧面以"肩并肩"的重叠方式形成 π 键。

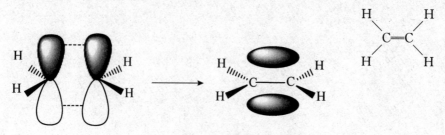

图 2-1　乙烯分子结构图

（二）σ键和 π 键的特点比较

1.σ键可以单独存在，也可以存在于任何共价键的分子中；π键不能单独存在，只能与 σ 键共存。

2.σ键沿键轴重叠，重叠程度大，键能较大，比较稳定；π键相互平行交盖，重叠程度小，键能较小，且不能沿键轴自由旋转。

3. σ 键不易极化，较稳定；π 键容易极化，不稳定，易氧化，易加成。

二、烯烃的命名

（一）普通命名法

少数简单的烯烃由于其结构简单，常采用普通命名法。例如：

$$CH_2\!=\!CH_2 \qquad CH_2\!=\!CH-CH_2-CH_3 \qquad CH_3C\!=\!CH_2$$
$$\underset{CH_3}{|}$$

乙烯 　　　　　 正丁烯 　　　　　 异丁烯

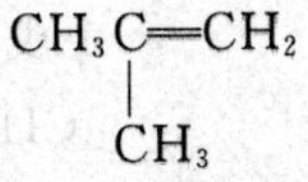

（二）系统命名法

相对结构复杂的烯烃一般采用系统命名法。烯烃的系统命名方法及原则与烷烃相似，但是由于其含有碳碳双键官能团，又与烷烃有所不同。其命名原则如下：

1. 选主链

选择含有碳碳双键的最长碳链作为主链。根据主链上的碳原子数目称为"某烯"。主链碳原子数目在十个以内与烷烃一样用甲、乙、丙、丁、戊、己、庚、辛、壬、癸来表示，碳原子数在十个以上的用中文数字十一、十二等表示，并在数字后加"碳"字，如十一碳烯。

2. 编号

从距离双键最近的一端开始编号，编号优先，双键的数字最小，如果含有支链尽可能选择位次较低的编号方式。所有编号用阿拉伯数字表示，并写在母体名称之前。

3. 命名

将主链上烷基的位置、数目及名称按照由简至繁的顺序写到"某烯"之前，有多个相同烷基时，应合并表示。

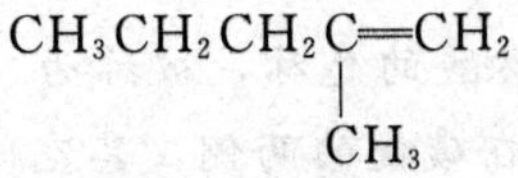

$$CH_3CH_2CH_2C\!=\!CH_2 \qquad\qquad CH_3CH_2C\!=\!CCH_3$$

2-甲基-1-戊烯 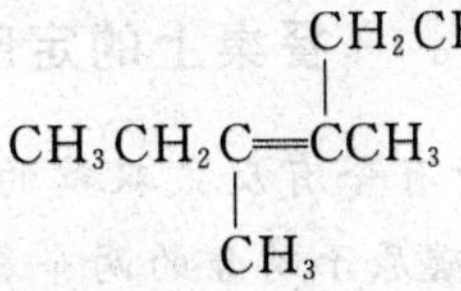 　　　　　 3，4-二甲基-3-己烯

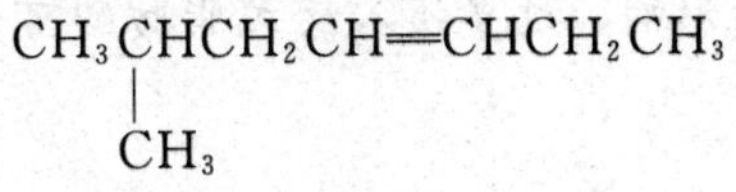

$$CH_3CHCH_2CH\!=\!CHCH_2CH_3 \qquad\qquad CH_3CCH\!=\!CH_2$$

6-甲基-3-庚烯 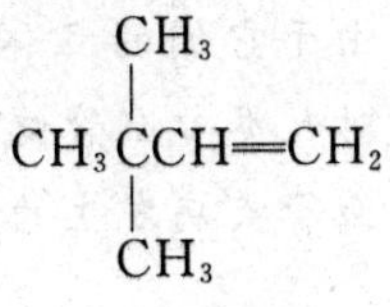 　　　　　 3，3-二甲基-1-丁烯

三、烯烃的异构

（一）构造异构

含有四个及四个以上碳原子的烯烃都存在碳链异构。与烷烃不同的是，烯烃除了有碳链异构外，还有双键在碳链中的位置不同引起的位置异构。

$$CH_3CH_2CH_2CH=CH_2 \qquad CH_3CH_2CH=CHCH_3$$

1-戊烯   2-戊烯

$$CH_3CH_2\underset{\underset{CH_3}{|}}{C}=CH_2 \qquad CH_3\underset{\underset{CH_3}{|}}{C}=CHCH_3$$

2-甲基-1-丁烯   2-甲基-2-丁烯

（二）顺反异构

由于碳碳双键不能旋转，因此烯烃还有顺反异构现象。而产生顺反异构必须同时满足两个条件：

1. 分子中存在限制原子自由旋转的因素，如双键或脂环等；

2. 不能旋转的两端原子中的每一个都必须连接有两个不同的原子或基团。

由此产生的不同的异构体互为顺反异构体。两个相同原子或基团在双键的同侧的称为顺式异构。两个相同原子或基团在双键的两侧的称为反式异构体。

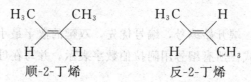

顺-2-丁烯   反-2-丁烯

📖 **知识链接**

餐桌上的定时炸弹——反式脂肪酸

反式脂肪酸是所有含有反式双键的不饱和脂肪酸的总称，被称为"餐桌上的定时炸弹"。其双键上两个碳原子结合的两个氢原子分别在碳链的两侧，其空间构象呈线性。而与之相对应的顺式脂肪酸，其双键上两个碳原子结合的两个氢原子在碳链的同侧，其空间构象呈弯曲状。由于它们的立体结构不同，二者的物理性质不同，生物学作用也相差甚远。反式脂肪酸对人类心血管健康有一定的影响，过多摄入反式脂肪酸可使血液胆固醇增高，从而增加心血管疾病发生的风险。

（三）顺反异构体的命名

1. 顺反命名法

双键相连的碳原子上连有相同的原子或基团时，可采用顺反命名法。规定两个相同原子或基团处于双键同侧时称为顺式，反之则称为反式。书写时在系统名称之前加上"顺"或"反"字表示顺反异构体。例如：

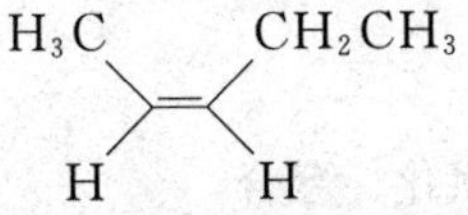

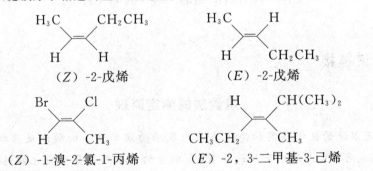

顺-2-戊烯 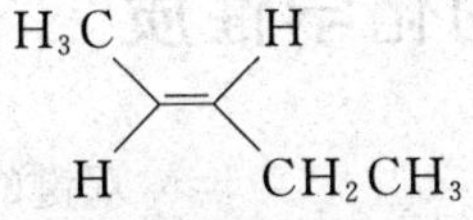　　　　　　　　　　反-2-戊烯

2. Z，E 命名法

随着物质结构复杂程度的增加，我们会发现顺反命名法是有局限性，即在两个双键碳上所连接的两个原子或基团必须有一个是相同的，但是，如果双键两端没有连接相同原子或基团时，这种方法就不适用了。因此，IUPAC 规定采用 Z、E 命名法来标记顺反异构体的构型。

Z 是德文 Zusammen 的字头，是"共同"的意思；E 是德文 Entgegen 的字头，是"相反"的意思。在 Z，E 命名法中我们要先按照次序规则分别确定双键两端各自的"优先"原子或基团，两个较优原子或基团在双键平面同侧的为 Z 构型，在异侧的为 E 构型。Z 或 E 加括号放在系统名称之前，用半字线连接。顺序规则如下：

（1）由碳碳双键上直接相连的两个原子的原子序数的大小来排序，原子序数较大者为优先原子。如 $-I > -Br > -Cl > -O > -C > -H$。

（2）若与碳原子直接相连的第一个原子相同而无法确定次序时，要依次比较与该原子相连的其他原子的原子序数，直到比较出优先顺序为止。例如：$(CH_3)_3C- > CH_3CH(CH_3)CH- > (CH_3)_2CHCH_2- > CH_3CH_2CH_2CH_2-$。

（3）当基团中含有不饱和基团时，则把双键或三键原子看成是它与多个相同原子相连。

（4）若与双键碳原子相连的基团互为顺反异构时，Z 型先于 E 型。

（Z）-2-戊烯　　　　　　　　　（E）-2-戊烯

（Z）-1-溴-2-氯-1-丙烯　　　　（E）-2，3-二甲基-3-己烯

四、烯烃的物理性质

烯烃的物理性质与相应的烷烃相似。在常温常压下，$C_2 \sim C_4$ 的烯烃为气体，$C_5 \sim C_{18}$ 的烯烃为液体，C_{19} 以上的烯烃为固体。烯烃的熔点、沸点都会随着分子量的增加而升高，但相对密度都小于 $1g/cm^3$。与大多数有机物相同，烯烃一般难溶于水，易溶于有机溶剂。端烯的沸点低于双键在碳链中间的异构体。直链烯烃的沸点略高于带有支链的异构体。顺

式异构体的沸点一般高于反式异构体，但是熔点却低于反式异构体。

五、烯烃的化学性质

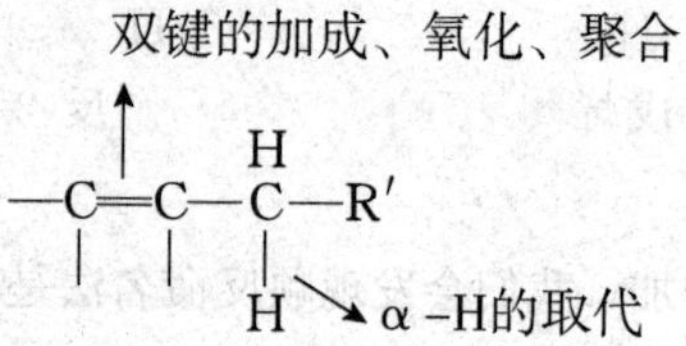

双键的加成、氧化、聚合

α–H的取代

（一）加成反应

1. 催化加 H_2

常温、常压下，烯烃与 H_2 很难发生反应，但是通过加入适宜的金属催化剂如 Pt（铂）、Pd（钯）、Ni（镍）等可以大大提高反应速度。工业上一般采用雷尼镍做催化剂，其活性较高，制备方便，是工业上常用的催化剂。

$$CH_2=CH_2 + H_2 \xrightarrow{Pt} CH_3CH_3$$

$$CH_2=CHCH_3 + H_2 \xrightarrow{Ni} CH_3CH_2CH_3$$

2. 与卤素加成

烯烃与卤素可以发生加成反应，生成邻二卤代物。室温条件下，最常用到的是与 Cl_2、Br_2 反应。常温、常压下，将烯烃加入到溴的四氯化碳溶液中，溴的红棕色消失，此法可用于鉴定结构中的碳碳双键。

$$CH_2=CH_2 + Br_2 \longrightarrow BrCH_2CH_2Br$$

$$CH_2=CHCH_3 + Br_2 \longrightarrow BrCH_2\underset{\underset{Br}{|}}{C}HCH_3$$

📖 知识链接

溴量法的测定原理

溴量法是以溴的氧化作用和溴代作用为基础的滴定法。向被测反应物中加入定量的 Br_2，反应完成后，向溶液中加入过量 KI 与剩余的 Br_2 作用置换出化学计量的 I_2。随后，再用 Na_2SO_4 标准溶液以淀粉为终点指示剂滴定置换出来的 I_2，最后根据溴溶液加入量和 Na_2SO_4 标准溶液用量计算被测物的含量。溴量法的实质是一种利用元素溴的化学反应和置换碘量法相结合的滴定分析法。

3. 与卤化氢加成

烯烃可以在催化剂的作用下与卤化氢发生加成反应，生成相应的卤代烷烃。对于相同的烯烃，不同的卤代烃的反应活性不同，反应活性顺序为：HI＞HBr＞HCl。

$$CH_2=CH_2 + HCl \longrightarrow CH_3CH_2Cl$$

但是，当双键的两个碳原子上的取代基不相同时，在与卤化氢发生加成反应时会生成两种产物。1868 年，俄国化学家马科尼可夫在总结大量实验数据的基础上，提出了一条重要的经验规律：不对称烯烃与不对称试剂发生加成反应时，不对称试剂中氢原子（带正电的部分）总是加到含氢较多的碳原子上，这一规律称为马科尼可夫规律，简称马氏规则。

$$CH_2=CHCH_3 + HBr \xrightarrow{\triangle} \begin{cases} CH_3\underset{|}{C}HCH_3 \quad （主要产物） \\ \qquad\quad Br \\ CH_2CH_2CH_3 \quad （次要产物） \\ \;| \\ Br \end{cases}$$

但是，在过氧化物存在时，HBr 与不对称烯烃进行加成反应时，反应遵循反马科尼可夫规律，主要产物为氢加成在氢原子少的碳原子上。这是因为由于有氧化物参与反应，使得此反应不再是亲电加成反应，而是自由基加成反应。这种由于过氧化物的存在引起加成方向改变的现象，称为过氧化物效应。只有 HBr 对烯烃的加成才有此效应，而 HCl 和 HI 则无过氧化物效应。

$$CH_2=CHCH_3 + HBr \xrightarrow{ROOR} \underset{\substack{|\\Br\\主要产物}}{CH_2}CH_2CH_3 + \underset{\substack{|\\Br\\次要产物}}{CH_3CHCH_3}$$

4. 与 H_2O 加成

在无机酸催化下，烯烃可以与 H_2O 发生加成反应生成醇，产物也符合马氏规则。这种方法称为烯烃水合法，是工业上生产醇的一种常用方法。

$$CH_2=CH_2 + H_2O \xrightarrow{H_2SO_4} CH_3CH_2OH$$

$$CH_2=CHCH_3 + H_2O \xrightarrow[200℃，7MPa]{H_3PO_4/硅藻土} \underset{\substack{|\\OH}}{CH_3CHCH_3}$$

（二）氧化反应

碳碳双键很容易被氧化剂氧化，反应时碳碳双键中的 π 键首先打开，反应条件强烈时 σ 键也会断裂。所以氧化剂和反应条件不同，生成的氧化产物也不相同。

用稀、冷的高锰酸钾溶液做氧化剂时，由于其氧化能力较弱，只有 π 键断裂，烯烃被氧化生成邻二醇。若用酸性高锰酸钾溶液做氧化剂时，双键完全断裂生成相应产物。双键碳原子上连接的基团不同，氧化产物也不同。

$$RCH=CH_2 \xrightarrow{稀、冷 KMnO_4/OH^-} \underset{\substack{|\\OH}}{CH_3}\overset{\substack{OH\\|}}{C}HCH_2$$

$$RCH=CH_2 \xrightarrow[H_2SO_4]{KMnO_4} RCOOH + CO_2 + H_2O$$

$$R \atop R' \Big\rangle C = CHR'' \xrightarrow[\text{H}_2\text{SO}_4]{\text{KMnO}_4} R''CO_2H + {R \atop R'} \Big\rangle C = O$$

（三）聚合反应

在一定条件下，烯烃分子中的 π 键断裂，自身分子间发生加成反应。烯烃称为单体，生成的产物称为聚合物。

$$n\,CH_2 = CH_2 \xrightarrow[\text{高温，高压}]{\text{TiCl}_4\text{-Al (C}_2\text{H}_5)_3} \text{—}[CH_2CH_2]\text{—}_n$$

知识链接

聚烯烃多层共挤膜输液袋

目前较为流行的聚烯烃多层共挤膜输液袋多为三层结构，有两种类型：一种是内层、中层采用聚丙烯与不同比例的弹性材料混合，使得内层无度、惰性，具有良好的热封性能和弹性；外层为机械强度较高的聚酯或聚丙烯材料，表面经处理后文字印刷较为清晰。第二种是内层采用聚丙烯与苯乙烯-乙烯-丁烯-苯乙烯（SEBS）共聚物的混合材料；中层采用 SEBS，更增加了膜材的抗渗透性和弹性；外层采用聚丙烯材料。

（四）α-H 反应

碳碳双键是烯烃的官能团，与其相邻的碳原子称为 α 碳原子，与 α 碳原子相连的氢原子称为 α 氢原子。由于受到双键的影响，这个位置的氢原子比其他位置的氢原子活性要高，在高温条件下，可以被氯或溴取代。

$$CH_2 = CHCH_3 + Cl_2 \xrightarrow{>500\text{℃}} CH_2 = CHCH_2 + HCl \atop \quad\quad\quad\quad\quad\quad Cl$$

六、重要的烯烃

1. 乙烯

乙烯是最简单的烯烃，其生产量的多少是衡量一个国家石油化工发展水平的重要标志之一。乙烯由石油炼制裂解气中分离得到，在多领域都有应用，例如：医学上的麻醉剂；农业上的催熟剂等。乙烯也是重要的化工原料，1963 年的诺贝尔化学奖获得者齐格勒和纳塔共同开发了一种用于烯烃聚合的新型催化剂，这种催化剂可以使乙烯在低压下实现聚合，降低了生产成本，且工艺简单。

2. 维生素 A

维生素 A 又称视黄醇，主要有维生素 A_1、A_2 两种。维生素 A_1 多存在于哺乳动物及咸水鱼的肝脏中，维生素 A_2 常存在于淡水鱼的肝脏中。维生素 A 具有维持正常视觉功能、维持骨骼正常生长发育、促进生长与生殖等重要功能，因此被看作人体必须营养素。

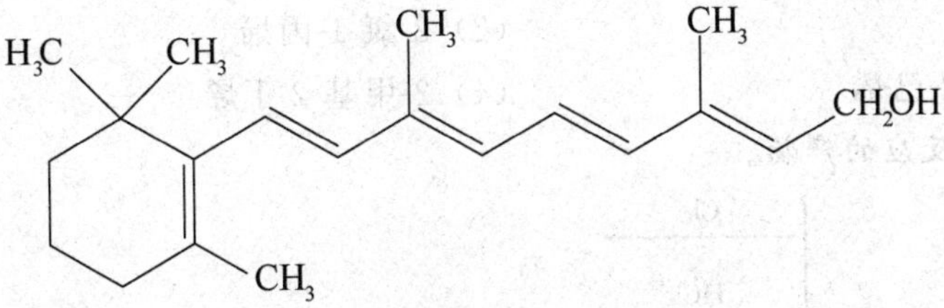

维生素 A₁

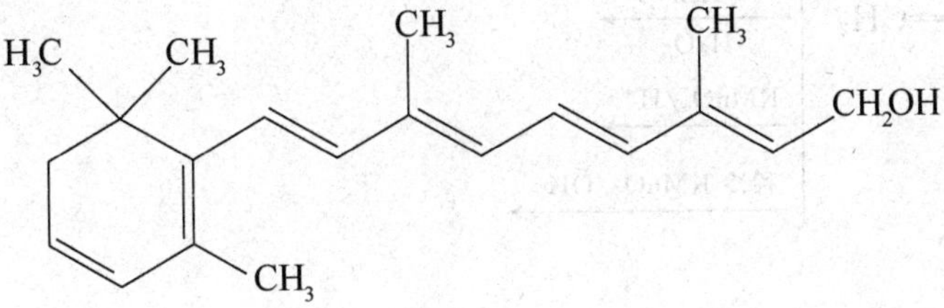

维生素 A₂

 **本章小结**

知识点	知识内容归纳
烯烃的通式	烯烃分子通式：C_nH_{2n}
烯烃的命名	普通命名法、系统命名法
烯烃的结构特征和异构体	碳原子的 sp^2 杂化；乙烯的平面结构；π 键的特点；烯烃的构造异构和顺反异构
烯烃的物理性质	熔点、沸点、密度、溶解度
烯烃的化学性质	烷烃的加成反应、氧化反应、聚合反应、α-H 反应等

目标检测

1. 用系统命名法命名下列化合物。

（1）CH₃CH=CHCH₂CHCH₃
　　　　　　　　　　|
　　　　　　　　　　CH₃

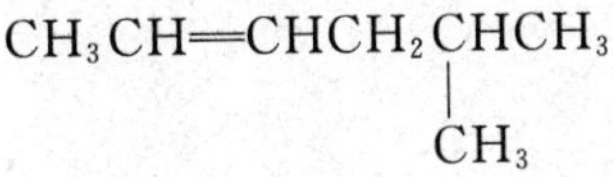

（2）CH₃CH₂CH=CCHCH₂CH₂CH₃
　　　　　　　　　　|
　　　　　　　　　　CH₃ （上方 CH₂CH₃）

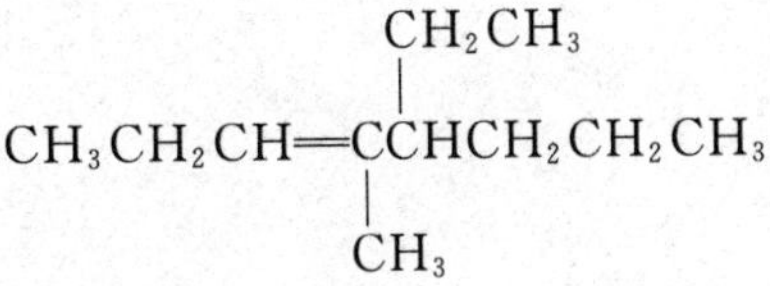

（3）

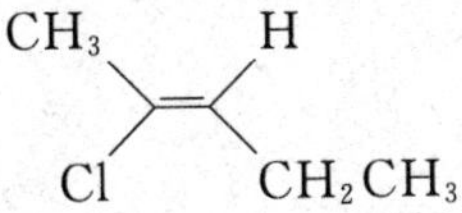

（4）

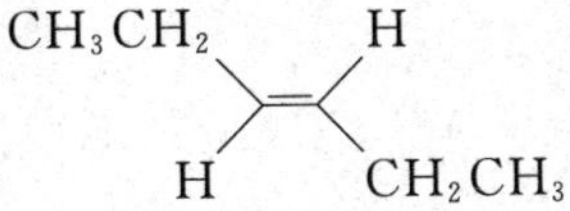

2. 写出下列化合物结构式。

（1）（*E*）-2-甲基-3-己烯

（2）（*Z*）-2-甲基-2-戊烯

（3）3，4-二甲基-2-己烯

（4）1-氯-2-溴-2-丁烯

3. 下列化合物有无顺反异构现象，若有，写出顺反异构体，并用系统命名法命名。

(1) 3-戊烯   (2) 2-氯-1-丙烯

(3) 2-乙基-2-己烯   (4) 2-甲基-2 丁烯

4. 写出下列反应的产物。

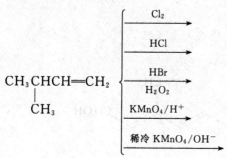

第四章 炔烃和二烯烃

掌握：1. 炔烃和二烯烃的概念、通式、结构特点、命名；
　　　2. 炔烃的主要化学性质及二烯烃的加成反应。

熟悉：炔烃和二烯烃的同分异构现象。

了解：分子杂化理论和炔烃、二烯烃结构的关系。

第一节　炔烃

炔烃是分子中含有碳碳三键的烃，其通式为：C_nH_{2n-2}，$—C\equiv C—$为其官能团，与二烯烃互为同分异构体。

一、炔烃的结构和命名

1. 炔烃的结构

乙炔分子式为 C_2H_2，$H—C\equiv C—H$ 为乙炔分子的结构式。通过电子衍射、X 射线衍射等方式探知乙炔的分子为一个线型分子，四个原子都排布在一条直线上。其中碳－碳三键键长为 0.121nm，碳氢键键长为 0.106nm，$H—C\equiv C—H$ 键角为 180°，如图 4-1 所示。

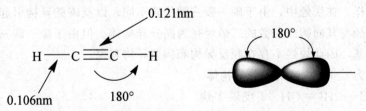

图 4-1　直线型乙炔分子　　图 4-2　sp 杂化轨道

杂化轨道理论认为，乙炔的两个碳原子共用了三对电子，每个碳原子各以一个 2s 轨道和一个 2p 轨道进行 sp 杂化，形成两个完全相同的 sp 杂化轨道，未参与杂化的形成 2p 轨道。每个 sp 杂化轨道形状为葫芦形，如图 4-2 所示。两个 sp 杂化轨道在同一直线上轴对称，夹角为 180°。

在乙炔分子中，两个碳原子分别贡献一个 sp 杂化轨道形成 C—Cσ 键，剩余的 sp 杂化轨道分别与氢原子 1s 轨道形成两个 C—H σ 键，从而形成乙炔分子的直线构型。此外，每个碳原子存在两个未杂化的 p 轨道，对称轴相互平行，形成两个相互垂直的 π 键，如图 4-3 所示。每个乙炔分子中碳—碳三键由一个 σ 键和两个 π 键组成。

图 4-3　乙炔分子中两个 π 键

乙炔分子与甲烷、乙烯分子杂化方式和分子结构存在较大差异，主要体现在键长和键角的变化，以及杂化方式的变化方面，具体见表 4-1。

表 4-1

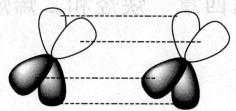

杂化方式	sp³	sp²	sp
键角：	109°28′	～120°	180°
C—C 键长	153.4 pm (C_{sp^3}—C_{sp^3})	133.7 pm (C_{sp^2}—C_{sp^2})	120.7 pm (C_{sp}—C_{sp})
C—H 键长	110.2 pm (C_{sp^3}—H_s)	108.6 pm (C_{sp^2}—H_s)	105.9 pm (C_{sp}—H_s)
轨道形状	狭长逐渐变成宽圆		
碳的电负性	随着成分的增大，电负性逐渐增大		
pka	～50	～40	～25

2. 炔烃的命名

（1）炔烃的同分异构现象

同烯烃一样，在炔烃中，由于碳—碳三键位置不同，以及碳链异构引起炔烃的异构现象，同时，炔烃与其同碳原子数的二烯烃互为同分异构体。但由于碳—碳三键的碳上只可能有一个取代基，因此炔烃不存在顺反异构和构象异构现象。

举例：同为 C_5H_6 炔烃的同分异构体。

H_3C—HC=CHC≡CH　　3-戊烯-1-炔

CH_2=CH—CH_2—C≡CH　　1-戊烯-4-炔

【练一练】

写出 C_5H_8 炔烃的所有结构式。

（2）炔烃的命名

系统命名法：炔烃的系统命名法与烯烃相似，以包含碳碳三键在内的最长碳链为主链，按主链的碳原子数命名，称为"某炔"。编号原则按照碳碳三键位置数字最小的原则进行编号。侧链基团在主链取代基位置进行命名。例如：

$$\overset{1}{H_3C}—\overset{2}{C}\equiv\overset{3}{C}—\overset{4}{CH_2}—\overset{5}{CH_2}—\overset{6}{CH_3}$$

4,5-二甲基-2-庚炔

含有双键的炔烃的命名：选择含有烯和炔的最长的碳链作为母体，按主链的碳原子数命名，称为"某烯－炔"。编号以双键和三键编号之和最小为原则，并优先给双键以最小编号。命名为"a-某烯-b-炔"，a 和 b 分别代表取代基的编号。

$$\overset{5}{H_3C}—\overset{4}{HC}=\overset{3}{CH}\overset{2}{C}\equiv\overset{1}{CH}$$ 3-戊烯-1-炔

$$\overset{5}{HC}=\overset{4}{C}—\overset{3}{CH_2}—\overset{2}{CH}=\overset{1}{CH_2}$$ 1-戊烯-4-炔

二、炔烃的物理性质

炔烃同烷烃、烯烃有基本相似的物理性质。随着碳原子数的增多，炔烃的沸点逐渐升高，低级的炔烃在常温下是气体，其沸点比同碳原子数的烯烃略高。炔烃分子的极性比烯烃略强，不溶于水，易溶于极性小的有机溶剂中，如石油醚、乙醚、苯、四氯化碳等。

乙炔俗称电石气，是电石（碳化钙 CaC）遇水产生的，具有刺激性气味。纯乙炔为无色气体，在水中具有一定的溶解度。当乙炔与空气混合，含量达到 3％～70％范围时，遇明火爆炸，因此乙炔在使用和贮存时应特别注意，按照安全操作规定进行。液态乙炔在贮存和运输过程中也易发生爆炸。由于乙炔在丙酮中溶解度大，工业上常将乙炔压入丙酮浸润的多孔物质的钢瓶中，以防运输过程中颠簸带来爆炸危险。

三、炔烃的化学性质

炔烃的化学性质主要是碳碳三键的加成反应和氧化反应。此外，炔烃三键碳连接的氢具有弱酸性，可以成盐和发生烷基化反应。

1. 炔氢的酸性

炔烃碳碳三键上的碳氢键中由 sp 杂化轨道与氢原子组成 σ 共价键，使得炔氢更易解离成质子。因此炔氢非常活泼，具有弱酸性并可与金属反应。

（1）与金属钠反应

乙炔可以与熔融的钠作用，得到炔化物。

$$HC\equiv CH+Na\longrightarrow HC\equiv CNa+H_2$$

乙炔钠可与卤代烷反应，可以用这种方式在炔烃中引入烷基，这也是有机合成中增长碳链的常用方法。

$$HC\equiv CNa+R'X\longrightarrow NaC\equiv CR'+HX$$

（2）生成金属炔化物

末端炔烃可以在氨基钠、硝酸银或氯化亚铜的氨溶液中生成金属炔化物。

$$RC \equiv CH \begin{cases} \xrightarrow{NaNH_2} RC \equiv CNa \\ \xrightarrow{Ag(NH_3)_2^+ NO_3} RC \equiv CAg \downarrow 白色 \\ \xrightarrow{Cu(NH_3)_2^+ Cl} RC \equiv CCu \downarrow 棕红色 \end{cases}$$

2. 加成反应

（1）亲电加成

亲电加成是炔烃与卤素或氢卤酸的加成反应，由于炔烃三键中 sp 杂化轨道电负性大于 sp^2 杂化轨道电负性，炔烃中 π 电子不易给出，因此炔烃亲电加成的活性比烯烃弱，多数需要在催化剂条件下进行。例如：

$$H_2C=CHCH_2C\equiv CH \xrightarrow[-20℃, CCl_4]{Br_2} \underset{\underset{Br\ Br}{|\ \ |}}{H_2C-CHCH_2C\equiv CH}$$

$$HC\equiv CH \xrightarrow[FeCl_3]{Cl_2} \overset{H}{\underset{Cl}{C}}=\overset{Cl}{\underset{H}{C}} \xrightarrow[FeCl_3]{Cl_2} Cl_2HC-CHCl_2$$

与氢卤酸加成时，活性为：HI＞HBr＞HCl＞HF。常用汞盐或铜盐作为催化剂。与不对称的炔烃加成时，符合马氏规则。

$$CH_3CH_2C\equiv CCH_2CH_3 + HCl \xrightarrow{HgCl_2} \overset{H_3CH_2C}{\underset{H}{}} C=C \overset{Cl}{\underset{CH_2CH_3}{}}$$

（90%）

$$RC\equiv CH \xrightarrow{HBr} \overset{Br}{\underset{|}{}} RC=CH_2 \xrightarrow{HBr} RCBr_2CH_3$$

（2）催化加氢

炔烃在催化条件下与氢发生加成反应。常用的催化剂是 Pd、Pt、Ni 等。炔烃的氢化加成产物为烷烃，不易停止在烯烃阶段，若适当控制条件，可得到烯烃。

$$HC\equiv CCH_2CH_2C\equiv CH + H_2 \xrightarrow[Pd(Ac)_2]{Pd/CaCO_3} H_2C=CHCH_2CH_2CH=CH_2$$

要想将炔烃只还原到烯烃，可以采用林德拉（Lindlar）催化剂，或者用 Pd-BaSO₄、或者用 NiB 做催化剂。林德拉催化剂（Pd-CaCO₃＋喹啉）反应特点为可以得到顺式加成产物。

$$RC\equiv CR' + H_2 \xrightarrow{Lindlar\ Cat.} \overset{R}{\underset{H}{}} C=C \overset{R'}{\underset{H}{}}$$

例如：

$$C_2H_5C\equiv CC_2H_5+H_2 \xrightarrow[\text{喹啉}]{Pd/CaCO_3} \underset{H}{\overset{C_2H_5}{}}C=C\underset{H}{\overset{C_2H_5}{}}$$

（3）亲核加成

炔烃还能与亲核试剂发生加成反应，常用的亲核试剂有氢氰酸、醇及醋酸等。其加成产物也符合马氏规则。例如：

$$HC\equiv CH+C_2H_5OH \xrightarrow{\text{碱}, 150\sim180℃} H_2C=CHOC_2H_5$$

$$HC\equiv CH+CH_3COOH \xrightarrow{Zn(OAc)_2 150\sim180℃} H_2C=CHOOCCH_3$$

$$HC\equiv CH+HCN \xrightarrow{CuCl_2\text{-}H_2O\ 70℃} H_2C=CHCOOCCH_3$$

在醇、羧酸、氢氰酸等带有—OH、—NH$_2$、—COOH、—CN 等基团的有机物发生加成反应，其结果相当于在醇、羧酸等含有活泼氢化合物分子中引入了乙烯基，这类反应称之为乙烯基化反应。

（4）硼氢化反应

炔烃可以和硼酸反应得到三烯基硼，进一步反应中，与碱反应重排形成醛；与酸反应形成烯烃。

$$6RC\equiv CH+B_2H_6 \longrightarrow 2\left[\underset{H}{\overset{R}{}}C=C\underset{CH_3}{\overset{H}{}}\right]_3 B \xrightarrow[OH^-]{H_2O_2} 6RCH_2CHO$$

$$\downarrow CH_3COOH$$

$$HCR=CH_2$$

3. 氧化反应

炔烃可以被高锰酸钾等强氧化剂氧化，生成羧酸，末端炔烃被氧化为二氧化碳和水。例如：

$$HC\equiv CH \xrightarrow[H_2O]{KMnO_4} CO_2+MnO_2\downarrow$$

氧化反应的产物保留了原来炔烃中的部分碳链结构，因此可以根据氧化产物结构推断炔烃的结构。例如：

$$H_3C—C\equiv CH \xrightarrow[H_2O]{KMnO_4} CH_3COOH+CO_2$$

$$H_3C—C\equiv C—CH_3 \xrightarrow[H_2O]{KMnO_4} 2CH_3COOH$$

$$H_3C—C\equiv C—CH_2—CH_3 \xrightarrow[H_2O,\ KOH]{KMnO_4} \xrightarrow{H^+} CH_3COOH+CH_3CH_2COOH$$

4. 聚合反应

炔烃的聚合反应一般不生成高聚物，在不同的反应条件下，可以生成二聚、三聚、四聚化合物。例如：

$$2HC{\equiv}CH \xrightarrow[\text{NH}_4\text{Cl}]{\text{CuCl}_2} H_2C{=}CHC{\equiv}CH$$

$$3HC{\equiv}CH \xrightarrow[60\sim70℃]{\text{(C}_6\text{H}_5)_3\text{PNi (CO)}_2}$$

$$4HC{\equiv}CH \xrightarrow{\text{Ni(CN)}_4}$$

四、炔烃的制备

1. 二卤代烷脱卤化氢制备

$$\underset{\underset{\text{Br Br}}{|\quad|}}{H_3CHC{-}CHCH_2CH_3} \xrightarrow{\text{KOH-C}_2\text{H}_5\text{OH}} CH_2C{\equiv}CCH_2CH_3$$

2. 伯卤代烷与炔钠

$$HC{\equiv}CH+NaNH_2 \longrightarrow HC{\equiv}CNa \xrightarrow{\text{C}_3\text{H}_7\text{Br}} C_3H_7C{\equiv}CH$$

【练一练】

选择适当的原料合成 $\underset{\underset{\text{Cl Br}\quad\text{Br}}{|\quad|\quad\ |}}{H_2C{-}CH{-}CH_2}$ 。

第二节 二烯烃

分子中含有两个碳碳双键的碳氢化合物称为二烯烃，其分子通式为 C_nH_{2n-2}。因其通式和炔烃分子通式相同，所以同碳原子数的二烯烃和炔烃互为同分异构体，这种异构现象称为官能团异构。

一、二烯烃的分类和命名

1. 二烯烃的分类

根据二烯烃中两个碳碳双键的位置，可将二烯烃分为三类

（1）聚集二烯烃 $H_2C{=}C{=}CH_2$；

（2）共轭二烯烃 $CH_2{=}CH{-}CH{=}CH_2$；

（3）隔离二烯烃 $CH_2{=}CH{-}CH_2CH_2{-}CH{=}CH_2$。

其中，聚集二烯烃是一类难以见到的结构，聚集的碳碳双键使分子的能量升高。隔离二烯氢的碳碳双键被多个单键隔开，性质和一般的单烯烃相似。共轭二烯烃因其特殊的结构，具有特殊的理化性质，在理论和实际应用上呈现创新特色之处，值得深入学习和探讨。

2. 二烯烃的命名

二烯烃的命名采用系统命名法，其命名原则和单烯烃命名相似。选择包含两个碳碳双键的最长碳链作为主链，根据主链的碳原子个数称为某二烯。从离双键最近的一端进行主链编号，确定碳碳双键的位置 m、n，取代基的位置 a、b，按照 a,b-取代基-m,n-某二烯命名。例如：

$$\overset{8}{C}H_3\overset{7}{C}H_2\overset{6}{C}H=\overset{5}{C}H-\overset{4}{C}H_2-\overset{3}{C}H=\overset{2}{C}H-\overset{1}{C}H_3 \qquad 2，5-辛二烯$$

$$\overset{5}{C}H_3\overset{4}{C}H=\overset{3}{C}H-\overset{2}{\underset{\underset{CH_3}{|}}{C}}-\overset{1}{C}H_2 \qquad 2-甲基-1，3-戊二烯$$

二、共轭二烯烃的结构

共轭二烯烃以 1，3－丁二烯为例进行说明。如图 4-4 所示，单键和双键的键长接近，使得键长平均化。在 1，3－丁二烯分子中，碳原子均为 sp^2 杂化，各自剩余一个 p 轨道，每个碳原子与相邻的碳原子通过 sp^2 杂化轨道，结合成 C_{sp^2}—C_{sp^2} σ 键，剩余 sp^2 杂化轨道与氢原子 1s 轨道结合形成 C_{sp^2}—H_{1s} σ 键，整个分子处于同一个平面上。剩余的 p 轨道垂直于此平面且相互平行，如图 4-4，侧面交叠成键。因此，C_1 和 C_2，C_3 和 C_4 之间 p 轨道侧面重叠形成 π 键，C_2 和 C_3 之间 p 轨道侧面重叠也可以形成 π 键，因此也具有部分双键的性质。

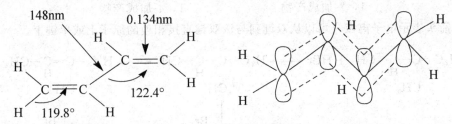

图 4-4　1，3-丁二烯的共轭结构

由于 p 轨道相互交叠形成 π 键，1，3-丁二烯的四个 π 电子不再分别固定在两个碳碳双键的碳原子之间，而是扩展到四个碳原子之间，形成共轭 π 键，成为大 π 键。这种 p 电子云扩展到更大范围的运动，成为电子的离域。

三、共轭二烯烃的化学性质

1. 加成反应

共轭二烯烃具有烯烃的化学通性，同时由于共轭体系的存在，其表现更为活泼，因而具有独特的化学性质。

(1) 1，2－加成和 1，4－加成

共轭二烯烃的加成反应，其产物有两种，如：

$$CH_2=CH-CH=CH_2 \xrightarrow[\text{冰醋酸}]{Br_2,}$$

1，2—加成

$$\underset{\underset{Br}{|}}{CH_2}-\underset{\underset{Br}{|}}{CH}-CH=CH_2$$

1，4—加成

$$CH_2Br-CH=CH-CH_2Br$$

$$CH_2=CH-CH=CH_2 \xrightarrow{HCl}$$

1，2—加成

$$CH_3-\underset{\underset{Cl}{|}}{CH}-CH=CH_2$$

1，4—加成

$$CH_3-CH=CH-CH_2Cl$$

（2）1，2-加成和1，4-加成的反应原理

亲电试剂（溴）加到 C_1 和 C_4 上（即共轭体系的两端），双键移到中间，称为1，4-加成或共轭加成。共轭体系作为整体形式参与加成反应，通称为共轭加成。

$$H_2C=C-CH-CH_3 \longleftrightarrow H_2C-C=C-CH_3$$

$$\downarrow Br^- \qquad\qquad \downarrow Br^+$$

$$H_2C=C-CH-CH_3 \qquad H_2C-C=C-CH_3$$

1，2-加成产物　　　　1，4-加成产物

弯箭头表示电子离域，可以从双键到与该双键直接相连的原子上或单键上。

$$H_2C=C-C=CH_2 + HBr \longleftrightarrow H_3C-C-CH=CH_2 \longleftrightarrow H_3C-C=C-CH_2$$

$$\downarrow Br^- \qquad\qquad\qquad \downarrow Br^-$$

$$H_3C-\underset{\underset{CH_3}{|}}{\overset{\overset{Br}{|}}{C}}-C=CH_2 \qquad H_3C-C=C-CH_2Br$$

1，2-加成和1，4-加成的比例和反应速率有关，控制温度是控制加成产物比例的关键。

$$CH_2=CH-CH=CH_2 \xrightarrow{HBr} CH_3CH=CHCH_2Br + CH_2-CH-CH=CH_2$$

-80℃	20%	80%
40℃	80%	20%

2. 狄尔斯（Diels）-阿德尔（Alder）反应——双烯合成反应

共轭二烯烃可以和具有双键或三键的不饱和化合物进行1，4-加成反应，生成环状化合物，这类反应称为狄尔斯（Diels）-阿德尔（Alder）反应——双烯合成反应。其反应条

件是在光照或加热情况下进行。如：

（反应式图）苯 100℃ → 100%

（反应式图）苯 △ →

双烯合成反应在共轭双烯和亲双烯体的不饱和化合物之间进行，亲双烯体常连有吸电子基团，如—CHO、—NO$_2$、—CN、—COOH 等，发生 1，4-加成反应，生成环状化合物。

3. 聚合反应

共轭二烯烃还可以发生聚合反应，生成高分子化合物，例如 1，3-丁二烯在催化剂的作用下生成顺丁橡胶。

$$CH_2=CH—CH=CH_2 \xrightarrow{催化剂} (CH_2—CH=CH—CH_2)_n$$

由于橡胶分子中存在的双键共聚，天然橡胶结构和共聚二烯烃有相似的结构。可以利用这一特点进行橡胶的人工合成。如 1，3-丁二烯和苯乙烯共聚生成丁苯橡胶。这类橡胶的强度比天然橡胶更大，硬度较大，可以制成多种工业用品。

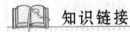 知识链接

丁苯橡胶的由来

丁苯橡胶（SBR），又称聚苯乙烯丁二烯共聚物，是最早实现工业化生产的橡胶品种之一。人类发现橡胶可以追溯到 15 世纪，1493 年哥伦布率队初次登上南美大陆，当地人游戏用的有弹性的小球引起人们的注意，这就是天然橡胶产物。而后天然橡胶被大量的生产和使用。汽车工业的兴起激发了橡胶的巨大需求，直至 20 世纪 80 年代初，美国 Philips 公司采用锂引发阴离子聚合成功地开发了溶聚丁苯橡胶（SSBR），并于 1964 年实现了工业化生产。SSBR 的工业化生产通常使用烷基锂，主要是以丁基锂作为引发剂，使用烷烃或环烷烃为溶剂，醇类为终止剂，四氢呋喃为无规剂。但由于 SSBR 的加工性能较差，其应用并没有得到较快的发展。70 年代末期，对轮胎的要求越来越高，对橡胶的结构和性能也提出了更高的要求，加之聚合技术的进步，使 SSBR 得到较快的发展。20 世纪 80 年代初期，英国的 Duniop 公司和荷兰的 Shell 公司通过高分子设计技术共同开发了新的低滚动阻力型 SSBR 产品。荷兰 Shell 公司和邓　普轮胎公司共同开发了新型 SSBR 产品，日本合成橡胶公司与普利司通公司共同开发了新型锡偶联 SSBR 等第二代 SSBR 产品。自此，丁苯橡胶以其耐磨、耐热、耐老化的特点，广泛用于轮胎、胶带、胶管、电线电缆、

医疗器具及各种橡胶制品的生产等领域，成为了最大的通用合成橡胶品种。

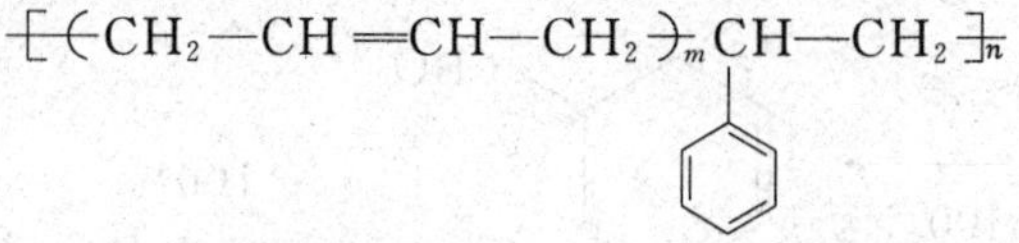

$$\text{---}\!\!\left(\!\!\left(CH_2\!-\!CH\!=\!CH\!-\!CH_2\right)_{\!m}\!CH\!-\!CH_2\right)_{\!n}\!\!\text{---}$$

丁苯橡胶的化学结构

 本章小结

知识点	知识内容归纳
炔烃及二烯烃的通式、官能团	炔烃及二烯烃分子通式：C_nH_{2n-2}； 炔烃官能团—C≡C—；炔烃和同碳原子数二烯烃互为同分异体
炔烃的化学性质	炔氢的金属反应、加成反应、氧化反应和聚合反应
共轭二烯烃	共轭双烯和亲双烯结构发生 1，4-加成，发生双烯合成反应

 目标检测

1. 命名下列化合物。

(1) 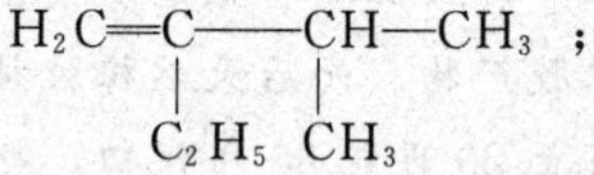 $\underset{\overset{|}{C_2H_5}\ \overset{|}{CH_3}}{H_2C\!=\!C\!-\!CH\!-\!CH_3}$ ；

(2) $CH_3CH\!=\!CH\!-\!CH\!=\!CHCH_3$；

(3) 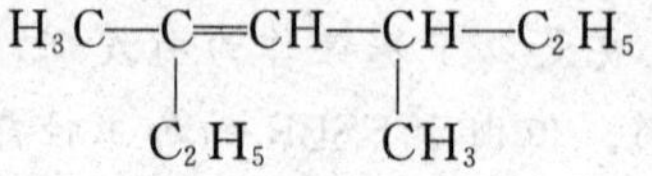 $\underset{\overset{|}{C_2H_5}\qquad\overset{|}{CH_3}}{H_3C\!-\!C\!=\!CH\!-\!CH\!-\!C_2H_5}$ ；

(4) $CH_2\!=\!CHC\!\equiv\!CH$；

(5) $CH_3CH_2\!-\!C\!\equiv\!CAg$。

2. 写出下列化合物的结构式。

(1) 4-甲基-2-庚烯-5-炔；

(2) 顺-2-丁烯；

(3) 3-异丙基-4-己烯-1-炔；

（4）乙烯基乙炔。

3. 完成下列化学合成反应。

（1）$CH_3CH=CH_2$ 和 $HC\equiv CH$ 合成 $CH_3CH_2CH_2C\equiv CCH(CH_3)_2$

（2）乙炔和丙烯合成 1，6-庚二烯-3-炔

（3）自选 4 个及以下碳的化合物为原料合成产物 ⌒⌒⌒。

4. 结构推断。

化合物 A，B，C 是三个分子式均为 C_4H_6 的同分异构体，A 用 Na 的液氨溶液处理得 D，D 能使溴水褪色并产生一内消旋化合物 E，B 与银氨溶液反应得白色固体化合物 F，F 在干燥的情况下易爆炸，C 在室温下能与顺丁烯二酸酐在苯溶液中发生反应生成 G。推测 A，B，C，D，F，G 的结构式及 A→D→E，B→F，C→G 的反应方程式。

第五章 脂环烃

掌握：单环脂肪烃命名方法及单环烷烃的化学性质。

熟悉：多环脂肪烃的分类及命名。

了解：单环烷烃的分类、通式、不稳定性原因及环己烷的构象。

一、环烃的分类

环烃包括脂环烃和芳香烃，按照分子中所含环的多少分为单环和多环脂环烃。在多环烃中，根据环的连接方式不同，又可分为螺环烃和桥环烃。根据脂环烃的不饱和程度又分为环烷烃和环烯烃、环炔烃。环烃分类见图 5-1。本章重点学习环烷烃的命名及单环烷烃的性质。

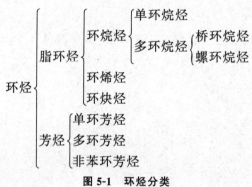

图 5-1 环烃分类

二、环烷烃的命名

1. 单环脂环烃的命名

（1）单环烷烃的命名与烷烃相似，根据成环碳原子数称为"某"烷，并在某烷前面冠以"环"字，叫环某烷。例如：

环丙烷　　　环丁烷　　　环己烷

（2）环上带有支链时，一般以环为母体，支链为取代基进行命名，例如：

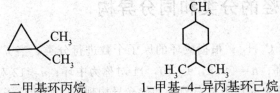

二甲基环丙烷　　　　1-甲基-4-异丙基环己烷

（3）若环上有不饱和键时，编号从不饱和碳原子开始，并通过不饱和键编号，例如：

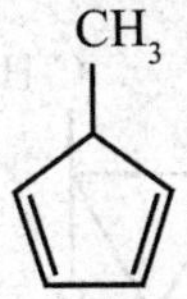

5-甲基-1，3-环戊二烯 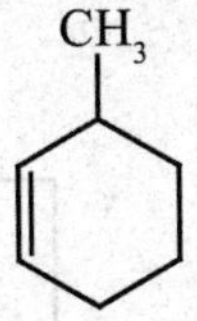　　　　3-甲基环己烯

（4）环上连有复杂的烷基或不饱和烃基，以环上的支链为母体，将环作为取代基，称为"环某基"，按支链烃的命名原则命名。例如：

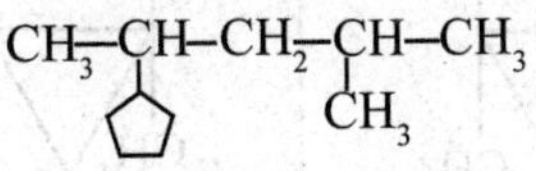

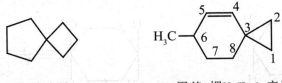

2-甲基-4-环戊基戊烷 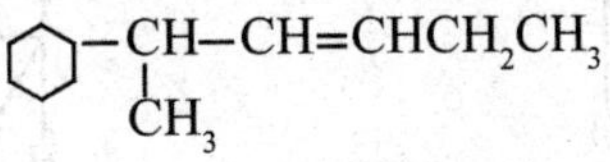　　　　2-环己基-3-己烯

2. 螺环烃的命名

在多环烃中，两个环以共用一个碳原子的方式相互连接，称为螺环烃。其命名原则为：根据螺环中碳原子总数称为螺某烃。在螺字后面用一方括号，在方括号内用阿拉伯数字标明每个环上除螺原子以外的碳原子数。小环数字排在前面，大环数字排在后面，数字之间用圆点隔开。例如：

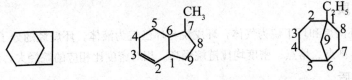

螺[3.4]辛烷　　　　6-甲基-螺[2.5]-4-辛烯

3. 桥环烃的命名

在多环烃中，两个环共用两个或两个以上碳原子时，称为桥环烃。命名时以二环（双环）为词头，后面用方括号，按照桥碳原子由多到少的顺序标明各桥碳原子数，写在方括号内（桥头碳原子除外），各数字之间用圆点隔开，再根据桥环中碳原子的总数称为某烷。桥环烃编号是从一个桥头碳原子开始，沿最长的桥路编到另一个桥头碳原子，再沿次长桥编回桥头碳原子，最后编短桥并使取代基的位次较小。例如：

双环[3.2.1]辛烷　　7-甲基-双环[4.3.0]-2-壬烯　　1-乙基-双环[4.2.1]壬烷

三、单环烷烃的分类和同分异构

单环烷烃的通式：C_nH_{2n}；根据成环的原子个数进行分类，当 $n=3,4$ 时称为小环；$n=5,6$ 时称为常见环；$n=7,8,9,10,11$ 对称为中环；$n \geqslant 12$ 对称为大环。

单环烷烃的异构现象存在碳架、顺反和旋光异构现象。例如分子式为 C_5H_{10} 的单环烷烃同分异构体如下：

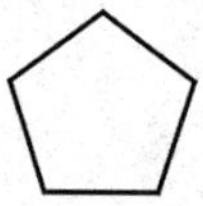

1 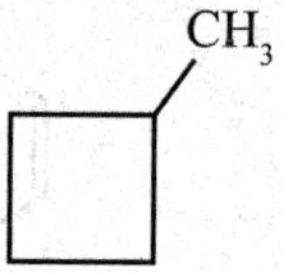　　　　　　2 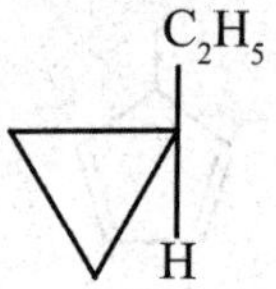　　　　　　3 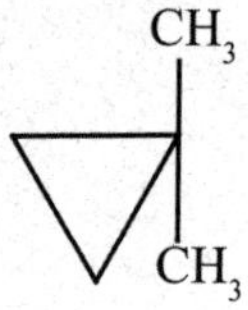　　　　　　4

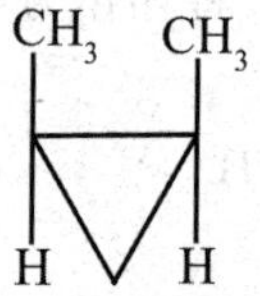

5 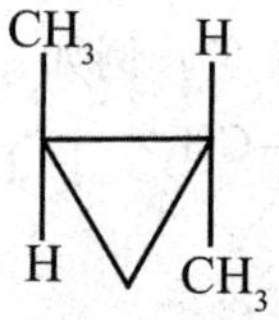　　　　　　　6 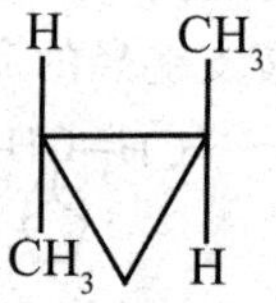　　　　　　　7

结构 1～5 为碳架异构体，是因环大小不同，侧链长短不同，侧链位置不同而引起的。

结构 5 和 6，5 和 7 是顺反异构，是因成环碳原子单键不能自由旋转而引起的。顺反异构是构型异构的一种。顺式（cis）是指两个取代基在环同侧；反式（trans）是指两个取代基在环异侧，又如：

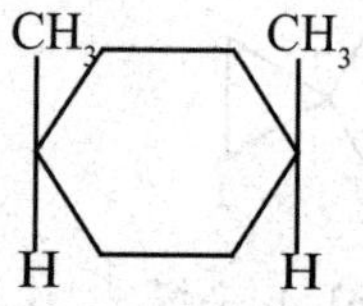

顺-1，4-二甲基环己烷 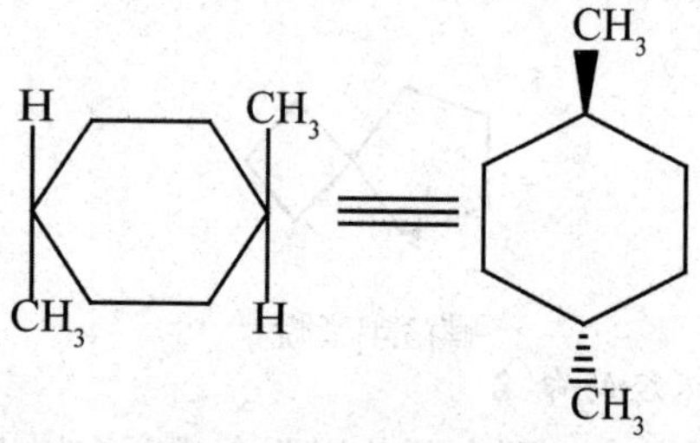　　　　　　反-1，4-二甲基环己烷

结构 6 和 7 是旋光异构，又称为对映异构。

四、环烷烃的物理性质和化学性质

（一）物理性质

常温常压下，环丙烷和环丁烷为气体，环戊烷与环己烷为液体。环烷烃的分子结构比链烷烃排列紧密，所以，沸点、熔点、密度均比链烷烃高。相对密度比相应的烷烃大，但仍比水轻。

（二）化学性质

单环烷烃性质与烷烃相似，但又有自己的特点。总体上小环（三、四元环）似烯，可以发生加成反应；大环似烷，主要发生取代反应。

1. 与烷烃类似的性质

（1）卤代反应：

$$\triangleright \quad (\pentagon) \quad + \quad X_2 \quad \xrightarrow{hv} \quad \triangleright\!-\!X \quad (\pentagon\!-\!X)$$

$$(X=Cl、Br)$$

（2）氧化反应：

$$\text{（三角形结构）} \quad + \quad KMnO_4 \quad \not\longrightarrow \quad \text{不反应}$$

$$\text{（六元环）} \quad + \quad O_2 \quad \xrightarrow[\triangle, P]{CO^{++}} \quad HOOC(CH_2)_4COOH$$

可与烯烃或炔烃区别开来。

2. 与烯烃类似的性质

三、四元的小环化合物不稳定，易发生加成开环反应。

（1）加 H_2：

$$\triangle \quad \square \quad \pentagon \quad + \quad H_2
\begin{cases}
\xrightarrow[80℃]{Ni} & CH_3CH_2CH_3 \\
\xrightarrow[120℃]{Ni} & CH_3CH_2CH_2CH_3 \\
\xrightarrow[300℃]{Pt} & CH_3CH_2CH_2CH_2CH_3
\end{cases}$$

用Ni催化难以反应

（2）加 X_2：环丙烷和环丁烷及其同系物容易开环，与卤素或卤化氢发生亲电加成反应。例如环丙烷与溴在室温下就能反应，使溴的颜色褪去。

$$\triangle + Br_2/CCl_4 \xrightarrow{室温} BrCH_2CH_2CH_2Br$$

$$\square + Br_2/CCl_4 \xrightarrow{\triangle} BrCH_2CH_2CH_2CH_2Br$$

（3）加 HX：碳环的断裂发生在含 H 最多和含 H 最少的两个碳原子之间。加成产物遵循马氏规则。

$$\triangle \quad + \quad HBr \xrightarrow{室温} CH_3CH_2CH_2Br$$

$$CH_3\!-\!\underset{\underset{CH_2}{|}}{CH}\!-\!CH_2 \quad + \quad HBr \longrightarrow CH_3CH_2CHCH_3$$
$$\underset{Br}{|}$$

五、环烷烃的结构与稳定性

1. 环丙烷的结构

在环丙烷分子中，三个碳原子都是 sp^3 杂化的。相邻两个碳原子的两个 sp^3 杂化轨道，在成键时，其对称轴不在同一条直线上，而是以弯曲方向重叠，形成的 C—C 键是弯曲的，形似"香蕉"，称为"弯曲键"或"香蕉键"。如图 5-2 所示。

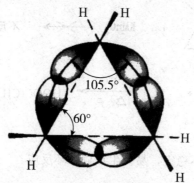

图 5-2　环丙烷分子中弯曲键的形成

2. 稳定性

碳碳键受到扭转而产生张力叫作扭转张力。角张力和扭转张力总称为环张力。环张力越大，分子的内能就越高，稳定性越差。不同大小的环的稳定性如下：

化合物	结构	环张力		稳定性
		角张力	扭转张力	
环丙烷	平面型	大 （109.8°＞60°）	大	很不稳定
环丁烷	25° 折叠式	较大 （109.8°＞90°）	较小	不稳定
环戊烷	30° 信封式	较小 （109.8°≈108°）	较小	较稳定
环己烷	椅式	无 （正常 σ 键）	无	稳定

在环烷烃中，除环丙烷的碳原子为平面结构外，其余的成环碳原子都不在同一平面上，这样可以很好地克服环的扭转张力，从而形成稳定的结构。

六、环己烷的构象

对于环己烷，1918 年，E. Mohr 提出非平面、无张力环学说。用碳的四面体模型可以组成椅式和船式两种构象模型。现实中椅式构象是环己烷的优势构象，为其主要存在形式。

1. 环己烷的椅式构象

（1）环己烷椅式（Chair Form）构象的画法：

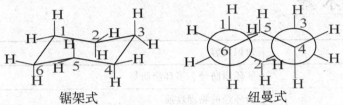

锯架式　　　　　　　　　纽曼式

（2）环己烷椅式构象的特点是有 6 个 a（axial）键，6 个 e（equatorial）键。环中相邻两个碳原子均为邻交叉。

a键　　　　　　　　　　　e键

a 键转变成 e 键，e 键转变成 a 键；环上原子或基团的空间关系保持。

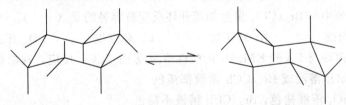

2. 环己烷的船式构象

（1）环己烷船式（Boat form）构象的画法

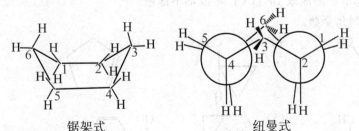

锯架式　　　　　　　　　纽曼式

（2）环己烷船式构象的特点是 1，2，4，5 四个碳原子在同一平面内，3，6 碳原子在这一平面的上方。其中 1，2 和 4，5 之间有两个正丁烷似的全重叠，1，6，5，6，2，3，3，4 之间有四个正丁烷似的邻位交叉。

3. 取代环己烷的构象

一取代环己烷的构象一般基团在 e 键构象稳定。

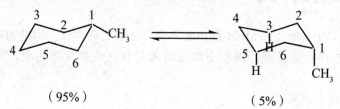

（95%）　　　　　　　　　（5%）

 **本章小结**

知识点	知识内容
脂环烃的分类及命名	单环脂肪烃、多环脂肪烃
脂环烃的性质	脂环烃的物理性质 脂环烃的化学性质——小环不稳定，容易发生加成反应；大环比较稳定，与烷烃类似，可以发生取代反应
脂环烃的稳定性	三元环最不稳定，四元环次之，五元六元环比较稳定

目标检测

1. 选择题。

（1）下列环烃中与 Br_2/CCl_4 发生加成开环反应最容易的是（　　）。

　　A. 环丙烷　　　　B. 环丁烷　　　　C. 环戊烷　　　　D. 环己烷

（2）甲基环丙烷与 5％ 的 $KMnO_4$ 的酸性溶液或 Br_2/CCl_4 反应，现象是（　　）。

　　A. $KMnO_4$ 溶液或 Br_2/CCl_4 溶液都褪色

　　B. $KMnO_4$ 溶液褪色，Br_2/CCl_4 溶液不褪色

　　C. $KMnO_4$ 溶液不褪色，Br_2/CCl_4 溶液褪色

　　D. $KMnO_4$ 溶液或 Br_2/CCl_4 溶液都不褪色

2. 命名下列化合物。

（1）　　（2）　　（3）

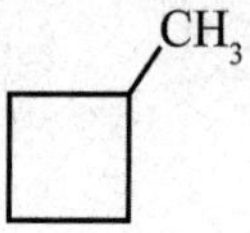

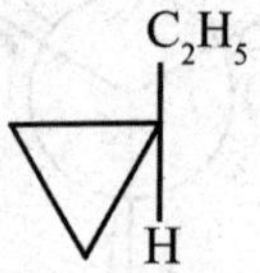

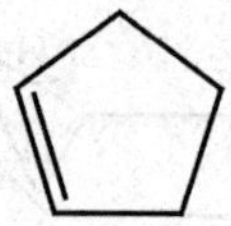

（4）　　（5）　　（6）

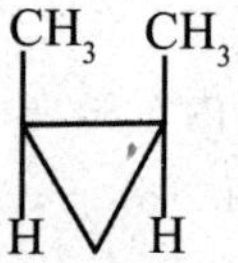

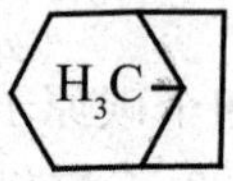

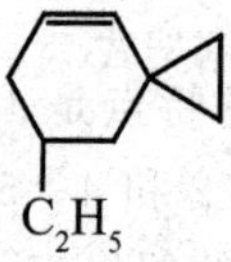

3. 写出下列化合物的结构。

（1）双环［3.2.1］辛烷

（2）5－甲基－螺［5.3］壬烷

（3）双环［4.4.0］癸烷

4. 完成下列反应。

（1）□＋Br_2/CCl_4 $\xrightarrow{\triangle}$ （　　）

（2）$CH_3—CH\underset{\underset{\displaystyle CH_2}{|}}{——}CH_2$ 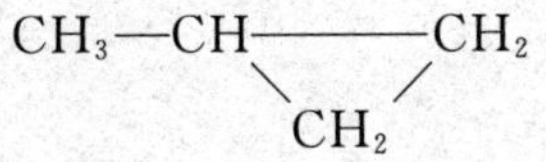 ＋HBr $\longrightarrow$ （　　）

5. 推断结构并命名。

有一环烷烃，分子式为 C_6H_{12}，并且只含有一个伯碳原子，试写出该烷烃可能存在的结构式，并分别进行命名。

第六章　芳烃

掌握：芳烃的概念、分类和命名方法；苯的取代基定位规则；苯及单环芳烃的化学性质。

熟悉：稠环芳烃的结构和分类；萘的化学性质；蒽和菲的性质。

了解：定位效应的应用；非苯芳烃和休克尔规则。

芳香类化合物是一类具有"芳香性"的碳氢化合物的总称。早期化学家们曾根据有机化合物的来源将其分为两类：一类是来源于脂肪的脂肪族化合物；另一类是从天然树胶中提取的具有芳香气味的化合物，也就是芳香化合物的由来。随着化学学科的发展，目前已知的大多数芳香类化合物并不具有香气，但名称仍然被沿用。因而，将分子中含有苯环或性质与苯环类似的化合物称为芳香族化合物。

芳烃是芳香族化合物的母体结构，具有特殊的环状结构。可以根据结构分为两类，一类是结构中含有苯环结构，且具有芳香性的苯系芳烃；另一类是结构中不含苯环结构，但具有芳香性的环状烃，称为非苯芳烃。

苯系芳烃可以根据苯环数量不同分为单环芳烃和多环芳烃。多环芳烃是含有 2 个及 2 个以上苯环的芳烃，根据苯环连接方式不同可进一步分为：联苯、多苯代脂烃和稠环芳烃。

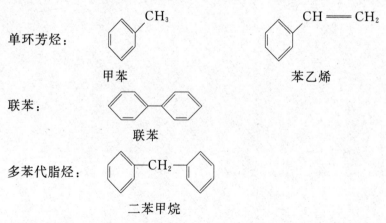

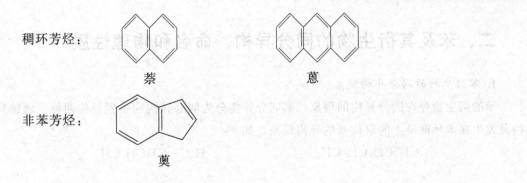

稠环芳烃：

萘   蒽

非苯芳烃：

薁

第一节 苯及苯衍生物

一、苯的结构

苯由碳和氢组成，分子式为 C_6H_6，碳氢原子比例为 $1:1$，从分子式看，苯的结构高度不饱和，应当具有不饱和烃的性质，但实际上苯的结构却相对稳定，其一元取代物只有一种，邻二取代物也只有一种结构，这在历史上引发了人们对苯的结构和性质的浓厚兴趣，纷纷提出苯的结构式。1865 年，德国化学家凯库勒（Kekule）提出苯的环状结构式。

现代物理方法测定出苯的结构为：苯分子的六个碳原子和六个氢原子都在同一平面，六个碳原子呈六边形，C—C 键长为 0.140nm，C—H 键长为 0.108nm，C—C—C 和 C—C—H 键角均为 120°。

杂化轨道理论认为，苯环中碳原子为 sp^2 杂化，三个 sp^2 杂化轨道分别与另外两个碳原子的 sp^2 杂化轨道形成两个 C—C σ 键以及与一个氢原子的 s 轨道形成 C—H σ 键，无杂化的 p 轨道相互平行且垂直于 σ 键所在的平面，他们的侧面相互重叠形成闭合的大 π 键共轭体系。大 π 键的电子云像两个轮胎分布在分子平面两侧。

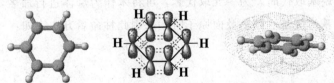

苯分子结构模型   苯分子轨道杂化   苯分子π电子云分布

在书写苯环时，一般用凯库勒式表示苯的结构，也可以写成 ⬡ 表示苯环。

二、苯及其衍生物的同分异构、命名和物理性质

1. 苯衍生物的同分异构现象

苯的衍生物存在同分异构的现象，其同分异构分为侧链异构和位置异构两种。侧链异构是发生在苯环侧链上的取代基的异构现象，如：

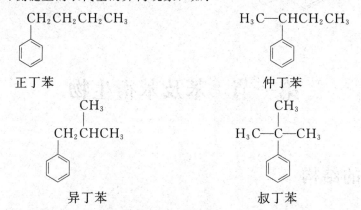

正丁苯　　　　　　　　　　　　仲丁苯

异丁苯　　　　　　　　　　　　叔丁苯

位置异构是发生在苯环上取代基的位置不同引起的异构。如：

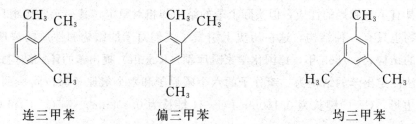

连三甲苯　　　　偏三甲苯　　　　　　均三甲苯

由于苯衍生物存在异构现象，其命名具有相应的规律。

2. 苯及其衍生物的命名

苯及其衍生物的通式为 C_nH_{2n-6}，其命名根据结构分成几种情况：

（1）一元取代苯

苯环上被一个烷基取代时，为一元取代苯，可将苯作为母体进行命名，称为"某苯"。一般情况下，取代基为烷基、硝基及卤原子时，采用此种命名方法。如：

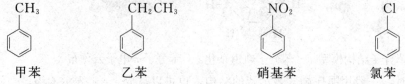

甲苯　　　　　　乙苯　　　　　　硝基苯　　　　　　氯苯

另一种命名方法是以苯为取代基进行命名，命名为"苯某"。一般情况下，—OH、—NH₂、—COOH、—SO₃H、—CH=CH₂ 等基团取代或烷基较为复杂时，采用此种命名方法。如：

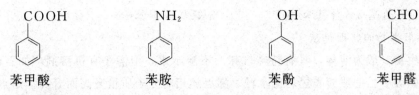

苯甲酸   苯胺   苯酚   苯甲醛

（2）二取代苯

苯环有两个取代基时称为二取代苯。当两个取代基相同时，以苯作为母体进行命名，同时存在三种异构体，邻位（1，2—）取代称为"邻二某苯"；间位（1，3—）取代称为"间二某苯"；对位（1，4—）取代称为"对二某苯"。如：

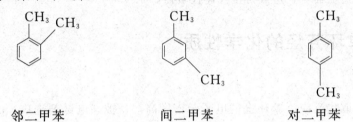

邻二甲苯   间二甲苯   对二甲苯

当两个取代基为不同基团时，以主官能团和苯环一起作为母体，另一个基团做取代基。如：

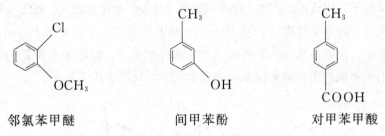

邻氯苯甲醚   间甲苯酚   对甲苯甲酸

（3）三取代苯

苯上三个取代基团为三取代苯。三个相同基团取代，存在异构体，1，2，3-取代称为"连三某苯"；1，2，4-取代称为"偏三某苯"；1，3，5-取代称为"均三某苯"。如：

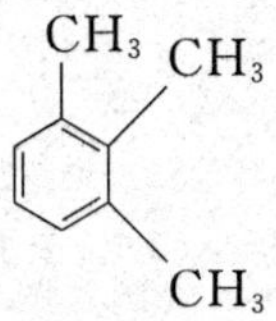

连三甲苯 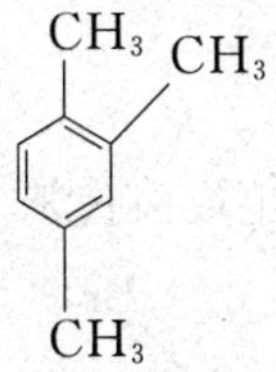   偏三甲苯 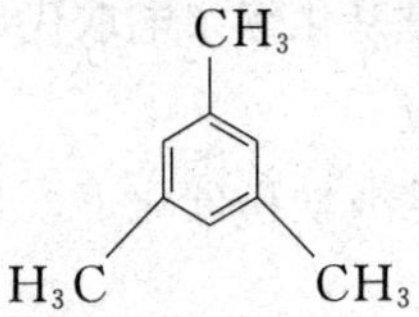   均三甲苯

当三个基团不同时，先确定主官能团并编号为 1，然后编写取代基序号，以序号尽可能小为准，最后写名称时，以次序小的基团优先写在前面。如：

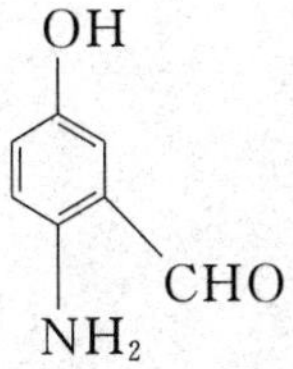

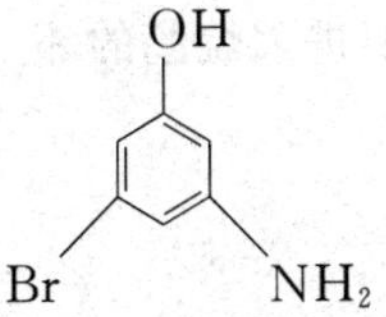

2-氨基-5—羟基苯甲醛　　　　　3-氨基-5-溴苯酚

3. 苯及其衍生物的物理性质

苯及其衍生物一般为液体，具有特殊气味。不溶于水，但溶于有机溶剂，如石油醚、乙醚、四氯化碳等中。一般芳香烃均比水轻。沸点随相对分子质量升高而升高。熔点除与相对分子质量有关外，还与结构有关，通常对位异构体由于分子对称，熔点较高。

苯及其衍生物具有易挥发、易燃的特点，其蒸气具有爆炸性，在保存和运输中应当特别注意。同时其蒸气有毒，能够侵害人体中枢神经，人体接触苯等可导致皮肤脱屑以及过敏等现象。长期接触将损害造血器官，造成再生障碍性贫血。

三、苯及其他单环芳烃的化学性质

1. 亲电取代反应

苯环上氢的取代是亲电取代反应。苯环上的电子云密度高，易被亲电试剂进攻，C—H 键断裂，氢发生取代反应，称为亲电取代反应。

苯的亲电取代反应机理为：苯与亲电试剂 E^+ 作用时，生成 π 络合物，亲电试剂从苯环的 π 体系中得到两个电子，生成 σ 络合物。此时，碳原子由 sp^2 杂化变成 sp^3 杂化，苯环中 6 个碳原子形成的闭合共轭体系被破坏，变成 4 个 π 电子离域在 5 个碳原子上。σ 络合物的能量比苯高，不稳定，很容易从 sp^3 杂化进一步失去一个质子，使碳原子恢复 sp^2 杂化，再次形成 6 个 π 电子离域的闭合共轭体系，生成取代苯。反应表达式如下：

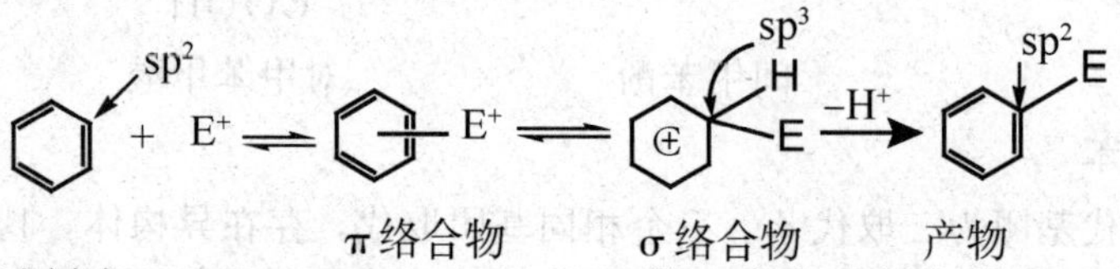

π 络合物　　　　σ 络合物　　产物

常用的亲电试剂有：—X、—NO_2、—SO_3H 等。亲电试剂在苯环上发生卤代、硝化、磺化、烷基化、酰基化等亲电取代反应。

（1）卤代反应

苯在三卤化铁或铁粉催化下，与卤素反应，生成卤代苯。如：

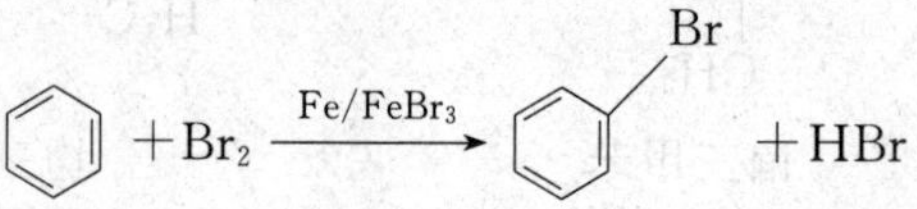

卤素亲电取代的活性顺序为：$F_2 > Cl_2 > Br_2 > I_2$。加入催化剂，使反应时卤素和催化剂结合形成更强的亲电效果。卤苯的进一步取代比苯的卤代困难，烷基苯的卤代比苯的卤代容易，卤代产物主要进入烷基的邻、对位，如：

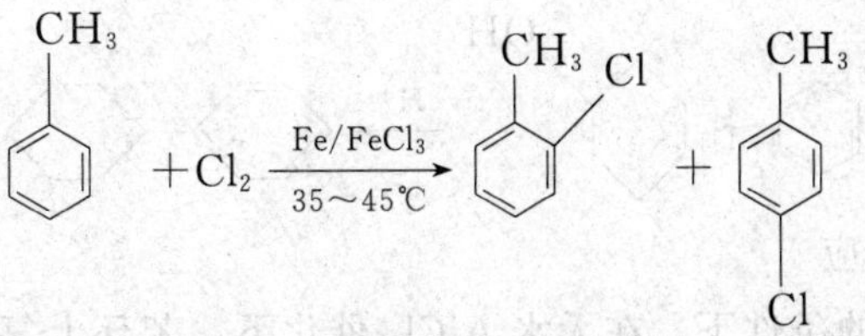

（2）硝化反应

苯与浓硫酸和浓硝酸共热，苯环上的氢被硝基取代，发生硝化反应，生成硝基苯。如：

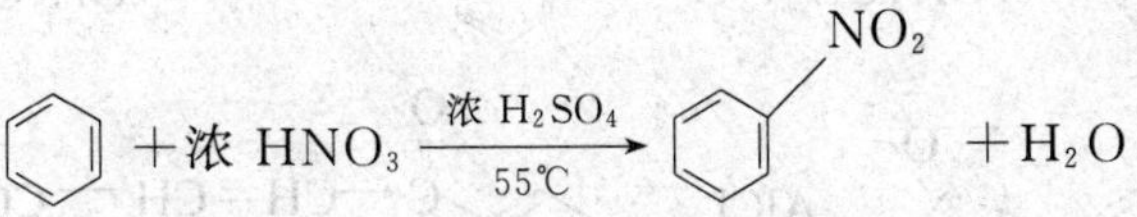

硝基苯可进一步硝化，增加硝酸浓度并提高反应温度，主要生成间-二硝基苯。

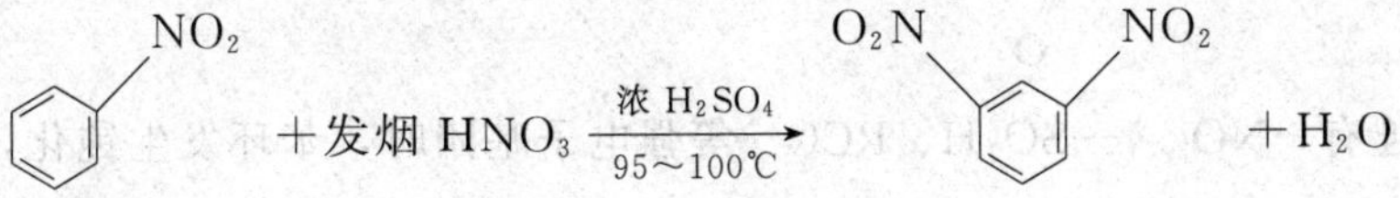

（3）磺化反应

苯环上的氢被磺酸基—SO_3H 取代，生成苯磺酸的反应，称为磺化反应。反应的试剂一般为 SO_3，发烟硫酸是 SO_3 和 H_2SO_4 的混合物。如：

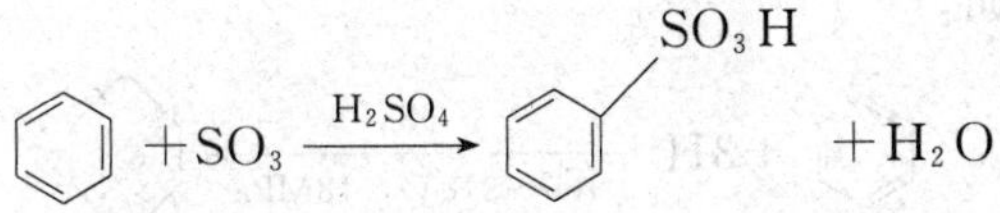

磺化反应是可逆反应，苯磺酸遇水蒸气可发生水解，生成苯和稀硫酸。在有机合成中，常利用其可逆性，将磺酸基作为临时占位基团，再可逆进行消去。

（4）傅-克（Friedel-Crafts）烷基化反应

苯环在催化剂作用下，与卤代烷反应，苯环上的氢被烷基取代的反应，称为傅-克（F-C）烷基化反应。1877 年，法国化学家 Friedel 和美国化学家 Crafts 发现了制备烷基苯和芳酮的反应，制备芳酮的反应称为傅-克酰基化反应。傅-克烷基化反应在路易斯酸的催化下生成烷基苯，例如：

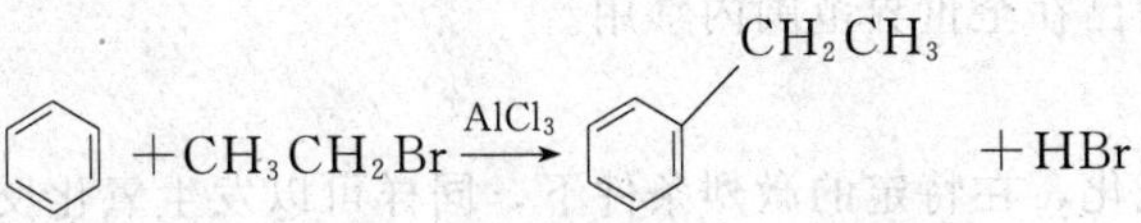

常用的烷基化试剂有卤代烃、醇、烯烃等，常用催化剂有 $AlCl_3$、$FeCl_3$、$ZnCl_2$ 等。在苯环上发生烯烃和醇的取代反应，也是烷基化的一个方式：

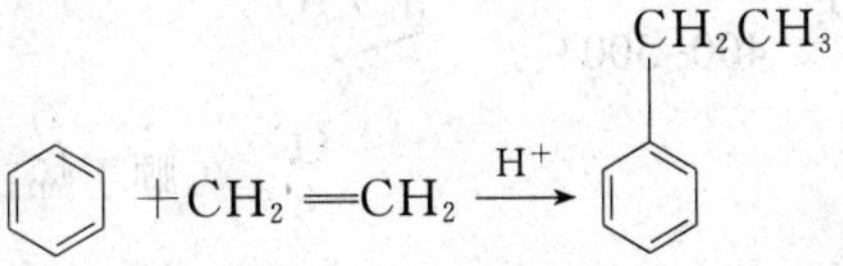

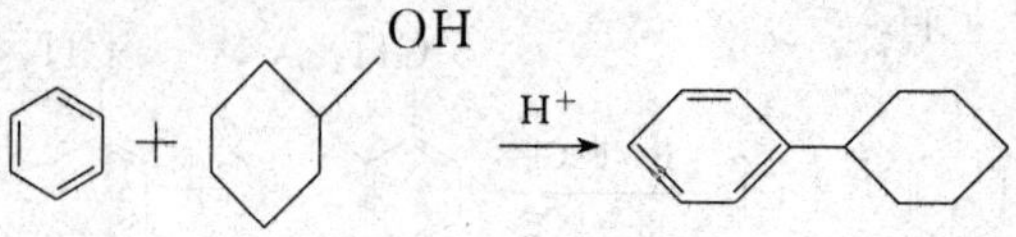

（5）傅-克酰基化反应

苯环在酰卤或酸酐的条件下，在无水 AlCl$_3$ 催化下，苯环上氢被酰基取代，生成芳酮的反应，称为傅-克酰基化反应。如：

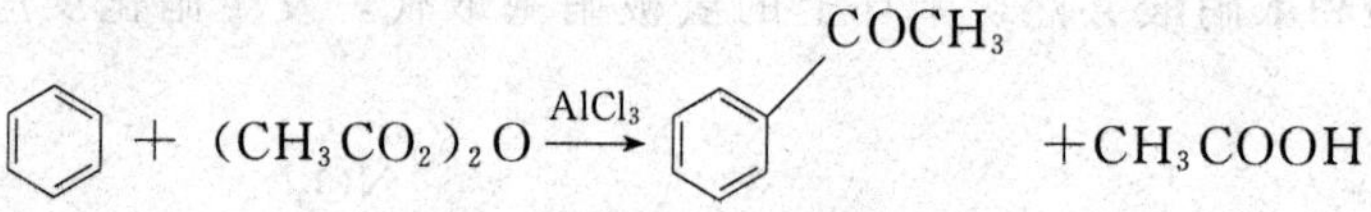

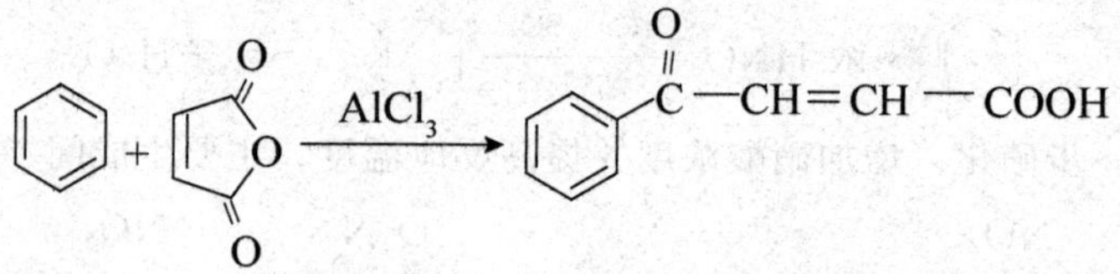

当苯环连有—NO$_2$、—SO$_3$H、RCO—等强电子基团时，苯环发生钝化，将不能发生傅-克酰基化反应。

2. 加成反应

苯环上的加成反应发生较为困难，但在特定条件下，如高温、高压等，与氢气、氯气等可以发生加成反应。如：

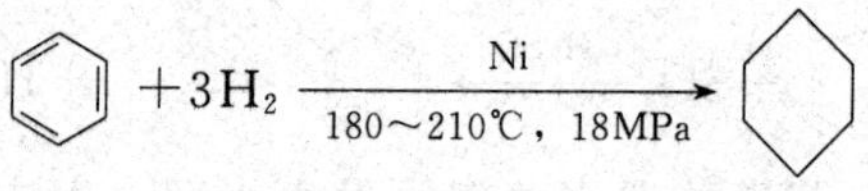

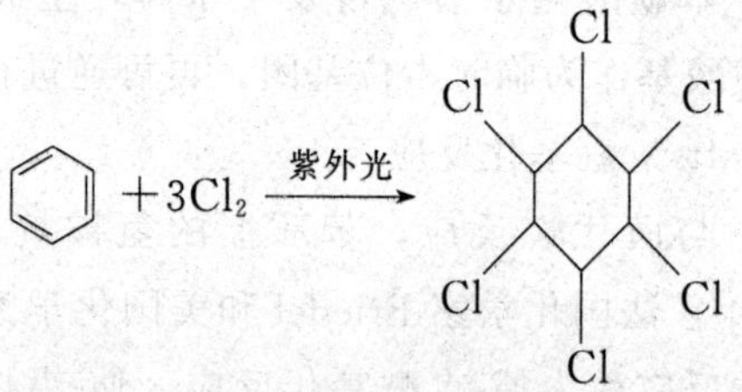

六氯环己烷俗称"六六六"，曾被用来作为杀虫剂使用，后经证实污染环境，不易分解，人畜有害，目前已在全世界范围内禁用。

3. 氧化反应

苯一般不易被氧化，在特定的激烈条件下，同样可以发生氧化反应。如：

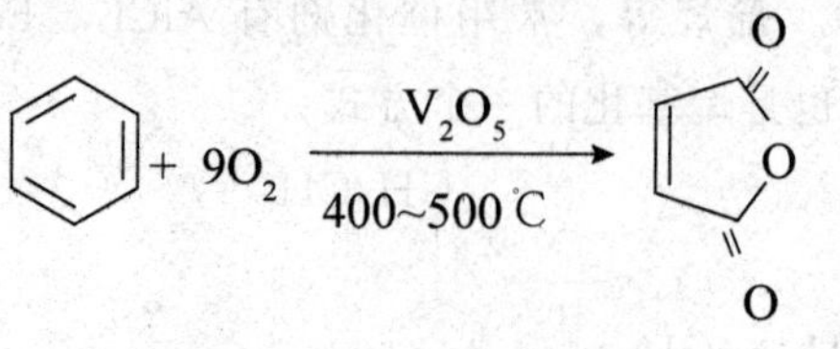

（顺丁烯二酸酐）

4. 苯环侧链上的反应

（1）氧化反应

苯环侧链上的烃基，若含有 α-H，则侧链易被氧化，生成苯甲酸。如：

$$\underset{}{\text{CH}_2\text{CH}_3} \xrightarrow[\triangle]{\text{KMnO}_4/\text{H}_3\text{O}^+} \underset{}{\text{COOH}}$$

无论烷基侧链长短，其氧化产物通常都是苯甲酸。若没有 α-H，则很难被氧化。如：

$$\text{H}_3\text{CH}_2\text{C}-\underset{}{}-\text{C(CH}_3)_3 \xrightarrow[\triangle]{\text{KMnO}_4} \text{HOOC}-\underset{}{}-\text{C(CH}_3)_3$$

若苯环上有两个 α-H，则被氧化成二元羧酸，如：

$$\text{H}_3\text{CH}_2\text{C}-\underset{}{}-\text{CH(CH}_3)_2 \xrightarrow[\triangle]{\text{KMnO}_4} \text{HOOC}-\underset{}{}-\text{COOH}$$

可以利用这一性质，鉴别苯和含 α-H 的烷基苯。通过分析产物的羧基数目和位置，推测烷基苯的结构。

（2）卤代反应

苯环侧链可以发生卤代反应，与烷烃卤代机制相同，属于自由基取代反应。一般在光照或加热条件下发生侧链卤代反应。如：

$$\underset{}{}-\text{CH}_2\text{CH}_3 + \text{Cl}_2 \xrightarrow{h\gamma} \underset{}{}-\text{CHClCH}_3 + \underset{}{}-\text{CH}_2\text{CH}_2\text{Cl}$$

56%　　　　　　　　44%

$$\underset{}{}-\text{CH}_2\text{CH}_3 + \text{Br}_2 \xrightarrow{h\gamma} \underset{}{}-\text{CHBrCH}_3$$

主要产物

四、苯环上亲电取代基的定位效应和定位规律

1. 取代基的定位效应

当苯环上已有一个取代基时，再引入第二个取代基，则第二个取代基进入苯环的位置有三个：邻位、间位、对位。可推测，如原有基团对新进入基团的位置无影响，则邻、间、对位取代的机会均等，生成比例为 40%∶40%∶20%。而实际上，苯环上原有的取代基对新进入基团的位置有定位作用，也称作"定位效应"；苯环上原有的取代基称作"定位基"。共有两类定位基：Ⅰ类定位基，包括邻对位定位基；Ⅱ类定位基，包括间位定位基。

（1）邻位、对位定位基

邻对位定位基可以使第二个取代基进入其邻位和对位，同时活化苯环，使得取代反应比苯环取代容易进行。如：

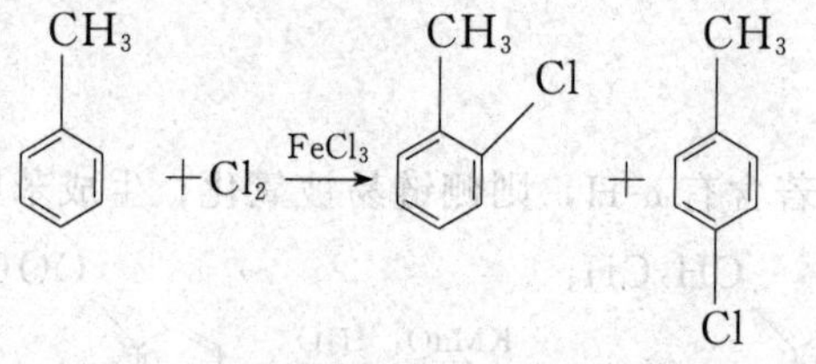

58%（bp159℃）　　42%（bp162℃）

邻对位定位基的结构特征是与苯环相连的原子均以单键与其相连，且大多数带有孤对电子或负电荷。常见的邻对位定位基强弱顺序如下：

$$—NR_2 > —NHR > —NH_2 > —OH > —OR > —NHCOR > —OCOR > —R > —Ar > —X$$

（2）间位定位基

间位定位基可以引导取代基进入其间位，同时有钝化苯环的作用。如：

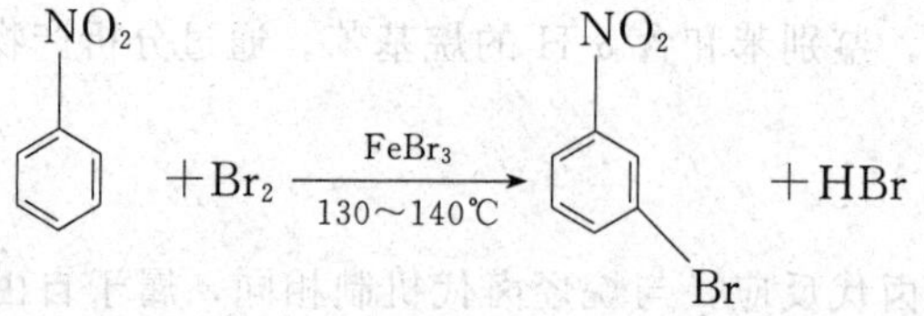

75%

第二类定位基与苯环相连的原子，无论是否饱和，总是带有正电荷的，因而具有吸电子共轭效应或诱导效应，具有钝化苯环的作用。常见的间位定位基强弱顺序如下：

$$—\overset{+}{N}R_3 > —NO_2 > —CF_3 > —CCl_3 > —CN > —SO_3H > —CHO > —COR > —COOH > —CONH_2$$

2. 定位规律的理论解释

苯环上取代基的定位效应，可以用电子效应解释。苯环上取代基的存在使得其 π 电子云密度分布发生了改变。邻、对位定位基可以使苯环上电子云密度增加，间位定位基可以使苯环上电子云密度降低。定位基对苯环的影响是通过电子效应（诱导效应）和立体效应来实现的。

（1）邻位、对位定位基

甲基　在甲苯中，甲基表现出供电子的诱导效应，甲基 C—H σ 键的轨道与苯环 π 轨道形成 σ-π 键超共轭体系。供电诱导效应和超共轭效应的结构，苯环上电子密度增加，表现在邻、对位密度的增加，且增加苯的亲电取代活性。

氨基　在苯胺中，N—C 键为极性键，氮有吸电子诱导效应，可使苯环电子云密度减少，氮原子提供孤对电子，与苯环形成供电的 p-π 共轭效应，使得环上电子密度增加。在这个结构中，共轭效应大于诱导效应，综合结果是环上电子密度增加，尤其氨基的邻、对位，因此苯胺的邻、对位取代更容易。

卤原子　卤苯中卤原子是强吸电子基，能够使苯环电子云密度降低，难于进行亲电取代反应。但卤原子与苯环有弱的供电 p-π 共轭效应，使卤原子邻、对位电子云密度减少有限，因而亲电取代发生在邻、对位。

（2）间位取代基

硝基 在硝基苯中，硝基存在吸电子诱导效应，并形成 π—π 共轭效应。这两种效应都可以使苯环上电子云密度降低，因而苯环钝化，亲电取代反应变难。综合结果，使硝基苯间位电子云密度降低更少些，因而表现出间位取代的作用。

除硝基外，氰基、羧基等定位效应亦如此。

3. 定位效应的应用

（1）预测反应产物

根据苯环上取代基的性质，确定引入基团的定位，根据反应条件等，预测反应的主要产物。

（2）设计合成路线

应用定位规律可选择性的进行合成路线设计，得到较高的产率，或避免复杂的分离过程。例如：由甲苯制备间硝基苯甲酸，应采用先氧化后硝化的合成路线，设计如下：

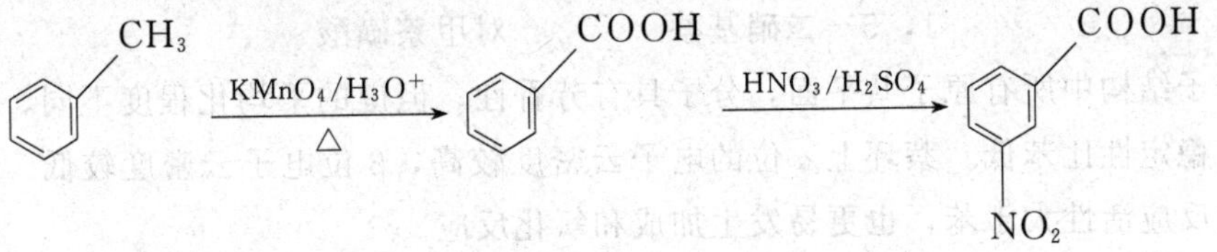

第二节 稠环芳烃和非苯芳烃

稠环芳烃是两个或两个以上苯环共用两个邻位碳原子的化合物。常见的稠环芳烃有萘、蒽和菲。另有一些不含苯环的有机物，但也具备芳香族化合物性质，称为非苯芳烃。

一、稠环芳烃：萘、蒽和菲

（一）萘

1. 萘的结构和命名

萘的分子式 $C_{10}H_8$，其结构是两个苯环共用两个邻位碳原子稠合而成。如图所示，其编号规则为：1、4、5、8 位为 α 位，2、3、6、7 位为 β 位。萘是存在于煤焦油中的白色闪光状晶体，有特殊气味，有挥发性，易升华，不溶于水，是重要的化工原料。

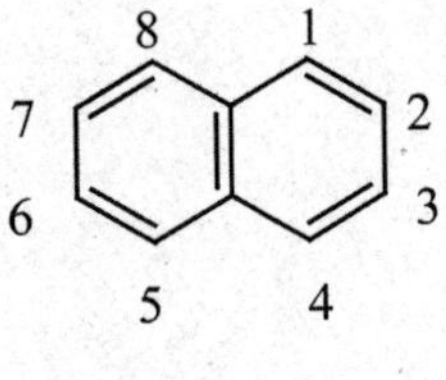

萘衍生物在命名时，用阿拉伯数字表示取代基位置，将萘放在结尾。如：

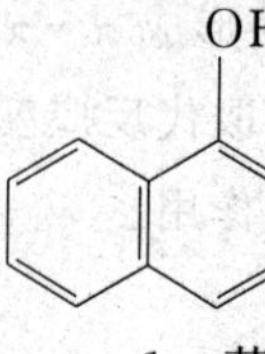

1－萘酚

（α－萘酚）

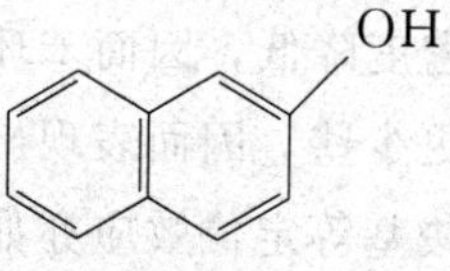

2－萘酚

（β－萘酚）

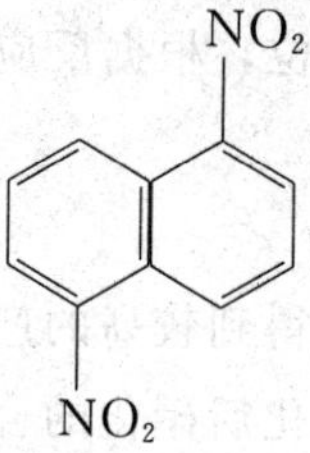

1，5－二硝基萘

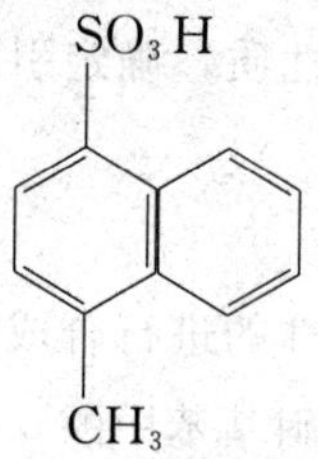

对甲萘磺酸

萘分子结构中所有原子共平面，分子具有芳香性，但键的平均化程度不同，键长不完全等同，稳定性比苯低。萘环上 α 位的电子云密度较高，β 位电子云密度较低。但萘环的亲电取代反应活性大于苯，也更易发生加成和氧化反应。

2. 萘的性质

（1）亲电取代

萘可发生亲电取代反应，其反应条件比较温和，反应发生比苯容易，主要发生在 α 位上。可与亲电试剂发生卤代、硝化、磺化以及酰化反应。如：

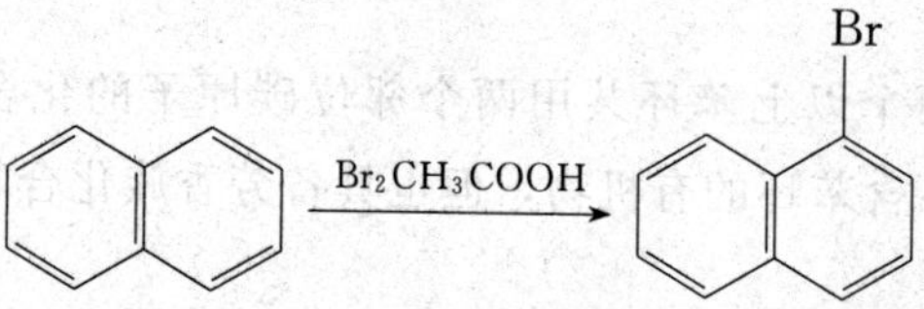

$72\sim75\%$

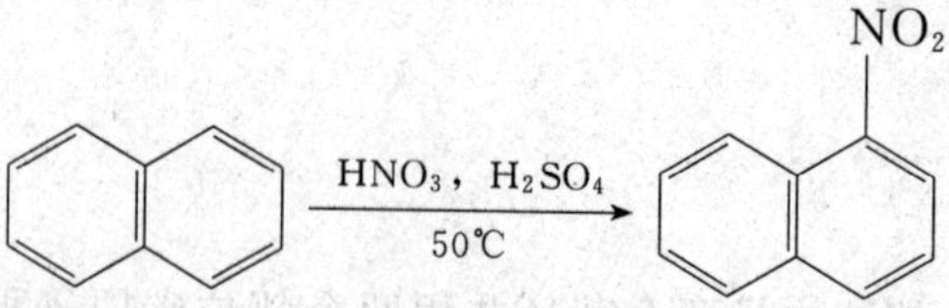

萘的磺酸基取代反应产物与反应条件有关，磺酸基体积较大，α 位取代反应具有较大的空间位组，一般低温时反应产物为 α-萘磺酸，高温时主要产物为 β-萘磺酸。

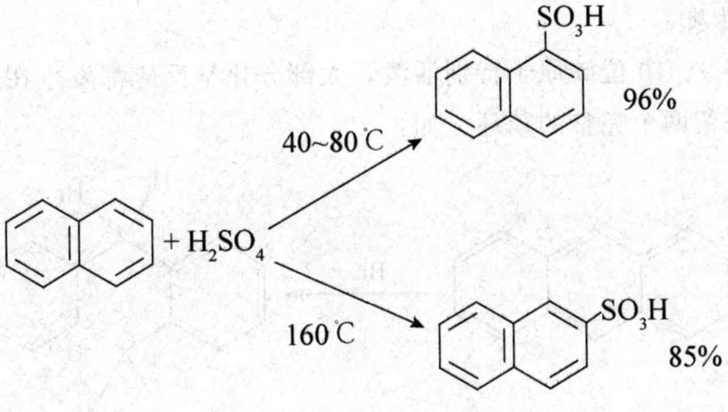

（2）加成反应

萘环的加成反应比苯易于发生，在不同的反应条件下，产物不同。如：

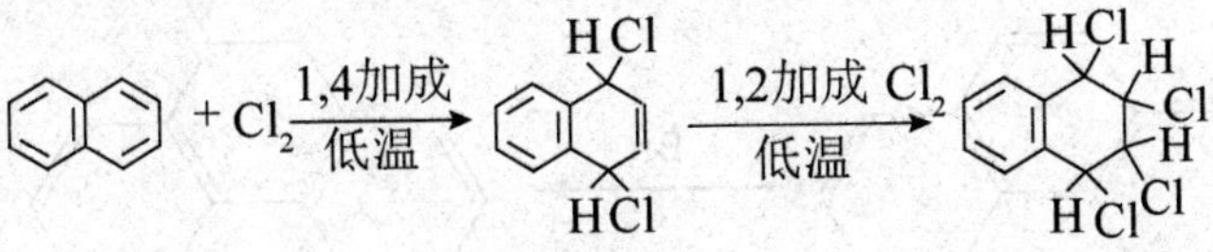
1,4加成
低温
1,2加成 Cl2
低温
1,4-二氯化萘
1,2,3,4-四氯化萘

（3）氧化反应

萘环比苯环易于氧化，特定条件下，萘可被氧化成邻苯二甲酸酐，这也是工业制备的一种方法。

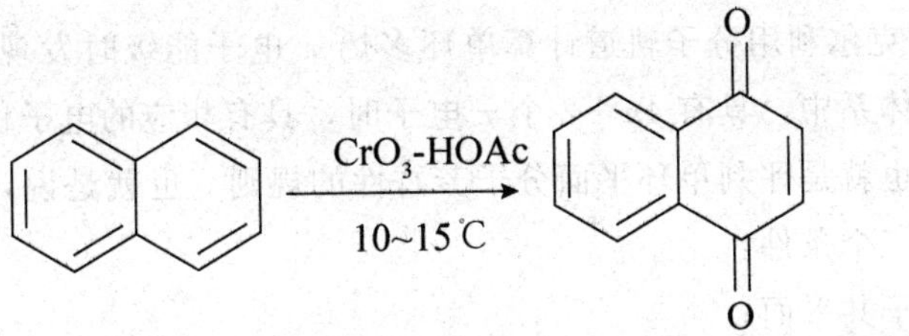

（二）蒽和菲

1. 蒽和菲的结构

蒽和菲结构式为 $C_{14}H_{10}$，由三个苯环稠合而成，两者互为同分异构体。所有原子处于同一个平面内，形成共轭的大 π 键，碳—碳键长和电子云密度不是完全平均化的。

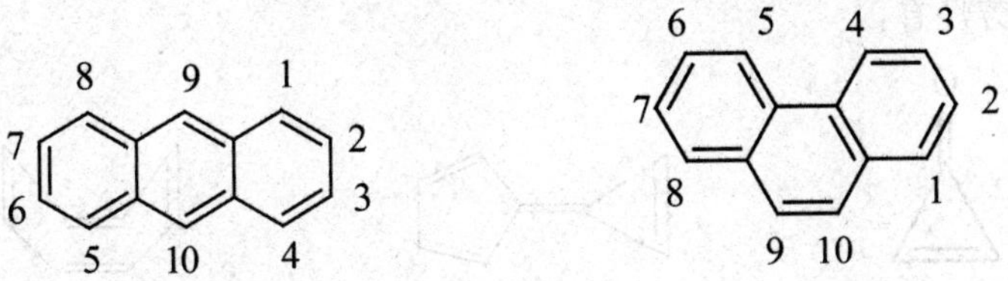

蒽　　　　　　　　菲

蒽和菲存在于煤焦油中，蒽是无色片状结晶；菲为有光泽的无色结晶，不溶于水，易溶于有机溶剂。其芳香性比萘和苯差。

2. 蒽和菲的性质

蒽和菲分子中 9、10 位碳原子特别活泼，大部分化学反应都发生在这两个位点，反应产物分子中能够保留两个完整的苯环。如：

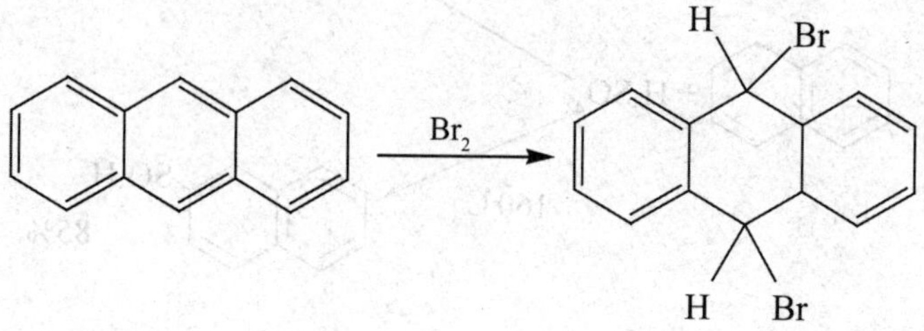

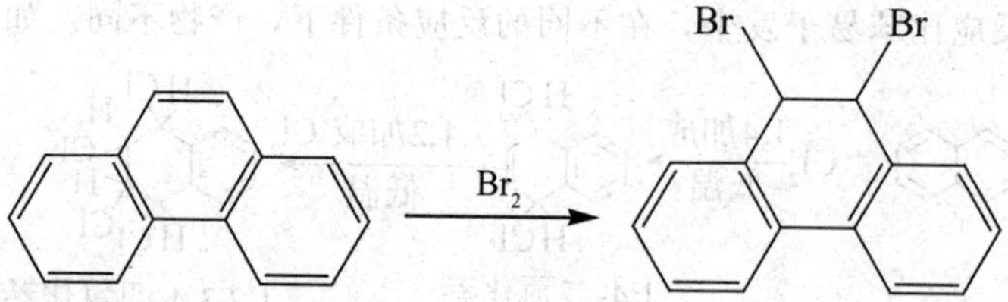

二、非苯芳烃

1. 休克尔规则

1931 年，休克尔利用分子轨道计算单环多烯 π-电子能级时发现，以 sp^2 杂化的原子，在共平面的单环体系中，具有 $4n+2$ 个 π 电子时，具有相应的电子稳定性。这一规则被称作休克尔规则，也就是评判单环平面分子芳香性的规则。也就是说，单环多烯烃要具备芳香性，必须满足三个条件：

（1）成环原子共平面；

（2）环状闭合共轭体系；

（3）环上 π 电子数为 $4n+2$（$n=0$、1、2、3···）．

2. 非苯芳烃

不具有苯环结构的烃类化合物，符合休克尔规则，具有芳香性，这类物质称为非苯芳烃。常见的非苯芳烃有：

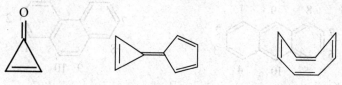

三元环　　　　　　　五元环　　　　　　　八元环

具有单、双键交替的大环多烯叫作轮烯。根据结构，10-轮烯、14-轮烯、16-轮烯和 18-轮烯中，16-轮烯、18-轮烯具有芳香性。10-轮烯由于原子不在同一平面，不具备芳香性。其结构如下：

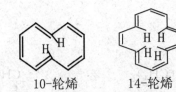

| 10-轮烯 | 14-轮烯 | 16-轮烯 | 18-轮烯 |

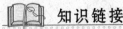 知识链接

    富勒烯（Fullerene）是单质碳被发现的第三种同素异形体。任何由碳一种元素组成，以球状、椭圆状，或管状结构存在的物质，都可以被叫作富勒烯，富勒烯指的是一类物质。富勒烯与石墨结构类似，但石墨的结构中只有六元环，而富勒烯中可能存在五元环。1985 年 Robert Curl 等人制备出了 C_6O。1989 年，德国科学家 Huffman 和 Kraetschmer 的实验证实了 C_6O 的笼型结构，从此物理学家所发现的富勒烯被科学界推向一个崭新的研究阶段。1985 年，英国化学家哈罗德·沃特尔·克罗托博士和美国科学家理查德·斯莫利在莱斯大学制备出了第一种富勒烯，即富勒烯分子，因为这个分子与建筑学家巴克明斯特·富勒的建筑作品很相似，为了表达对他的敬意，将其命名为巴克明斯特·富勒烯。饭岛澄男早在 1980 年之前就在透射电子显微镜下观察到这样洋葱状的结构。自然界也是存在富勒烯分子的，2010 年，科学家们通过史匹哲太空望远镜发现在外太空中也存在富勒烯。"也许外太空的富勒烯为地球提供了生命的种子。"在富勒烯发现之前，碳的同素异形体只有石墨、钻石、无定形碳（如炭黑和炭），它的发现极大地拓展了碳的同素异形体的数目。初步研究表明，富勒烯类化合物在抗 HIV、酶活性抑制、切割 DNA、光动力学治疗等方面有独特的功效。

 本章小结

知识点	知识内容归纳
芳烃的定义	芳香类化合物是一类具有"芳香性"的碳氢化合物的总称。芳烃是芳香族化合物的母体结构，具有特殊的环状结构。
芳烃的分类	苯系芳烃和非苯系芳烃；单环芳烃和多环芳烃；联苯、多苯代脂烃、稠环芳烃
苯的结构	闭合的大 π 键共轭体系
芳烃的化学性质	亲电取代反应、加成反应、氧化反应、苯环侧链反应
芳烃取代基的定位规则	邻对位取代基、间位取代基；定位规律的理论解释
稠环芳烃	萘、蒽和菲的结构、性质
非苯芳烃	非苯芳烃和休克尔规则

目标检测

1. 命名下列芳烃。

(1) 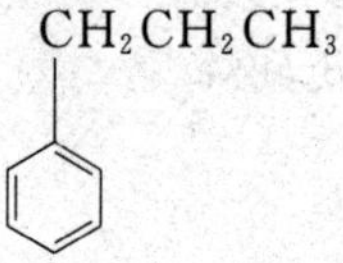 CH₂CH₂CH₃ （苯环）

(2) 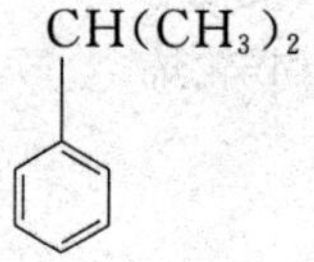 CH(CH₃)₂ （苯环）

(3) 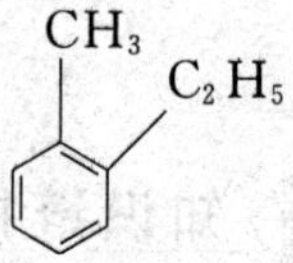 CH₃ C₂H₅ （苯环）

(4) 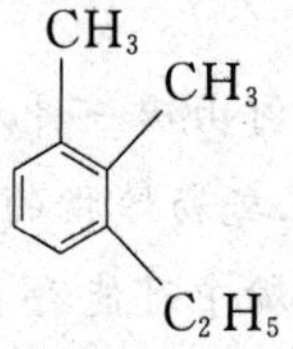 CH₃ CH₃ C₂H₅ （苯环）

(5) 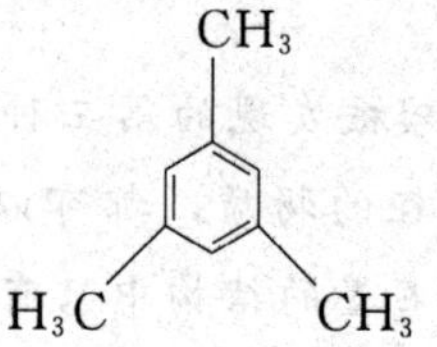 CH₃ H₃C CH₃ （苯环）

2. 写出下列物质的结构式。

(1) 2-硝基-3，5-二溴基甲苯

(2) 环己基苯

(3) 3-苯基戊烷

(4) 2-硝基对甲苯磺酸

(5) 2，6-二硝基-3-甲氧基甲苯

(6) 8-氯-萘甲酸

3. 完成下列反应式。

(1) 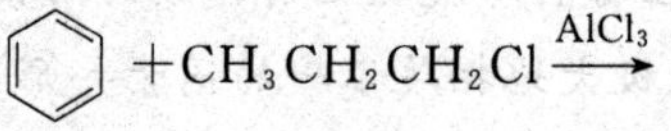 （苯） + CH₃CH₂CH₂Cl —AlCl₃→

(2) 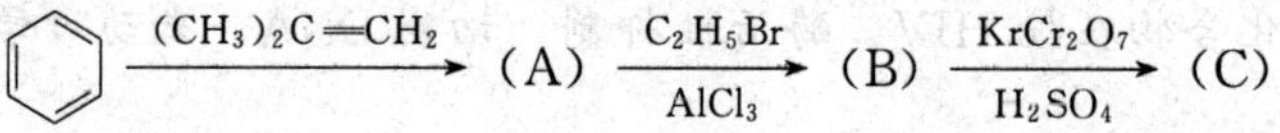 （苯） —(CH₃)₂C=CH₂→ (A) —C₂H₅Br / AlCl₃→ (B) —KrCr₂O₇ / H₂SO₄→ (C)

(3) 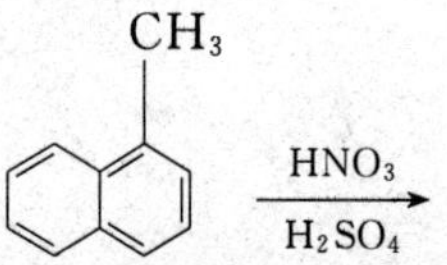 CH₃ （萘环） —HNO₃ / H₂SO₄→

4. 完成合成路线设计。

(1) 由苯和脂肪族化合物制取丙苯；

(2) 由甲苯为原料制取对硝基苯甲酸。

第七章 卤代烃

掌握：卤代烃的命名方法；卤代烃的化学性质

熟悉：卤代烃的分类和结构特点，卤代烃的物理性质

了解：卤代烃的制法

烃分子中的一个或多个氢原子被卤素原子取代后生成的一类化合物称为卤代烃，常用 RX 或 ArX 表示。其中，卤素原子为官能团，用 X 表示。卤代烃用途广泛，常用作农药、麻醉剂、有机溶剂等，也是有机合成的重要原料。

第一节 卤代烃的分类和命名

一、卤代烃的分类

1. 根据烃基的不同，将卤代烃分为脂肪族卤代烃和芳香族卤代烃。脂肪族卤代烃还可以分为脂肪族饱和卤代烃和脂肪族不饱和卤代烃。

脂肪族饱和卤代烃　　CH_3CH_2Cl

脂肪族不饱和卤代烃　$CH_2\text{==}CHCl$

芳香族卤代烃 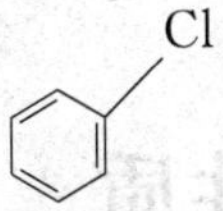　

2. 按卤素直接连接的碳原子不同，可以将卤代烃分为：伯卤代烃、仲卤代烃和叔卤代烃，分别以 $1° RCH_2X$、$2° R_2CHX$、$3° R_3CX$ 表示。如：

伯卤代烃：卤素原子所连的碳原子是伯碳原子。如 CH_3CH_2Cl。

仲卤代烃：卤素原子所连的碳原子是仲碳原子。如 $(CH_3)_2CHCl$。

叔卤代烃：卤素原子所连的碳原子是叔碳原子。如 $(CH_3)_3CCl$。

3. 根据卤代烃分子中卤原子数目不同，卤代烃又分为一卤代烃和多卤代烃。

一卤代烃，如 CH_3Cl，一氯甲烷；

二卤代烃，如 CH_2Cl_2，二氯甲烷；

多卤代烃，如 $CHCl_3$，三氯甲烷。

二、卤代烃的命名

1. 普通命名法

适用于简单卤代烃，可根据卤素所连烃基名称来命名，称为卤某烃。有时也可以在烃基之后加上卤原子的名称来命名，称为某烃基卤。如：

CH_3Br　　溴甲烷，也称甲基溴

$CH_2=CHCl$　　氯乙烯，也称乙烯基氯

$$\underset{\displaystyle H_3C-CH-I}{\overset{\displaystyle CH_3}{}}$$　　碘异丙烷，也称异丙基碘

2. 系统命名法

适用于复杂的卤代烃，选择含有卤素的最长的碳链作为主链，根据主链碳原子数称"某烷"，卤原子和其他侧链为取代基，主链编号使卤原子或取代基的位次最小。如：

$$\underset{\displaystyle \underset{Cl}{|}\ \ \underset{CH_3}{|}}{CH_3CH-CH-CH_3}$$
　　2-氯-3-甲基丁烷

$$\underset{\displaystyle \underset{Br}{|}\qquad\quad \underset{Br}{|}\ \underset{CH_2CH_3}{|}}{CH_3CHCH_2CH_2CHCHCH_2CH_3}$$
　　2，5-二溴-6-乙基辛烷

不饱和卤代烃的主链编号，要使双键或三键位次最小。例如：

$$\underset{\displaystyle \underset{Br}{|}}{CH_3C=CHCH=CH_2}$$

4－溴－1，3－戊二烯

卤代芳烃一般以芳烃为母体来命名，如：

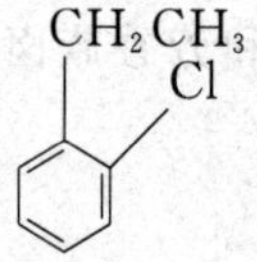

2－氯乙苯 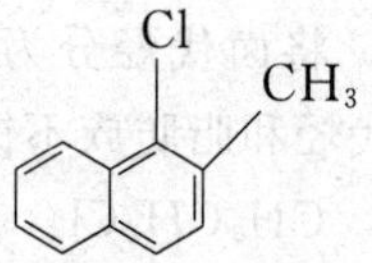　　　　　　　　2－甲基－1－氯萘

第二节　卤代烃的性质

一、卤代烃的物理性质

在常温常压下，除氯甲烷、溴甲烷、氯乙烷、氯乙烯为气体外，其余多为液体，高级卤代烃及部分多元卤代烃为固体。卤代烃不溶于水，易溶于醇、醚、烃等有机溶剂。因此

常用氯仿、四氯化碳从水层中提取有机物，称为萃取，一般萃取时水层在上，大多数卤代烃在下。

在卤原子相同的同一系列的卤代烃中，沸点随着碳原子数的增加而升高。在烃基相同的卤代烷中，沸点的规律是：$R—I > R—Br > R—Cl$。在脂肪卤代烃的异构体中，与烷烃相似，支链愈多的卤代烃沸点愈低。

二、卤代烃的化学性质

卤代烃存在卤原子为官能团，由于卤素的电负性较大，碳卤键是极性较大的化学键，因此卤代烃的化学性质比较活泼。在不同试剂作用下，碳卤键断裂，生成一系列的化合物。

1. 卤代烃的亲核取代

（1）卤代烃的水解

卤代烃可以和 NaOH 或 KOH 水溶液共热，卤原子被羟基取代得到醇，称为水解反应。如：

$$CH_3CH_2Br + NaOH \underset{\triangle}{\rightleftharpoons} CH_3CH_2OH + NaBr$$

卤代烃水解是可逆反应，而且反应速度很慢。为了提高产率和增加反应速度，常常将卤代烷与氢氧化钠或氢氧化钾的水溶液共热，使水解能够顺利进行。

（2）卤代烃的醇解

卤代烃与醇钠在加热条件下，卤原子被烷氧基取代生成醚，这一反应称为卤代烃的醇解。如：

$$CH_3CH_2CH_2ONa + CH_3CH_2I \xrightarrow[\triangle]{CH_3CH_2CH_2OH} CH_3CH_2CH_2—O—CH_2CH_3 + NaI$$

该法是合成不对称醚的常用方法，称为 Williamson（威廉逊）合成法。该法也常用于合成硫醚或芳醚。采用该法以伯卤代烃效果最好，仲卤代烃效果较差，叔卤代烃不发生反应，因为叔卤代烃易发生消除反应生成烯烃。

（3）卤代烃的氰解

卤代烃与 NaCN 或 KCN 在醇溶液中共热，卤原子被氰基取代生成腈，这一反应称为卤代烃的氰解。如：

$$CH_3CH_2Cl + NaCN \xrightarrow[\triangle]{乙醇} CH_3CH_2CN + NaCl$$

卤代烃氰解的重要意义在于可增长碳链，还可以通过氰基进一步转化为—COOH、—CONH$_2$ 等官能团。

（4）卤代烃的氨解

卤代烃与过量的氨作用，卤原子被氨基取代，生成胺。如：

$$CH_3Br + NH_3 \longrightarrow CH_3NH_2 + HBr$$

（5）与硝酸银反应

卤代烃与硝酸银在醇溶液中反应，生成卤化银沉淀，同时生成硝酸酯，这一反应常用于各类卤代烃的鉴别。如：

$$CH_3CH_2Br+AgNO_3 \xrightarrow{\text{醇}} CH_3CH_2—ONO_2+AgBr\downarrow$$

不同卤代烃与硝酸银的醇溶液的反应活性不同，一般情况下，活性顺序为：叔卤代烷＞仲卤代烷＞伯卤代烷。另外，烯丙基卤和苄基卤也很活泼，同叔卤代烷一样，与硝酸银的反应速度很快，加入试剂可立即反应，仲卤代烷次之，伯卤代烷加热才能反应。

2. 消除反应

卤代烷与氢氧化钾的醇溶液共热，分子中脱去一分子卤化氢生成烯烃，这种反应称为消除反应。如：

$$CH_3CH_2\underset{\underset{H}{|}}{C}H—\underset{\underset{Br}{|}}{C}H_2 +KOH \xrightarrow[\triangle]{\text{乙醇}} CH_3CH_2CH=CH_2+KBr+H_2O$$

由此可以看出，消除反应是发生在 α-C 上的卤原子和 β-C 上的氢原子形成卤化氢进行消除。不同结构的卤代烷的消除反应活性为：叔卤代烷＞仲卤代烷＞伯卤代烷。

不对称卤代烷在发生消除反应时，可得到两种产物。如：

$$CH_3-\underset{\underset{H}{|}}{C}H-\underset{\underset{Br}{|}}{C}H-\underset{\underset{H}{|}}{C}H_2 \xrightarrow[\triangle]{KOH/\text{乙醇}} CH_3CH=CHCH_3+CH_3CH_2CH=CH_2$$

$$\qquad\qquad\qquad\qquad\qquad\qquad\qquad 2\text{-丁烯}\qquad\qquad 1\text{-丁烯}$$
$$\qquad\qquad\qquad\qquad\qquad\qquad\qquad 81\%\qquad\qquad\quad 19\%$$

实验表明，不对称卤代烷在消除时，卤原子会在含氢原子较少的碳原子上与氢进行消除，这一规律被称为扎伊采夫（Saytzeff）规则。

3. 与金属的反应

卤代烷与金属钠反应，可制备烷烃，此反应被称为伍尔兹反应。如：

$$CH_3CH_2Cl+Na \longrightarrow CH_3CH_2CH_2CH_3+NaCl$$

卤代烷在无水乙醚溶液中，加入金属镁条，反应立即发生，生成的烷基卤化镁溶液称为格林（Grignard）试剂，简称格氏试剂。用通式 RMgX 表示。

$$R—X+Mg \xrightarrow{\text{无水乙醚}} RMgX$$

格氏试剂是一个很重要的试剂，由于分子内含有极性键，化学性质很活泼，它在有机合成中有广泛的应用。例如，与含有活泼氢的化合物反应制备烃类化合物：

$$CH_3CH_2MgCl \xrightarrow{H_2O} CH_3CH_3+Mg(OH)Cl$$

$$CH_3CH_2MgCl \xrightarrow{MH_3 \cdot H_2O} CH_3CH_3+Mg(NH_2)Cl$$

格氏试剂与二氧化碳反应可制备羧酸：

$$CH_3CH_2MgCl+CO_2 \longrightarrow CH_3CH_2COOMgCl \xrightarrow{\text{水解}} CH_3CH_2COOH$$

4. 还原反应

卤代烷中的卤原子，可以被氢还原，产物是烷烃。常用的还原剂有 H_2+Ni（Pd），$Zn+HCl$ 和 $LiAlH_4/NaBH_4$ 等。如：

$$CH_3CH_2CH_2CH_2Br \xrightarrow{LiAlH_4} CH_3CH_2CH_2CH_3$$

第三节 卤代烃的制备

一、烷烃的卤代

烷烃在紫外光照射或高温条件下可以直接发生卤代反应而生成卤代烃，产物为一元卤代烃和多元卤代烃的混合物，如：

$$CH_3CH_3 + Cl_2 \xrightarrow{\text{光照}} CH_3CH_2Cl + HCl$$

$$CH_3CH_2Cl + Cl_2 \xrightarrow{\text{光照}} CH_3CHCl_2 + CH_2ClCH_2Cl + HCl$$

二、由不饱和烃制备

卤代烃可由不饱和烃与卤素、卤化氢发生加成反应而制备。此外，烯烃分子中（如丙烯）由于 α-氢的活性，在高温下，能被卤素原子取代，生成卤代烯烃。可以提供自由基的卤化物如 N-溴代丁二酰亚胺（简称 NBS），可以在室温下发生 α-氢的取代反应。

$$CH_3CH = CH_2 + NBS \xrightarrow[\text{光照}]{CCl_4} \underset{\underset{Br}{|}}{CH_2}CH = CH_2$$

三、芳烃的卤代

芳烃在催化剂作用下能进行卤代反应，有烷基侧链的芳烃，在光照条件下，卤代反应发生在侧链上。如：

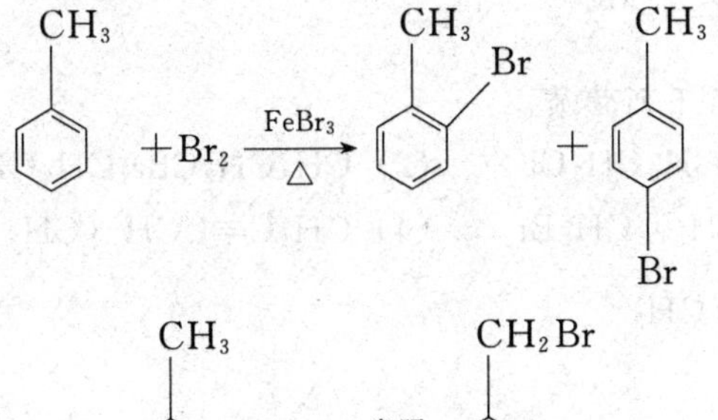

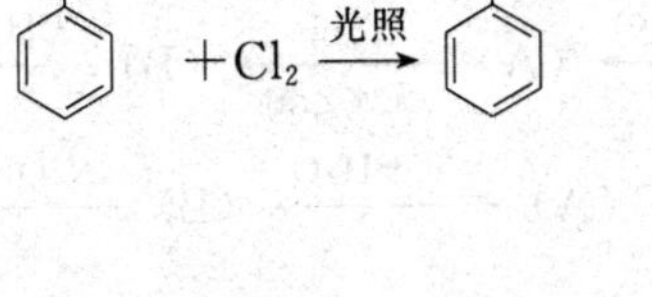

四、醇和卤化氢反应

醇与卤化氢反应可用来制备卤代烃。醇与亚硫酰氯反应，是实验室制备氯代烷的常用方法。

$$CH_3CH_2OH + SOCl_2 \xrightarrow{\text{回流}} CH_3CH_2Cl + SO_2 + HCl$$

 本章小结

知识点	知识内容归纳
卤代烃的命名	1. 普通命名法：以烃基命名为卤某烃，以卤原子命名为某烃基卤 2. 系统命名法：含有卤素的最长碳链为主链，命名为某烷，以取代基位次最小编号原则命名
卤代烃的化学性质	1. 亲核取代反应：包括水解、醇解、氰解、氨解、硝酸银反应等 2. 消除反应：脱去一分子卤化氢 3. 与金属反应：伍尔兹反应和格林试剂 4. 还原反应：产生烷烃的方法
卤代烃的分类	1. 根据烃基不同：脂肪族卤代烃和芳香族卤代烃 2. 碳原子类型不同：伯卤代烃、仲卤代烃和叔卤代烃 3. 卤原子数目不同：一卤代烃和多卤代烃
卤代烃的制法	烷烃和芳烃的卤代、烯烃的加成、醇与卤化氢反应

目标检测

1. 用系统命名法命名下列物质。

(1) $(CH_3)_2CHCH_2CH_2CH_2Cl$　　　　(2) $CH_3CH_2CBr_2CH_2CH(CH_3)_2$

(3) $(CH_3)_2C—C(CH_3)_2CH_2Br$　　　　(4) $CH_3C≡CCH(CH_3)CH_2Cl$
 　　　 $\quad\ \ |$
 　　　$\quad\ \ CH_2CH_2CH_3$

2. 完成下列反应式。

(1) $CH_3CH_2CH=CH_2 \xrightarrow{HCl} (A) \xrightarrow[\text{无水乙醚}]{Mg} (B) \xrightarrow{CH_3C≡CH} (C)$

(2) $CH_3CH=CH_2 \xrightarrow[500℃]{Cl_2} (A) \xrightarrow{Cl_2+H_2O} (B) \xrightarrow{NaOH} (C)$

(3) $CH_3CH_2CHCH_3 \xrightarrow{HBr} (A) \xrightarrow{AgNO_3, 乙醇} (B)$
　　　　　　$|$
　　　　　　OH

3. 用化学方法鉴别下列物质。

(1) CH_3CH_2I　　(2) $H_2C{=\!=}CHCH_2Br$　　(3) $CH_3CH_2CH_2Br$

(4) $(CH_3)_3CBr$　　(5) $H_2C{=\!=}CHCH_2Cl$

4. 设计合成路线。

(1) 以丙烯为原料合成 2-溴丙烯；

(2) 以丙烯为原料合成 1, 2-二氯-3-碘丙烷。

第八章 醇、酚、醚

掌握：1. 醇、酚和醚的结构特点和命名方法；

　　　2. 醇、酚和醚的官能团的特征反应；

　　　3. 醇、酚和醚的化学性质；

熟悉：醇和酚的化学结构对沸点和溶解性等的影响及原因。

了解：醇和醚的异构现象，醇、酚和醚的制法。

第一节 醇

一、醇的分类和命名

醇是一类应用广泛的有机化合物。脂肪烃分子中的氢、芳香族化合物侧链上的氢被羟基取代，形成的化合物称为醇。如 CH_3OH（甲醇）、$PhCH_2OH$（苄醇）。

1. 醇的分类

（1）根据羟基所连的 C 原子位置（C 的级别），分为伯醇（1°醇）、仲醇（2°醇）和叔醇（3°醇）。

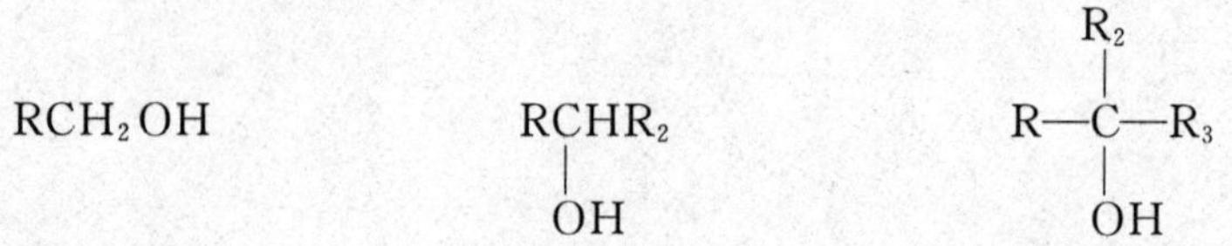

$$RCH_2OH \qquad \underset{\underset{OH}{|}}{RCHR_2} \qquad \underset{\underset{OH}{|}}{R-\overset{\overset{R_2}{|}}{C}-R_3}$$

　　伯醇（1°醇）　　　　　仲醇（2°醇）　　　　　叔醇（3°醇）

（2）根据醇分子中所含羟基的数目，分为一元醇、二元醇和多元醇等。

$$CH_3CH_2OH \qquad HOCH_2CH_2OH \qquad \underset{\underset{OH}{|}}{H_2C}-\underset{\underset{OH}{|}}{CH}-\underset{\underset{OH}{|}}{CH_2}$$

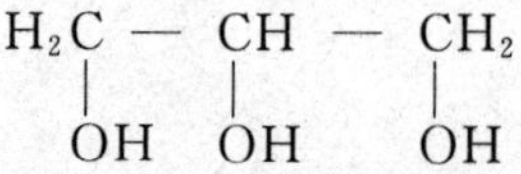

　　一元醇　　　　　　　二元醇　　　　　　　　　　三元醇

（3）根据羟基所连接的结构不同，可以分为脂肪醇、脂环醇和芳香醇等。

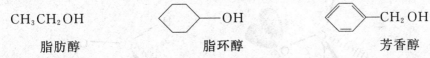

脂肪醇　　　　　　　　脂环醇　　　　　　　　　芳香醇

2. 醇的命名

（1）普通命名法：一般适用于简单的一元醇，按照羟基连接的烃命名，最后加一个醇字。如：

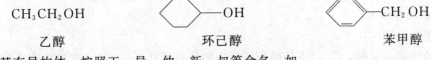

乙醇　　　　　　　　环己醇　　　　　　　　　苯甲醇

烃基有异构体，按照正、异、仲、新、叔等命名。如：

$$CH_3CH\!-\!OH \quad\quad CH_3CHCH_2CH_3 \quad\quad CH_3\!\underset{\underset{CH_3}{|}}{\overset{\overset{CH_3}{|}}{C}}\!-\!OH \quad\quad CH_3\!\underset{\underset{CH_3}{|}}{\overset{\overset{CH_3}{|}}{C}}\!CH_2\!-\!OH$$

异丙醇　　　　　　　仲丁醇　　　　　　　　叔丁醇　　　　　　　新戊醇

（2）系统命名法：适用于各种醇的命名。系统命名法遵循的原则为：以包含连有羟基的碳原子在内的最长碳链作为主链，按主链碳原子数命名，称为"某醇"。编号原则按照靠近羟基的一端开始依次编号，注意羟基所连接的碳原子编号尽量小。将取代基的位置和名称依次写在主链"某醇"之前，数字和汉字间用短横线隔开。如：

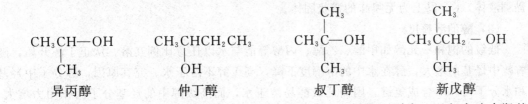

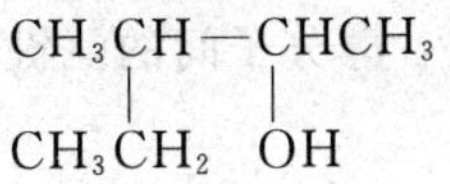

3-甲基-2-戊醇 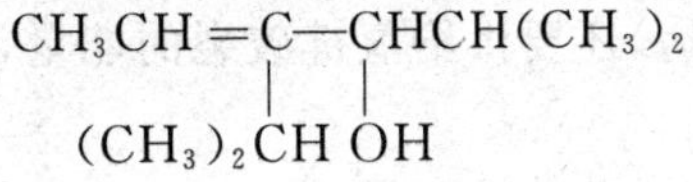　　　　　　　　　2-甲基-4-异丙基-4-己烯-3-醇

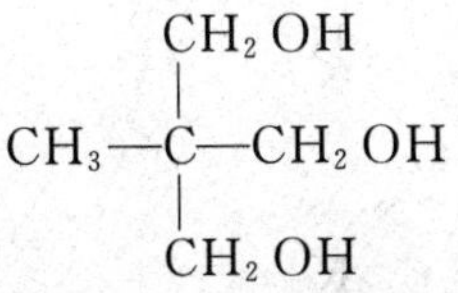

2-甲基-2-羟甲基-1，3-丙二醇 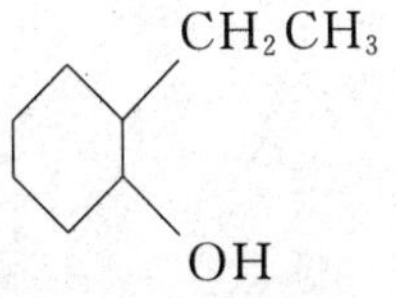　　　　　　2-乙基-1-环己醇

二、醇的结构和物理性质

1. 醇的结构

醇羟基—OH 为醇的官能团，醇羟基中的氧原子为 sp^3 杂化，其中两个单电子占有两个 sp^3 杂化轨道，分别形成 C—O 和 O—H 键，剩余两对未共用电子对分别占有另外两个 sp^3 杂化轨道。C—O—H 的键角为 $108.9°$，如图 8-1 所示。

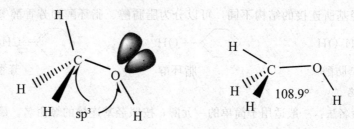

图 8-1 醇的结构

2. 醇的物理性质

（1）醇的物态

低级的饱和一元醇，C_4 以下的醇为有酒味的无色液体，$C_5 \sim C_{11}$ 的醇为有嗅味的油状黏稠液体，C_{12} 以上为无嗅味的蜡状固体。

（2）醇的溶解度

低级的饱和一元醇如甲醇、乙醇、丙醇等能与水以任意比例互溶。从正丁醇开始，随着醇中烃基的增大，醇在水中的溶解度下降，高级醇不溶于水。究其原因，醇分子中羟基和水分子可以缔合成氢键，因而低级醇易溶于水，而高级醇中的烃基分子间作用力增大，同时对羟基有遮蔽作用，影响了醇羟基和水分子间氢键的缔合，因而溶解度下降。

（3）醇的沸点

醇的沸点随着相对分子质量的增加而升高，相同碳原子数的醇和烃，醇的沸点比烃要高。这是由于醇分子中羟基间氢键的缔合，导致醇由液态变为气态的过程中，不但要供给醇汽化的能量，还要供给氢键破裂的能量，从而沸点升高。醇分子间的氢键如图 8-2 所示。

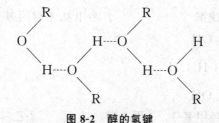

图 8-2 醇的氢键

📖 **知识链接**

醇类中毒的表现

醇类中毒的临床表现特殊，致死率高。血液中的醇类物质浓度升高，会导致血清渗透压升高，代谢产物增加。主要中毒表现有胃肠道症状，如恶心、呕吐、腹痛、嗜睡、头痛、面部浮肿，肾和肝脏肌酐飙升。醇类中毒破坏性强，如甲醇导致视网膜损伤、乙二醇导致大脑损伤、异丙醇导致昏迷等。临床解救措施要遵循基本原则，首先将醇类从消化道移除，进行洗胃、催吐等，且应在中毒 30～60min 内进行。应用乙醇或甲吡唑延迟醇类有毒代谢物的产生。重症应进行透析。醇类中毒可导致严重的机体内环境和细胞功能紊乱，有些是不可逆的，如果在中毒后得不到及时救治，则死亡率很高。因此，如果临床出现持续的醇类中毒症状，在确诊前就应早期给予甲吡唑等治疗，这对于甲醇、乙二醇和二乙二醇中毒特别有意义，应认识醇类中毒的特点和危害性，积极早期救治，改善预后。

三、醇的化学性质

醇的化学性质和醇的结构密切相关，醇分子中存在羟基、α-H、C—O 键、O—H 键等。羟基氧原子电子云密度高，可以发生亲核取代反应，羟基氢表现出酸性。α-C 连有羟基，受羟基吸电子诱导效应，α-H 可以发生氧化反应，β-H 可以发生消除反应。

1. 醇羟基中氢的反应

醇羟基中的氢具有弱酸性，可以与活泼金属反应，如金属钾、钠、镁等。如：

$$C_2H_5OH + Na \longrightarrow C_2H_5ONa + \frac{1}{2}H_2 \uparrow$$

$$3(CH_3)_2CHOH + Al \longrightarrow [(CH_3)_2CHO]_3Al + 1\frac{1}{2}H_2 \uparrow$$

活泼金属在醇中反应较水中温和，这是由于烷基的给电子诱导效应使得羟基氢比水分子中氢弱，因而实验室常利用这一特性进行残余金属钠的销毁。

醇的反应活性为：甲醇＞伯醇＞仲醇＞叔醇

2. 亲核取代反应

醇的亲核取代反应，主要是醇和氢卤酸的反应，生成卤代烃和水，这也是实验室制备卤代烃的常用方法。其反应速率与氢卤酸活性和醇的类型有关。氢卤酸反应活性顺序为：HI＞HBr＞HCl，醇的活性顺序为：烯丙基醇和苄醇＞叔醇＞仲醇＞伯醇＞甲醇。

$$R \text{—} OH + HX \longrightarrow R \text{—} X + H_2O$$

一般用醇在浓盐酸和氯化锌催化条件下进行反应，不同结构的醇反应速率不同，用于鉴别伯、仲、叔醇。浓盐酸加无水氯化锌被称为卢卡斯（Lucas）试剂。在卢卡斯试剂作用下，叔醇在室温下立即浑浊，仲醇需要 2～5min 后变浑浊，伯醇则需要加热条件下几小时后变浑浊。由此进行鉴别反应。

想一想：以下反应能否顺利进行？

$$CH_3CH_2CH_2CH_2OH + NaBr \longrightarrow CH_3CH_2CH_2CH_2Br + NaOH$$

3. 成酯反应

醇与无机含氧酸如硫酸、硝酸等，以及有机酸反应，生成酯。如甲醇和硫酸反应，可以生成硫酸氢甲酯；进行减压蒸馏，与一分子甲醇生成硫酸二乙酯。

$$CH_3OH + H_2SO_4 \rightleftharpoons CH_3O \overset{O}{\underset{O}{\overset{\|}{\underset{\|}{S}}}} OH \xrightarrow{\text{减压蒸馏}} CH_3O \overset{O}{\underset{O}{\overset{\|}{\underset{\|}{S}}}} OCH_3$$

硫酸氢甲酯   硫酸二甲酯

[简写成 $(CH_3O)_2SO_2$ 或 $(CH_3)_2SO_4$]

硫酸二甲酯、硫酸二乙酯是重要的烷基化试剂。高级醇的酸性硫酸酯钠盐是一种性能优良的阴离子表面活性剂。

醇可以和硝酸反应，伯醇与硝酸反应可以顺利地生成硝酸酯；多元醇的硝酸酯是猛烈的炸药。

$$\begin{matrix} CH_2-OH \\ | \\ CH-OH \\ | \\ CH_2-OH \end{matrix} + 3HNO_3 \xrightarrow[100℃]{H_2SO_4} \begin{matrix} CH_2-ONO_2 \\ | \\ CH-ONO_2 \\ | \\ CH_2-ONO_2 \end{matrix}$$

4. 脱水反应

醇的脱水反应主要有两种方式：一种是分子内部的脱水反应，这是生成烯烃的一种方法。另一种是分子间的脱水反应，可以生成醚。

（1）分子内脱水

醇的分子内脱水也称为消除反应，一般加入浓硫酸在高温条件下进行生成烯烃。

$$-\overset{|}{\underset{H}{C}}-\overset{|}{\underset{OH}{C}}- \rightleftharpoons -\overset{|}{\underset{H}{C}}-\overset{|}{\underset{+OH_2}{C}}- \underset{-H_2O}{\rightleftharpoons} -\overset{|}{\underset{H}{C}}-\overset{|}{\underset{+}{C}}- \xrightarrow{-H^+} \overset{|}{\underset{}{}}C=C\overset{|}{\underset{}{}}$$

例如乙醇加入浓硫酸，在170℃高温条件下生成乙烯。

$$H_2C-CH_2 \xrightarrow[170℃]{H_2SO_4} CH_2=CH_2 + H_2O$$
$$\quad\; \overset{\underline{}}{H}\;\; \overset{\underline{}}{OH}$$

醇分子内脱水的难易顺序是：叔醇＞仲醇＞伯醇。脱水取向遵循扎伊采夫规则，从含氢较少的碳上进行消除，主要生成取代基较多的稳定烯烃。如：

$$CH_3CH_2-\underset{\underset{OH}{|}}{CH}CH_3 \xrightarrow[\triangle]{H_2SO_4} CH_3CH=CHCH_3 + H_2O$$

（84％）　　　（16％）

（2）分子间脱水

醇也可以发生分子间脱水反应，与浓硫酸在较低温度下生成醚。如：

$$CH_3CH_2-\overline{OH+H}-OCH_2CH_3 \xrightarrow[130\sim140℃]{H_2SO_4} CH_3CH_2-O-CH_2CH_3 + H_2O$$

醇的分子间脱水是制备简单醚的重要方法，其中以伯醇效果最好，仲醇次之，而叔醇一般得到的都是烯烃。醇的分子间脱水一般不适合制备混合醚。但用甲醇和叔丁醇来制备甲基叔丁基醚，却可以得到较高的收率。

醇的分子间脱水和分子内脱水是两种相互竞争的反应。在较低温度下（140℃）更易生成醚。在较高温度下（170℃）有利于生成烯烃。

5. 氧化反应

伯醇、仲醇分子中的 α-H 原子，由于受羟基的影响，容易被氧化。常用氧化剂有高锰酸钾、重铬酸钾和硝酸等，在酸性条件下反应。

$$CH_3CH_2CH_2CH_2OH \xrightarrow[\triangle]{K_2Cr_2O_7/H_2SO_4} CH_3CH_2CH_2CHO \qquad (50\%)$$

$$CH_3\underset{|}{\overset{}{CH}}(CH_2)_3CH_3 \xrightarrow[\triangle]{K_2Cr_2O_7/H_2SO_4} CH_3\underset{\|}{\overset{}{C}}(CH_2)_3CH_3 \qquad (96\%)$$
$$\quad\quad OH \qquad\qquad\qquad\qquad\qquad\qquad O$$

在氧化反应中，伯醇被氧化成醛，进一步氧化成羧酸。仲醇可以被氧化成酮，而叔醇由于无 α-H，则无法被氧化，若在强氧化剂条件下，碳链将发生断裂。

由伯醇制备醛收率很低，是因为醛很容易被氧化成酸。如果想得到高收率的醛，可采用较温和的氧化剂或特殊的氧化剂。

醇类的另一个氧化反应过程是催化脱氢。伯醇或仲醇的蒸气在高温下通过活性 Cu（或 Ag、Ni 等）催化剂表面，则脱氢生成醛或酮，这是催化氢化的逆过程。如：

$$CH_3CH_2OH \xrightarrow[250\sim350℃]{Cu} CH_3CHO$$

叔醇因没有 α-氢原子，故不能脱氢，只能脱水生成烯烃。有机化学中的加氧和去氢的反应被称为氧化反应。

四、醇的制备

1. 烯烃的水合

常用的实验室制备醇的方法，可以由烯烃在酸性条件下进行水合反应。该反应符合马氏规则，不发生重排，反式加成，反应条件较为温和。如：

$$CH_3CH =\!\!= CH_2 \xrightarrow{H_2O/H^+} CH_3\underset{|}{\overset{}{CH}} -\!\!- CH_3$$
$$\qquad\qquad\qquad\qquad\qquad OH$$

2. 硼氢化-氧化反应

烯烃也可以进行硼氢化-氧化反应生成醇。乙硼烷在醚类溶剂中解离成甲硼烷与烯烃加成，继续氧化生成醇类化合物。该反应的特点是：不发生重排，反应为顺式加成。不对称烯烃符合反马式规则进行加成。如：

$$R-CH =\!\!= CH_2 \xrightarrow{(BH_3)_2} \xrightarrow{H_2O_2/OH^-} R-CH_2-CH_2OH$$

3. 由醛、酮、羧酸及其酯还原

醇的制备可以由醛、酮、羧酸及其酯用还原剂或催化加氢的方法进行还原。例如：

$$CH_3CH_2CH_2CHO \xrightarrow[H_2O]{NaBH_4} CH_3CH_2CH_2CH_2OH$$

$$CH_3CH_2-\underset{\|}{\overset{}{C}}-CH_3 \xrightarrow[H_2O]{NaBH_4} CH_3CH_2-\underset{|}{\overset{}{CH}}-CH_3$$
$$\qquad\quad O \qquad\qquad\qquad\qquad\qquad OH$$

一般情况下，羧酸的还原使用 $LiAlH_4$ 作为还原剂，酯的还原剂为金属钠，醛和酮的还原剂一般选用 $NaBH_4$ 或异丙醇铝。

4. 由格氏试剂制备

醛、酮与格氏试剂作用，可制得伯、仲、叔醇。与甲醛反应得到伯醇，与其他醛反应得到仲醇，与酮反应得到叔醇。反应式为：

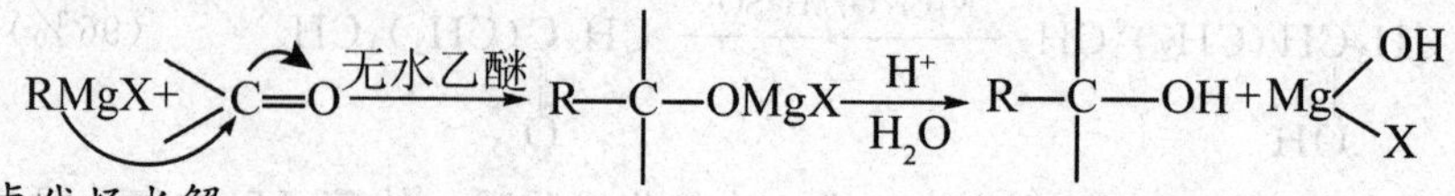

$$RMgX+ \underset{}{>}C=O \xrightarrow{\text{无水乙醚}} R-\overset{|}{\underset{|}{C}}-OMgX \xrightarrow[H_2O]{H^+} R-\overset{|}{\underset{|}{C}}-OH+Mg\overset{OH}{\underset{X}{<}}$$

5. 由卤代烃水解

由卤代烃水解可以生成醇，但只有当相应的卤代烃比醇更容易得到的情况时采用此种方法。如：

$$CH_2=CHCH_2Cl \xrightarrow[Na_2CO_3]{H_2O} CH_2=CHCH_2OH+HCl$$

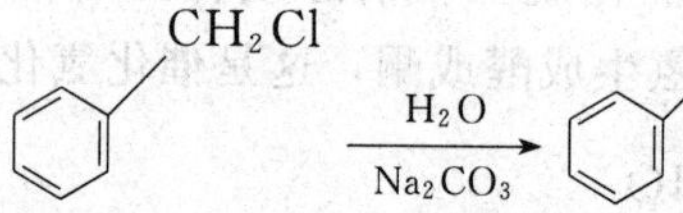

想一想：选取合适的原料和试剂，制备 $(CH_3)_2CH-CH_2-CH_2-OH$。

第二节　酚

一、酚的分类、命名和结构

1. 酚的分类

芳环上直接连有羟基的化合物称为酚，用通式 Ar-OH 表示。酚中的羟基是酚的官能团，酚羟基具有特殊的性质。如：

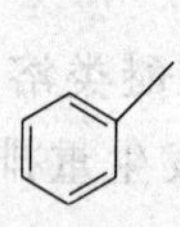

苯酚 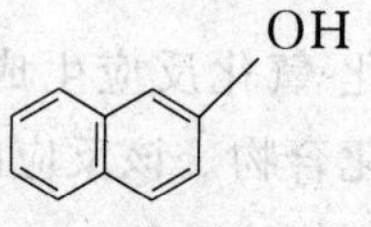　　　　　　　　　2—萘酚

（1）根据酚羟基的数目，可以分为一元酚、二元酚等。含有两个以上酚羟基的酚统称为多元酚。

（2）根据芳香烃基不同，可以分为苯酚、萘酚等。如：

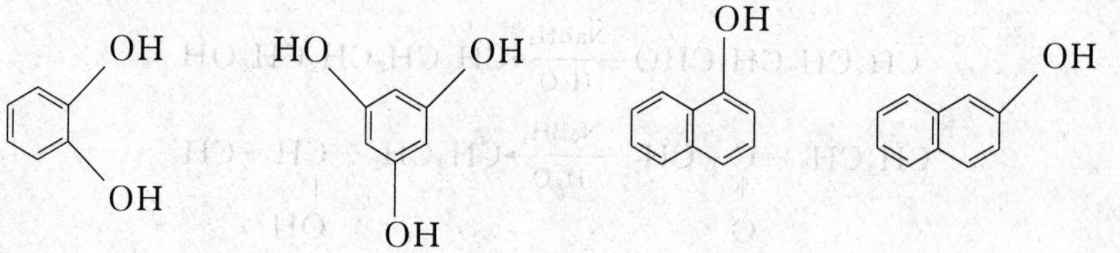

| 邻苯二酚 | 均苯三酚 | α-萘酚 | β-萘酚 |

2. 酚的命名

酚的命名是在"酚"字前面加上芳环名称，以此作为母体再冠以取代基的位次、数目和名称。在苯酚中，用阿拉伯数字或邻、间、对表明取代基的位置，并采取最小编号原则。如：

邻甲苯酚	间氯苯酚	对硝基苯酚
（2－甲基苯酚）	（3-氯苯酚）	（4-硝基苯酚）

多元酚命名需要用数字标明羟基和取代基的位次和数目，如：

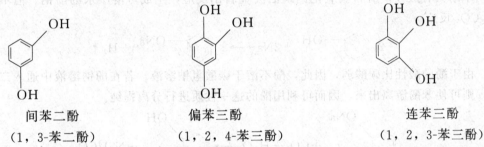

间苯二酚	偏苯三酚	连苯三酚
（1，3-苯二酚）	（1，2，4-苯三酚）	（1，2，3-苯三酚）

当酚上连有醛基、羧基、磺酸基等基团时，将羟基作为取代基，结尾用醛、酸等命名。如：

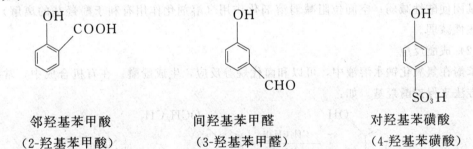

邻羟基苯甲酸	间羟基苯甲醛	对羟基苯磺酸
（2-羟基苯甲酸）	（3-羟基苯甲醛）	（4-羟基苯磺酸）

3. 酚的结构

苯酚是平面分子，C，O 均为 sp^2 杂化，O 与苯环形成 p—p 共轭，共轭的结果是增强了苯环上的电子云密度，同时增加了羟基上的解离能力。酚羟基中氧原子的电子云密度降低，使 O—H 的极性增加，因此酚羟基与醇羟基相比，酸性明显增强。苯酚分子中的 p—π 共轭体系见图 8-3。

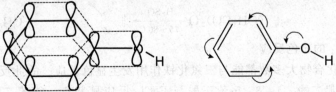

图 8-3　苯酚分子中 p—π 共轭体系

二、酚的性质

（一）酚的物理性质

大多数酚为结晶性固体，少数烷基酚为液体。酚的沸点高于分子量与之相当的烃。苯酚及其同系物在水中有一定的溶解度，羟基越多，其酚在水中的溶解度也越大；酚分子间以及酚和水之间可以发生氢键缔合，加热可以促进酚的溶解。酚容易被空气氧化成黄色或红色。具有特殊的气味，有杀菌能力。在使用和保存上应特别注意。

（二）酚的化学性质

1. 羟基的反应

（1）酸性

苯酚具有酸性，酚和氢氧化钠或活泼金属钠反应，生成可溶于水的酚钠。但不能与 Na_2CO_3 反应。

$$2 \text{ } \underset{}{\bigcirc}\!\!-OH +2Na \longrightarrow 2 \text{ } \underset{}{\bigcirc}\!\!-ONa +H_2\uparrow$$

由于酚的酸性比碳酸弱，因此，酚不溶于碳酸氢钠溶液。若在酚钠溶液中通入二氧化碳，则可使苯酚游离出来，因而可利用酚的这一性质进行分离提纯。

$$\underset{}{\bigcirc}\!\!-ONa +CO_2+H_2O \longrightarrow \underset{}{\bigcirc}\!\!-OH +NaHCO_3$$

苯环上的取代基对酚的酸性强弱具有影响：一般情况下，吸电子基团使酸性增强，给电子基团使酸性减弱；空间位阻减弱溶剂化作用（溶剂化作用有利于酚羟基的离解），从而使酸性减弱。

（2）成醚反应

苯酚在氢氧化钠水溶液中，可以和卤代烷等反应，生成酚醚。在有机合成中，常利用这一方法来保护酚羟基。如：

$$\underset{}{\bigcirc}\!\!-OH \xrightarrow[\text{NaOH}-\text{H}_2\text{O}]{\text{CH}_3\text{CH}_2\text{Br}} \underset{}{\bigcirc}\!\!-OCH_2CH_3 +NaBr$$

（3）成酯反应

酚也存在成酯反应，但需要反应条件适当，比醇的成酯反应困难。如：

$$\underset{}{\bigcirc}\!\!\!\begin{matrix}OH\\COOH\end{matrix} + (CH_3CO)_2O \xrightarrow[75\sim80℃]{H_2SO_4} \underset{}{\bigcirc}\!\!\!\begin{matrix}OCOCH_3\\COOH\end{matrix} +CH_3COOH$$

（4）与 $FeCl_3$ 的显色反应

含酚羟基的化合物大多数都能与三氯化铁作用发生显色反应。故此反应常用来鉴别酚类。如苯酚、间苯二酚、1，3，5-苯三酚与 $FeCl_3$ 反应显紫色；邻苯二酚和对苯二酚与 $FeCl_3$ 溶液反应显绿色；1，2，3-苯三酚与 $FeCl_3$ 溶液反应显红色。但具有烯醇式结构的化合物也会与三氯化铁呈显色反应。

2. 芳环上的亲电取代反应

酚羟基与苯环形成的 p-π 共轭体系，使得苯环上电子云密度增加，因此酚羟基是邻、对位定位基，并使苯环活化，发生亲电取代反应。

（1）卤代反应

酚极易发生卤代反应。苯酚只要用溴水处理，就立即生成不溶于水的 2，4，6-三溴苯酚白色沉淀，反应非常灵敏。

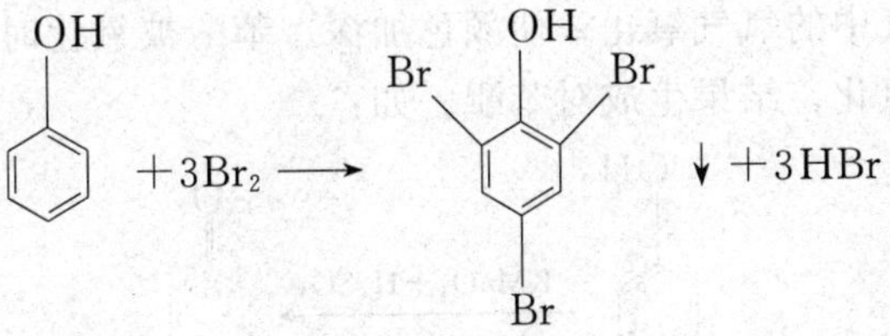

除苯酚外，凡是酚羟基的邻、对位上含有氢的酚类化合物与溴水作用，均能生成沉淀。故该反应常用于酚类化合物的鉴别。如需要制取一溴苯酚，须在非极性溶剂中和低温下进行。如：

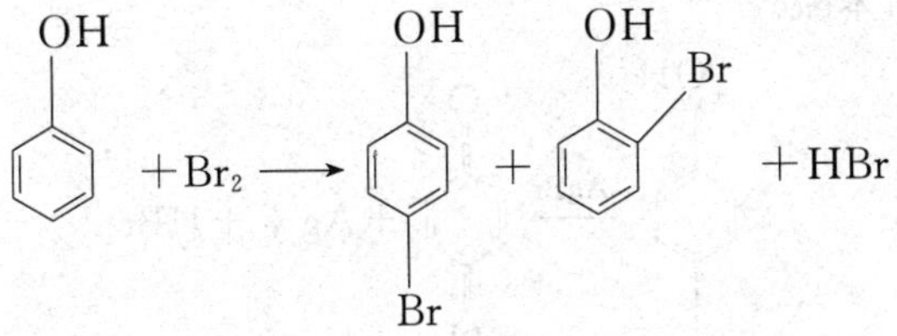

（2）硝化反应

苯酚在常温下用稀硝酸处理，可得到邻硝基苯酚和对硝基苯酚的混合物。

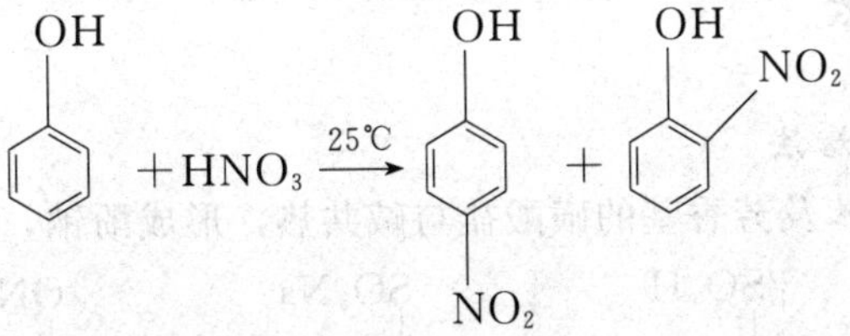

邻硝基苯酚和对硝基苯酚可用水蒸气蒸馏法分开。这是因为邻硝基苯酚通过分子内氢键形成缔合，不再与水缔合，也不易生成分子间氢键，故水溶性小、挥发性大，可随水蒸气蒸出。而对硝基苯酚可以生成分子间氢键而相互缔合，挥发性小，不随水蒸气蒸出。

（3）磺化反应

苯酚容易发生磺化反应，同时受温度影响较大，影响反应的速率和取代基位置。在室温下，浓硫酸与苯酚反应，生成邻羟基苯磺酸，在 100℃下，产物主要为对羟基苯磺酸。邻羟基苯磺酸和硫酸在 100℃下共热，也会转化为对羟基苯磺酸。

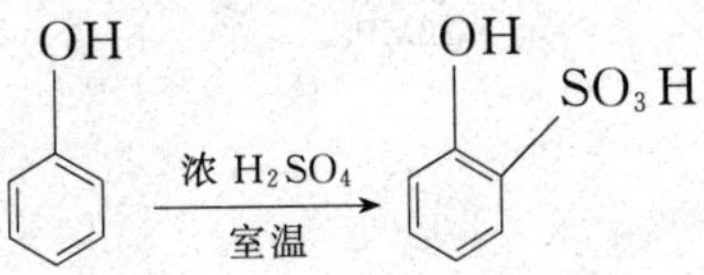

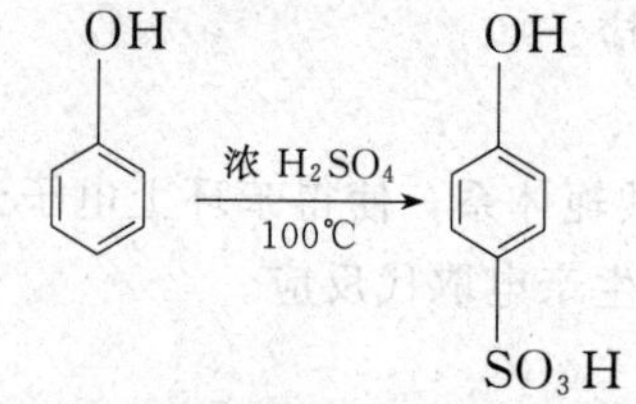

3. 氧化反应

酚类化合物很容易被氧化，不仅可以用氧化剂如高锰酸钾等氧化，甚至较长时间与空气接触，也可以被空气中的氧气氧化，使颜色加深。苯酚被氧化时，不仅羟基被氧化，羟基对位的碳氢键也被氧化，结果生成对苯醌。如：

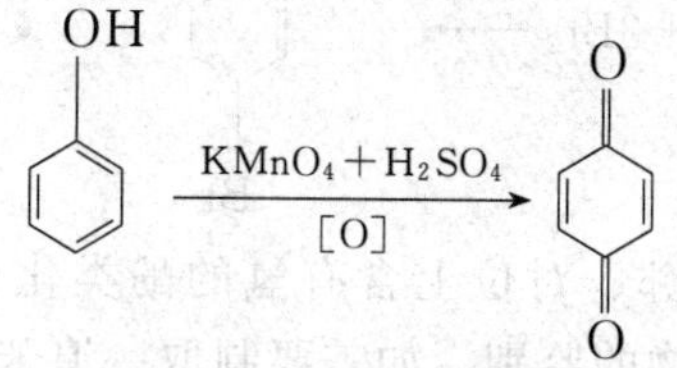

多元酚更易被氧化，例如，邻苯二酚和对苯二酚可被弱的氧化剂（如氧化银、溴化银）氧化成邻苯醌和对苯醌。

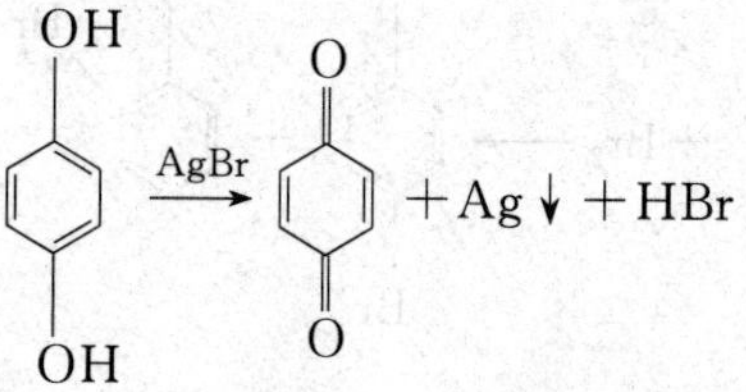

三、酚的制法

1. 芳香磺酸盐的碱熔法

酚的制备，可以用苯及芳香基的磺酸盐与碱共热，形成酚钠，进一步水解得到酚。

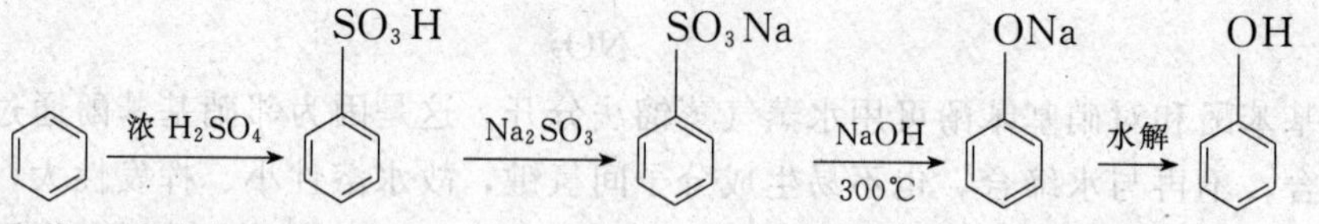

2. 卤代芳烃的水解

卤代芳烃与氢氧化钠进行取代反应，生成酚钠，进一步水解得到酚。

第三节 醚

一、醚的分类和命名

1. 醚的分类

醚是一类含有官能团—O—（氧基）醚键的有机化合物。根据醚的化学结构，可以分为链醚和环醚。链醚是含有醚键的链状化合物，氧基连接的两个烃基相同的是简单醚，烃基不同的是混合醚。如：

简单醚　　　R—O—R　　　　$CH_3CH_2OCH_2CH_3$

混合醚　　　R—O—R′　　　　$CH_3OC（CH_3）_3$

环醚是碳原子与氧原子连接成为环状结构的环氧化合物。环醚中含有多个醚键，形似王冠的环醚称为冠醚。如：

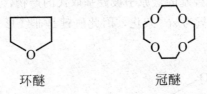

环醚　　　　　　　冠醚

2. 醚的命名

（1）普通命名法

适用于简单醚和混合醚的命名。简单醚的命名在烃基名称后面加上"醚"字。混合醚的命名将两个不同的烃基基团按照基团大小，先小基团后大基团原则，最后加上"醚"字。含有芳烃基的醚，将芳烃基放在烃基之前。

　　　$CH_3CH_2OCH_2CH_3$　　　　　$CH_3OC（CH_3）_3$　　　　$CH_3CH_2O—\bigcirc$

　　　　　乙醚　　　　　　　　甲基叔丁基醚　　　　　　　苯乙醚

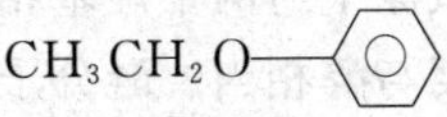

（2）系统命名法

适用于结构复杂的醚。命名原则是：取碳链最长的烃基作为母体，以较小基团作为取代基，称为"某烷氧基某烷"。

　　　$CH_3CHCH_2CH_2CH_3$　　　　　　　　$CH_3CH_2O—\bigcirc—CH_3$
　　　　　　|
　　　　　OCH_3

　　　　2-甲氧基戊烷　　　　　　　　　　　4-乙氧基甲苯

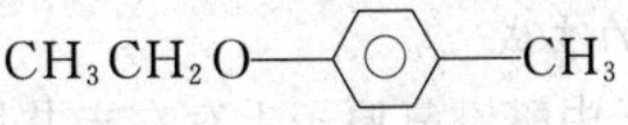

环醚的命名：确定母体后，对醚键和取代基进行编号，并对醚键以"环氧"为词头进行命名。如：

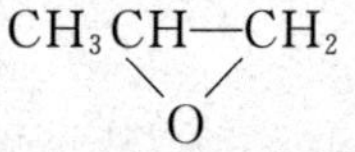

1，2-环氧丙烷

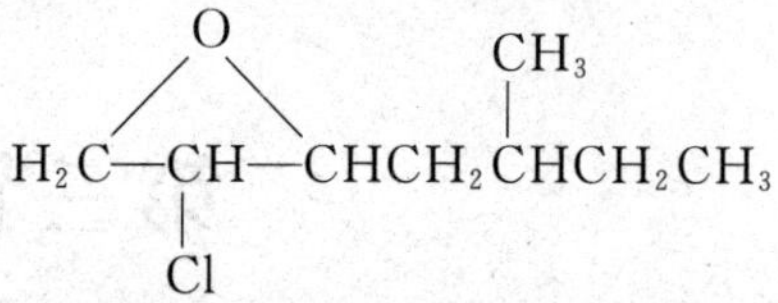

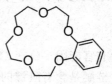

5-甲基-1，3-环氧-2-氯庚烷

冠醚的命名：以 $m-$ 冠 $-n$ 的形式进行命名，m 为碳和氧原子的总数，n 为氧原子数。如：

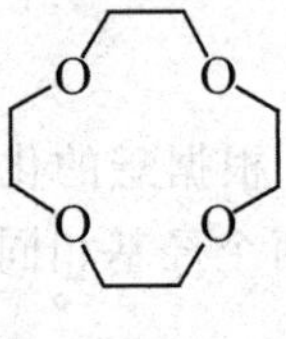

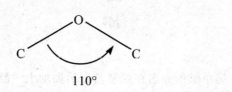

12-冠-4   苯并-15-冠-5

二、醚的结构

醚的结构可以看作是醇羟基的氢原子被烃基取代的产物，与一元醇是同分异构体。醚的官能团—O—醚键，其中氧为 sp^3 杂化，因此醚键是非线形分子，其键角为 110°，如图 8-4 所示。

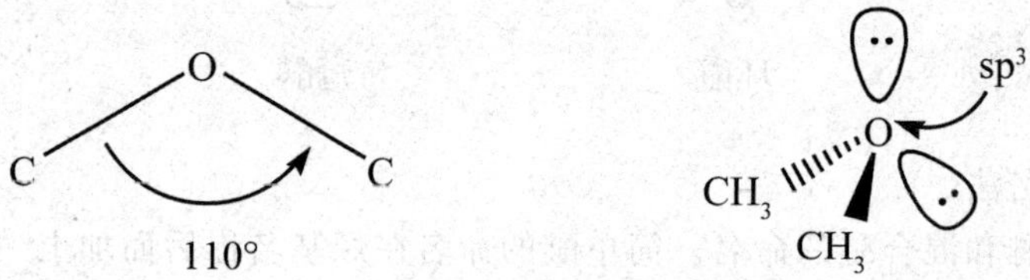

图 8-4 醚的结构

醚中氧原子与两个烃基相连，分子极性很小。但氧原子可以与水形成氢键，所以醚在水中溶解度与醇相当。醚分子中没有活泼的氢原子，故不能形成醚分子间的氢键，所以醚的沸点比同分子量的醇要低得多。

三、醚的化学性质

1. 盐的生成

醚分子中醚键氧原子上存在未共用的电子对，因此可以作为碱接受强酸的质子形成质子化醚，称为盐。因此醚可以溶于强酸中，如：

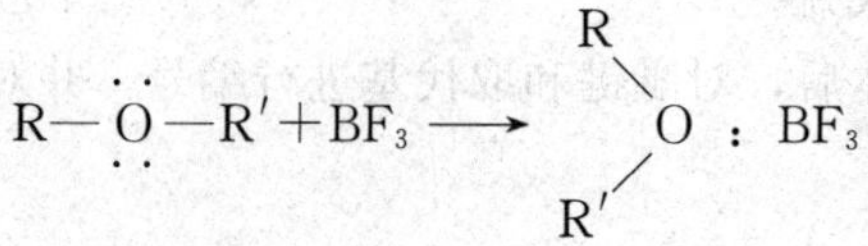

$$R-\overset{..}{\underset{..}{O}}-R'+BF_3 \longrightarrow \underset{R'}{\overset{R}{\underset{|}{\overset{|}{O}}}} : BF_3$$

$$R-\overset{\cdot\cdot}{\underset{\cdot\cdot}{O}}-R'+HCl \longrightarrow R-\overset{H}{\underset{+}{O}}-R'+Cl^+$$

利用这一性质，可以对醚和烷烃或卤代烃来进行区分。盐是一种弱碱强酸盐，仅在浓酸中稳定，在水中又分解重新产生醚。因而可以将醚从烷烃或卤代烃中分离出来。

2. 醚键的断裂

醚在浓氢碘酸或氢溴酸中，会发生醚键的断裂，其断裂往往从含碳原子数较少的烷基断裂处与碘或溴进行结合。

$$CH_3OCH_2CH_2CH_3 \xrightarrow{HI} CH_3-\overset{+}{O}H-CH_2CH_2CH_3 + I^- \longrightarrow CH_3I + CH_3CH_2CH_2OH$$

混合醚的断裂规律为：小基团生成卤代烃，大基团生成醇或酚。

芳基烷基醚断裂，生成卤代烃和酚。如：

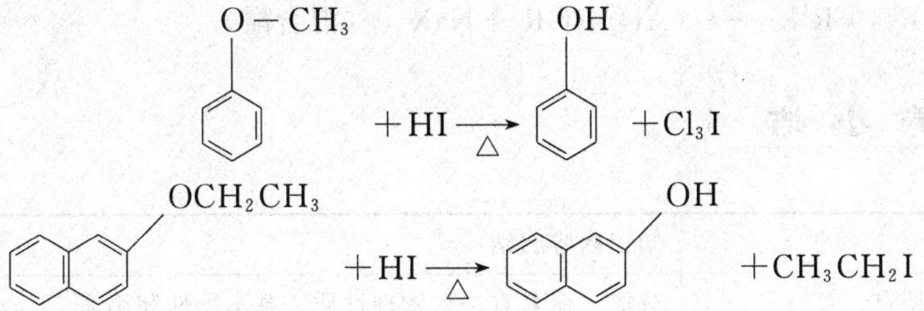

3. 过氧化物的生成

醚对氧化剂呈稳定性，但在空气中久置会慢慢自动氧化，生成过氧化物。如：

$$CH_3CH_2OCH_2CH_3 \xrightarrow{O_2} \underset{\underset{O-O-H}{|}}{CH_3CHOCH_2CH_3}$$

过氧化物不稳定，在加热或蒸馏条件下容易分解而发生猛烈的爆炸。因此醚应当避免暴露在空气中，一般放在棕色玻璃瓶中，避光保存。蒸馏久置的乙醚前，一定要先检验过氧化物是否存在，以免发生爆炸。

检验过氧化物的方法：硫酸亚铁和硫氰化钾混合加入，与醚混合后振摇，显红色表示有过氧化物。

$$过氧化物 + Fe^{2+} \longrightarrow Fe^{3+} + \xrightarrow{KSCN} K_3Fe(SCN)_6$$
$$\text{血红色}$$

或用淀粉 KI 试纸检验，试纸显蓝色证明有过氧化物。

$$过氧化物 + 2KI \longrightarrow ROH + 2KOH + I_2$$
$$\downarrow 淀粉$$
$$显蓝色$$

去除过氧化物的方法：加入还原剂 5％的 $FeSO_4$ 溶液，与醚充分振摇后蒸馏；贮藏时在醚中加入少许金属钠。

四、醚的制法

1. 醇分子间失水

简单醚的制备，可以采用醇分子间脱水的方法，醇在浓硫酸气氛中约 130℃下进行反应，生成相应的醚。

$$2CH_3CH_2OH \xrightarrow[\sim 130℃]{H_2SO_4} CH_3CH_2OCH_2CH_3 \quad （简单醚）$$

2. Wilamson 合成法

适合混合醚的制备，用卤代烃与醇钠或酚钠反应制备醚，此种方法称为 Wilamson 合成法。

$$（Ar）RONa + R'X \xrightarrow{S_{N2}} （Ar）ROR' + NaX \quad （混合醚）$$

 本章小结

知识点	知识内容归纳
醇、酚、醚的特点	分类、命名方法、物理性质、基本特性和用途
醇的化学性质	取代反应、脱水反应、氧化反应等
酚的化学性质	酸性、显色反应、亲电取代反应、氧化反应
醚的化学性质	盐的形成、醚键的断裂、氧化反应

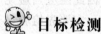 **目标检测**

1. 命名下列化合物。

(1) 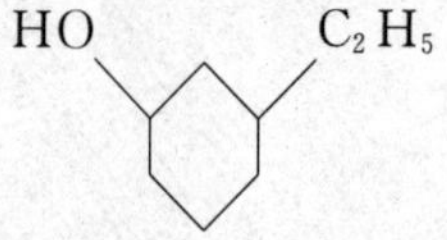 HO�（环己烷取代） C_2H_5

(2) 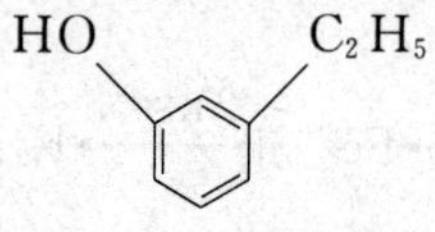 HO〈苯环〉C_2H_5

(3) $CH_3—O—CH_2CH_2CH_3$

(4) $(CH_3)_3CCH_2OH$

(5) 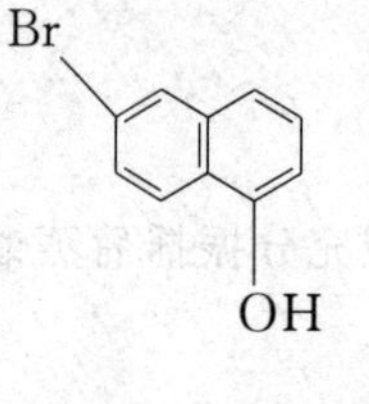 Br〈萘〉OH

(6) 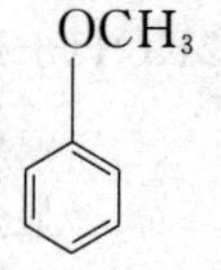 OCH_3〈苯环〉

2. 完成下列反应方程式。

(1) 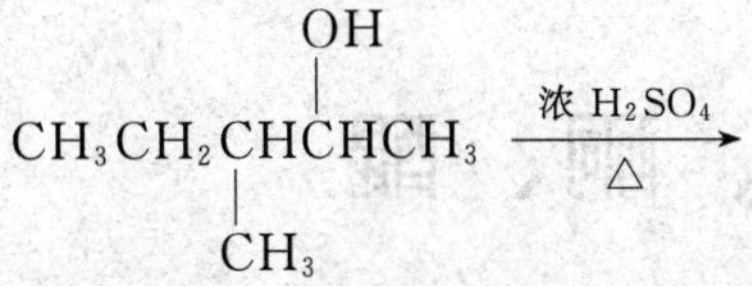
$$CH_3CH_2\overset{\displaystyle OH}{\underset{\displaystyle CH_3}{\overset{|}{\underset{|}{CH}}CHCH_3}} \xrightarrow[\triangle]{\text{浓 } H_2SO_4}$$

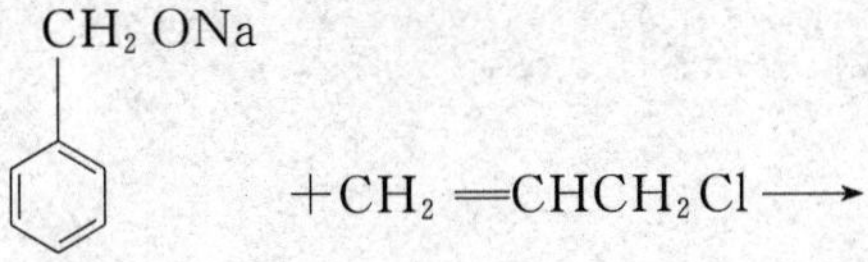

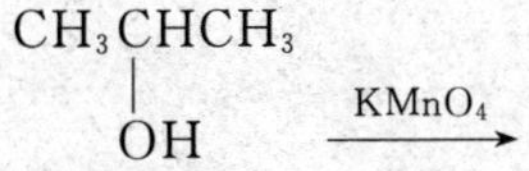

(2)
$$\overset{CH_2ONa}{\underset{}{\bigcirc}} + CH_2 =\!\!= CHCH_2Cl \longrightarrow$$

(3)
$$\overset{CH_3CHCH_3}{\underset{}{\overset{|}{\underset{OH}{\bigcirc}}}} \xrightarrow{KMnO_4}$$

(4)
$$\overset{CH_2OH}{\underset{}{\bigcirc}}\overset{OH}{} \xrightarrow[\triangle]{CH_3COOH}$$

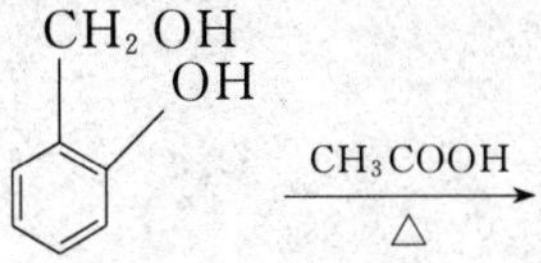

(5) 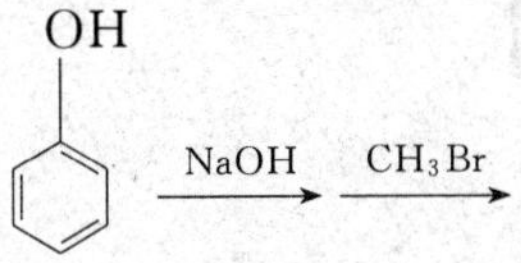
$$\overset{OH}{\underset{}{\bigcirc}} \xrightarrow{NaOH} \xrightarrow{CH_3Br}$$

(6) $CH_3-O-CH_2CH_2CH_3 \xrightarrow[\triangle]{HI} \xrightarrow[\triangle]{HI（过量）}$

3. 根据下列原料和产物设计合成路线。

(1) 由乙烯和溴苯合成苯乙醇；

(2) 由 3-甲基-2-丁醇合成叔戊醇；

(3) 由苯合成
$$\overset{OH}{\underset{}{\underset{Br}{\bigcirc}Br}}\,。$$

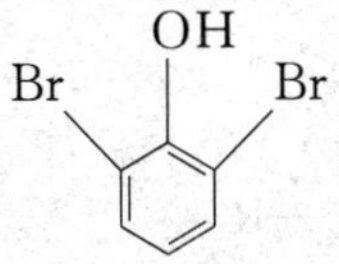

第九章 醛、酮、醌

掌握：醛、酮的结构特点、命名及化学性质。

熟悉：醛、酮的物理性质。

了解：重要的醛、酮。

第一节 醛 酮

一个碳原子与一个氧原子以双键连接而成的官能团称为羰基（ C=O ），含有羰基的化合物统称为羰基化合物。醛、酮分子中都含有羰基，因此这两类物质的化学性质有很多相似之处。羰基碳原子至少连接一个氢原子的化合物称为醛；羰基碳原子与两个烃基相连的化合物称为酮。羰基可以发生多种化学反应，是有机合成中的重要中间体，也是重要的代谢中间体，参与人体内多个代谢过程。

$$\underset{醛}{R-\overset{\displaystyle O}{\overset{\|}{C}}-H} \qquad \underset{酮}{R-\overset{\displaystyle O}{\overset{\|}{C}}-R'}$$

一、羰基的结构

按照杂化轨道理论，羰基碳原子形成三条 sp^2 杂化轨道，分别与一个氧原子、两个碳原子（或一个碳原子一个氢原子）形成三条 σ 键。而两个碳原子中未参与杂化的 p 轨道与氧原子上的 p 轨道从侧面相互重叠形成 π 键。由于氧原子的电负性比碳原子大，电子云偏向于氧原子而使得氧原子带上部分负电荷，而碳原子带上部分正电荷。

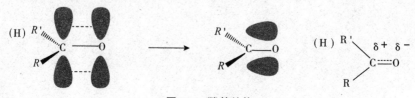

图 9-1 羰基结构

二、醛、酮的分类

醛酮根据烃基结构的不同，通常可以分为脂肪族醛酮、脂环族醛酮和芳香族醛酮；根据脂肪烃基中是否含有不饱和键，又可分为饱和醛酮和不饱和醛酮；也可以根据分子中所含羰基的数目分为一元醛酮和多元醛酮。例如：

脂肪醛	$CH_3CH_2CH_2CHO$	

脂肪醛　$CH_3CH_2CH_2CHO$　脂肪酮　$CH_2CH_2-\overset{O}{\overset{\|}{C}}-CH_3$

脂环醛　⬡—CHO　脂环酮　⬡=O

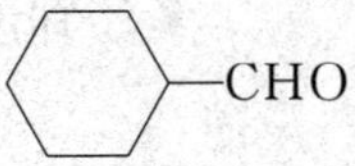

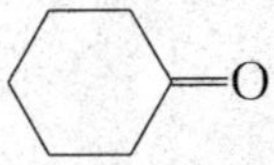

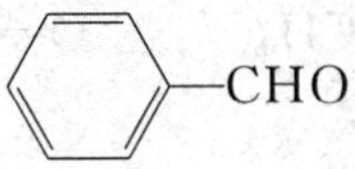

芳香醛　⬡—CHO　芳香酮　⬡—$\overset{O}{\overset{\|}{C}}CH_3$

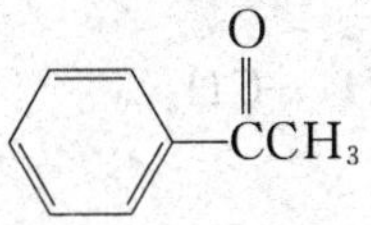

不饱和醛　$CH_3CH=CHCHO$　不饱和酮 { $CH_3CH=CHCCH_3$（带O）; ⬡=O }

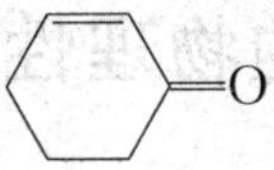

二元醛　$\overset{CH_2CHO}{\underset{CH_2CHO}{|}}$　二元酮　$CH_3-\overset{O}{\overset{\|}{C}}-CH_2-\overset{O}{\overset{\|}{C}}-CH_3$

三、醛、酮的命名

(一) 普通命名法

结构简单的醛、酮，可以根据烃基来命名。简单的醛命名方法与醇相似，直接在与羰基相连的烃基后加"醛"字；简单的酮命名方法与醚相似，简单的烃基放在前面，复杂的烃基放在后面，再加上"酮"字。

CH_3CHO　　CH_3CH_2CHO　　⬡—CHO

乙醛　　　　丙醛　　　　苯甲醛

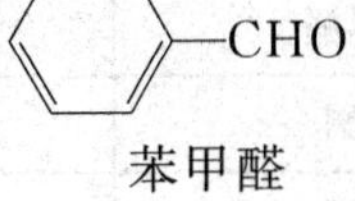

$CH_3\overset{O}{\overset{\|}{C}}CH_3$　　$CH_3CH_2\overset{O}{\overset{\|}{C}}CH_3$　　⬡=O

丙酮　　甲（基）乙（基）酮　　环己酮

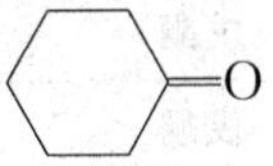

(二) 系统命名法

1. 选主链
选择含有羰基的最长碳链作为主链，根据主链碳原子数，称为某醛或某酮。

2. 编号

编号从靠近羰基的一端开始，使羰基编号最小，醛基总是处在第一位。

3. 命名

取代基位次、数目、名称及羰基的位次写于母体名称之前。命名不饱和醛酮时，应标出不饱和键的位置。

$$CH_3-CH-CH_2-CH_2-CHO \qquad CH_3CH=CH_2CHO \qquad \langle\text{环戊基}\rangle-CHO$$
$$\qquad\qquad |$$
$$\qquad\quad CH_3$$

4-甲基戊醛 2-丁烯醛 环戊基甲醛

$$CH_3-\overset{O}{\overset{\|}{C}}-CH_2-CH_3 \qquad CH_3-CH-CH_2-\overset{O}{\overset{\|}{C}}-CH_3 \qquad$$
$$\qquad\qquad\qquad\qquad\qquad |$$
$$\qquad\qquad\qquad\qquad\quad CH_3$$

2-丁酮 4-甲基-2-戊酮 3，5-二甲基环己酮

四、醛、酮的物理性质

室温下，甲醛为气体，其他的低级饱和醛都是液体，高级醛为固体。低级酮是液体，高级酮是固体。相比于分子质量相近的烷烃和醇，醛酮的沸点比烷烃高，但比醇低。这是由于醛酮是极性有机化合物，其羰基的偶极矩增加了分子间的吸引力。

表 9－1、常见醛、酮的物理参数

名称	熔点（℃）	沸点（℃）	溶解度（g/100g 水）
甲醛	－92	－21	易溶
乙醛	－121	20	∞
丙醛	－81	49	16
正丁醛	－99	76	7
苯甲醛	－26	178	0.3
丙酮	－94	56	∞
丁酮	－86	80	26
2－戊酮	－78	102	6.3
3－戊酮	－57	127	2

醛、酮的羰基虽然不能形成分子间氢键，但能和水形成氢键，所以低级醛、酮易溶于水。随着碳原子数的增加，醛、酮在水中的溶解度迅速下降，高级醛、酮微溶或难溶于水，易溶于有机溶剂。低级醛具有强烈的刺激性气味，中级醛具有果香味，其中9个和10个碳的醛常用于香料工业。

五、醛、酮的化学性质

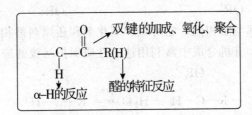

（一）加成反应

1. 与氢氰酸加成

醛、脂肪甲基酮和八个碳以下的环酮与氢氰酸能顺利反应，生成 α—羟基腈，亦称氰醇。

$$R—\overset{\overset{\displaystyle O}{\|}}{C}—R'(H) + HCN \rightleftharpoons R—\overset{\overset{\displaystyle OH}{|}}{\underset{\underset{\displaystyle CN}{|}}{C}}—R'(H)$$

羰基与氢氰酸加成，是增长碳链的方法之一。α-羟基腈在酸性条件下可以发生水解，生成 α-羟基酸，该产物在强酸条件下脱水则可以用来制备 α，β-不饱和羧酸。

2. 与饱和亚硫酸氢钠加成

醛、脂肪族甲基酮和低于八个碳的环酮与亚硫酸氢钠的饱和溶液（40%）发生加成反应，生成白色结晶 α-羟基磺酸钠。

$$R—\overset{\overset{\displaystyle O}{\|}}{C}—R'(H) + NaHSO_3 \rightleftharpoons R—\overset{\overset{\displaystyle OH}{|}}{\underset{\underset{\displaystyle SO_3Na}{|}}{C}}—R'(H)$$

产物 α-羟基磺酸盐为白色结晶，不溶于饱和的亚硫酸氢钠溶液中，因此可以观察到有白色晶体析出，因此本反应可以用来鉴别醛、脂肪族甲基酮和低于八个碳的环酮。由于产物 α—羟基磺酸盐容易分离出来，且与酸或碱共热，又可以得到原来的醛、酮，故此反应亦可以用来提纯醛、酮。

3. 与醇加成

在干燥氯化氢气体或无水浓硫酸作用下，一分子醛可以与一分子醇发生加成反应生成半缩醛。半缩醛不稳定，还可以继续与另一分子醇作用脱水生成缩醛。

$$R—\overset{\overset{\displaystyle O}{\|}}{C}—H + R'OH \underset{}{\overset{\text{干燥 HCl}}{\rightleftharpoons}} R—\overset{\overset{\displaystyle OH}{|}}{\underset{\underset{\displaystyle OR'}{|}}{C}}—H$$

$$R-\underset{\underset{OR'}{|}}{\overset{\overset{OH}{|}}{C}}-H + R''OH \underset{}{\overset{\text{干燥 HCl}}{\rightleftharpoons}} R-\underset{\underset{OR'}{|}}{\overset{\overset{OR''}{|}}{C}}-H + H_2O$$

缩醛结构和性质上都与醚相似，它对碱、氧化剂和还原剂都相当稳定。但它在稀酸中易水解转变为原来的醛。有机合成中常利用这一性质保护活泼的醛基。

$$R-\underset{\underset{OR'}{|}}{\overset{\overset{OR''}{|}}{C}}-H + H_2O \overset{H^+}{\rightleftharpoons} R-\overset{\overset{O}{\|}}{C}-H$$

4. 与氨的衍生物加成

醛、酮能与羟胺、苯肼、2,4-二硝基苯肼等胺的衍生物发生加成反应，并进一步脱水生成含有碳氮双键的产物腙。该反应现象明显，产物多为固体，具有固定的晶形和熔点，常用来鉴别醛、酮。其中，2,4-二硝基苯肼与醛酮加成反应的现象非常明显，故常用来检验羰基，称为羰基试剂。

$$R-\overset{\overset{O}{\|}}{C}-R'(H) + NH_2R'' \longrightarrow R-\overset{\overset{NR''}{\|}}{C}-R'(H)$$

醛、酮与氨衍生物所得产物在稀酸作用下又可水解为原来的醛、酮，因此还可以利用这一性质来分离和提纯羰基化合物。

（二）α-氢原子的反应

醛、酮分子中由于羰基的影响，与羰基直接相连的碳原子上的 α-氢原子变得活泼，可以发生一些特殊反应。

1. 卤代及卤仿反应

醛、酮的 α-H 在酸或碱溶液中易被卤素取代生成 α-卤代醛、酮。在酸存在的条件下，卤代反应可以控制生成一卤产物阶段。

$$R-CH_2-\overset{\overset{O}{\|}}{C}-R'(H) + X_2 \overset{H^+/OH^-}{\longrightarrow} R-\underset{\underset{X}{|}}{CH}-\overset{\overset{O}{\|}}{C}-R'(H)$$

在碱性条件下，反应基本不能控制在一卤产物阶段，而是在此条件下继续反应生成多卤代产物。当醛、酮 α-碳含有 3 个氢原子时，与卤素的氢氧化钠溶液反应，3 个 α-H 全部被卤素取代，生成三卤化物，三卤化物在碱性水溶液中不稳定，继续水解生成三卤甲烷和相应的减少一个碳原子的羧酸盐，这个反应称为卤仿反应。

$$CH_3-\overset{\overset{\displaystyle O}{\|}}{C}-R'(H) \ +X_2 \ \xrightarrow{OH^-} \ CX_3-\overset{\overset{\displaystyle O}{\|}}{C}-R'(H) \ \xrightarrow{OH^-} CHX_3\downarrow + \ (H) \ R''-COO^-$$

如果使用含碘的碱溶液进行反应，产物之一是碘仿，反应称为碘仿反应。碘仿是亮黄色固体且难溶于水，易于识别。该反应可用于乙醛或含有甲基酮结构的化合物的鉴别反应。

2. 羟醛缩合反应

含有 α-H 的醛在稀碱（10%NaOH）溶液中能和另一分子醛相互作用，生成 β-羟基醛，故称为羟醛缩合反应。例如：

$$CH_3-\overset{\overset{\displaystyle O}{\|}}{C}-H \ + \ CH_3-\overset{\overset{\displaystyle O}{\|}}{C}-H \ \xrightarrow{OH^-} \ CH_3-\overset{\overset{\displaystyle OH}{|}}{C}H-CH_2-\overset{\overset{\displaystyle O}{\|}}{C}-H$$

β-羟基醛不稳定，加热即可脱去一分子水生成 α，β-不饱和醛。具有 α-H 的酮也可以发生缩合反应，但是反应速率较具有 α-H 的醛慢。

$$CH_3-\overset{\overset{\displaystyle OH}{|}}{C}H-CH_2-\overset{\overset{\displaystyle O}{\|}}{C}-H \ \xrightarrow[\Delta]{OH^-} \ CH_3-CH=CH-\overset{\overset{\displaystyle O}{\|}}{C}-H$$

（三）氧化反应

1. Tollens 试剂

醛基很容易被氧化，一些弱氧化剂就可以将醛基氧化成羧酸，常用的弱氧化剂是 Tollens 试剂和 Fehling 试剂。

Tollens 试剂是氢氧化银与氨溶液反应制得的，当与醛共热时，醛被氧化成羧酸，银离子被还原成金属银，并且会附着在反应器皿壁上，形成银镜，这个反应也称为银镜反应。

$$RCHO+2Ag(NH_3)_2OH \longrightarrow RCOOHNH_3+2Ag\downarrow+H_2O+2NH_3$$

脂肪醛和芳香醛都可以发生银镜反应，酮则不能，所以，可用 Tollens 试剂区分醛和酮。

2. Fehling 试剂

Fehling 试剂是硫酸铜溶液与酒石酸钾钠溶液混合而成的二价铜络合物。醛与 Fehling 试剂反应时，铜离子被还原成砖红色的氧化亚铜沉淀，醛则被氧化成相应的酸。

$$RCHO+2Cu(OH)_2+NaOH \longrightarrow RCOOHNa+Cu_2O\downarrow+3H_2O$$

脂肪醛可以与斐林试剂发生反应，但芳香醛不行，所以该反应可以用来鉴别脂肪醛与芳香醛。

（四）还原反应

与碳碳双键相同，碳氧双键同样可以在一些金属催化下进行氢化还原反应而得到同碳数的醇。醛还原后只能得到伯醇，酮可以被还原成仲醇。

$$R-\overset{\overset{\displaystyle O}{\|}}{C}-R'(H) \ +H_2 \ \xrightarrow{Ni/Pd} \ R-\overset{\overset{\displaystyle OH}{|}}{C}H-R'(H)$$

六、重要的醛、酮

1. 甲醛 （HCHO）

甲醛又称为蚁醛，常温下是无色气体，具有强烈刺激性气味，易溶于水。甲醛具有凝固蛋白质的作用，可用于消毒剂、防腐剂。37％～40％的甲醛水溶液称为福尔马林。甲醛分子中羰基与两个氢原子相连，化学性质活泼，容易被氧化，且极易聚合生成多聚甲醛。多聚甲醛经加热后，又可以分解为甲醛。

📖 **知识链接**

甲醛与健康

甲醛，它在我们的生活中无处不在。刨花板、密度板、胶合板等人造板材、涂料、水性多彩漆和墙纸等都是空气中甲醛的主要来源，它的释放期长达 3～15 年。甲醛为较高毒性的物质，在我国有毒化学品优先控制名单上甲醛高居第二位。甲醛已经被世界卫生组织确定为致癌和致畸形物质，是公认的变态反应源，也是潜在的强致突变物之一。研究表明，其浓度在空气中达到 $0.06～0.07mg/m^3$ 时，儿童就会发生轻微气喘。达到 $0.1mg/m^3$ 时，就有异味和不适感；达到 $0.6mg/m^3$，可引起咽喉不适或疼痛。浓度更高时，可引起恶心呕吐、咳嗽胸闷、气喘，甚至肺水肿；达到 $30mg/m^3$ 时，会立即致人死亡。

虽然各种装修装饰材料在生成过程中不可避免地使用大量的甲醛，但是这些产品必须符合国家标准才能准予销售和使用。比如，内墙涂料限游离甲醛小于等于 0.1g/kg；聚氨酯类胶黏剂和其他胶黏剂中不得检出甲醛；室内使用的各类木家具限甲醛释放量为小于等于 1.5mg/L；壁纸产品甲醛小于等于 120mg/kg 等等。

2. 丙酮 （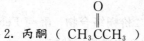）

丙酮在常温下为具有香味的无色液体，能与水、乙醇、乙醚、氯仿等混溶，是一种优良的溶剂。丙酮是一个重要的有机合成原料，广泛用于无烟火药、合成纤维、油漆等工业中。医药工业上，丙酮可用来制备氯仿、碘仿。

📖 **知识链接**

酮体

酮体是酸性物质，在血液中积蓄过多时，可使血液变酸而引起酸中毒，称为酮症酸中毒。酮体主要是脂肪分解成脂肪酸在肝脏内代谢的产物。在正常情况下，血中酮体浓度很低，一般不超过 1.0mg/dL，尿中也测不到酮体。糖尿病人体内胰岛素代谢异常，脂肪分解过多，酮体浓度高于正常值，一部分酮体通过尿液排出体外，形成酮尿。

酮体包括乙酰乙酸、β-羟丁酸和丙酮三种成分，临床上通过检查患者尿液中是否含有丙酮来确定患者病情。可用亚硝酰铁氰化钠的氢氧化钠溶液检验，如果尿液呈鲜红色则证明有丙酮存在。也可用加碘的氢氧化钠溶液，如有丙酮存在，则有黄色沉淀析出。

第二节　醌

一、醌的结构

醌是一类具有共轭体系的不饱和环二酮化合物，不属于芳香族化合物，没有芳香性。

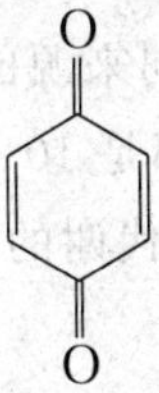

对醌型　　　　　　　　　　邻醌型

二、醌的命名

醌命名时看作相应芳烃的衍生物命名。在醌字前加上相应芳烃的名字，同时用较小的数字标明两个羰基的相应位置。如：

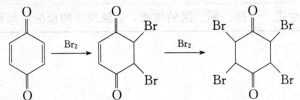

1，4-苯醌　　　　1，2-苯醌　　　　1，4-萘醌　　　　　9，10-蒽醌

三、醌的性质

1. 碳碳双键的加成反应

与烯烃相似，醌的碳碳双键可以和一分子或两分子卤素发生加成反应。

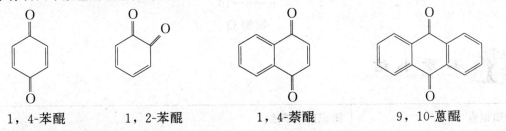

2. 碳氧双键的加成反应

与醛、酮相似，醌的碳氧双键也可以发生亲核加成反应。例如，醌可以与羟胺加成得

到单肟或二肟。

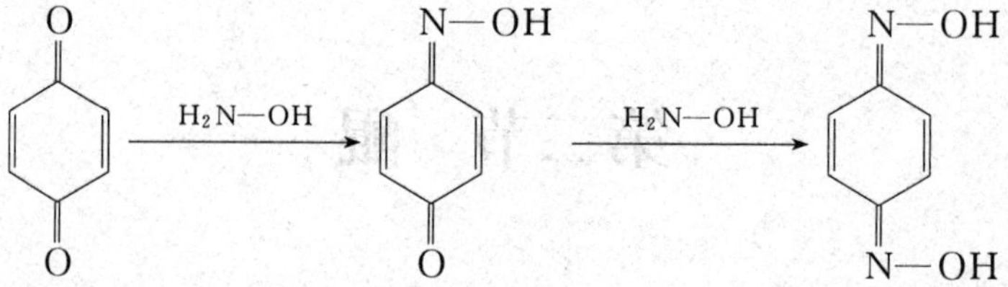

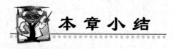

四、重要的醌

辅酶 Q

辅酶 Q 是一类广泛存在的脂溶性醌类化合物。由于不同来源的辅酶 Q 其侧链异戊烯的数目不同，使得有很多类辅酶。人类和哺乳动物的侧链都是 10 个异戊烯单位，故称为辅酶 Q_{10}。辅酶 Q 在体内参与输送电子，是细胞呼吸和细胞代谢的激活剂，也是重要的抗氧化剂和非特异性免疫增强剂。

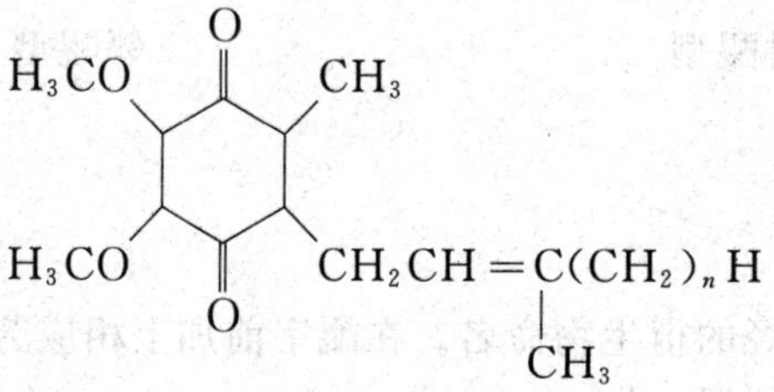

$$n = 6 \sim 10$$

辅酶 Q

本章小结

知识点	知识内容归纳
羰基的结构特点，醛、酮、醌的分类	碳原子的 sp^2 杂化；羰基碳原子显部分正电性，氧原子显部分负电性。
醛、酮、醌的命名	普通命名法、系统命名法
醛、酮的物理性质	熔点、沸点、密度、溶解度
醛、酮、醌的化学性质	醛、酮、醌的加成，α-氢原子的反应，氧化，还原等。

目标检测

1. 名词解释。

（1）银镜反应；

（2）碘仿反应。

2. 命名下列化合物或写出结构式。

(1) 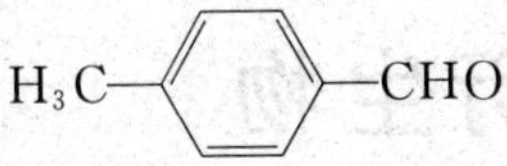 $H_3C\text{—}\bigcirc\text{—CHO}$

(2) 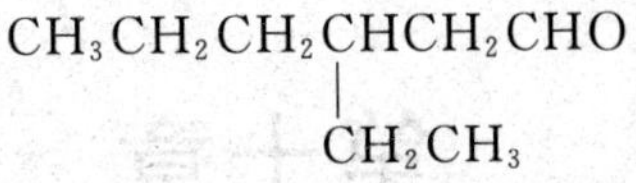 $CH_3CH_2CH_2\underset{\underset{CH_2CH_3}{|}}{CH}CH_2CHO$

(3) $CH_3CH_2\underset{\underset{O}{\|}}{C}CH_2CH_2\underset{\underset{CH_3}{|}}{CH}CH_3$

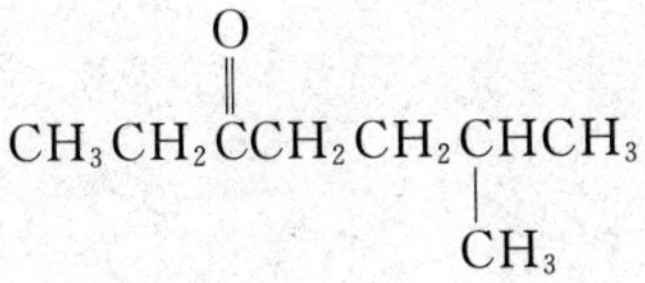

(4) 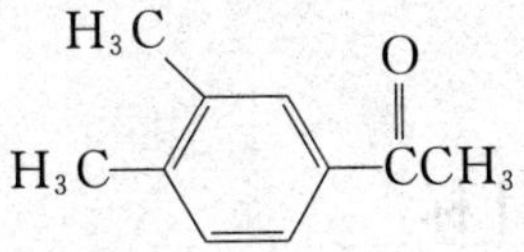 $H_3C\text{、}H_3C\text{—}\bigcirc\text{—}\underset{\underset{O}{\|}}{C}CH_3$

(5) 间甲氧基苯甲醛

(6) 环己酮

(7) 3，4-二甲基戊醛

(8) 4-甲基-3-庚酮

3. 完成下列反应方程式

(1) $CH_3CH_2CH_2CHO + H_2 \xrightarrow{Ni}$

(2) 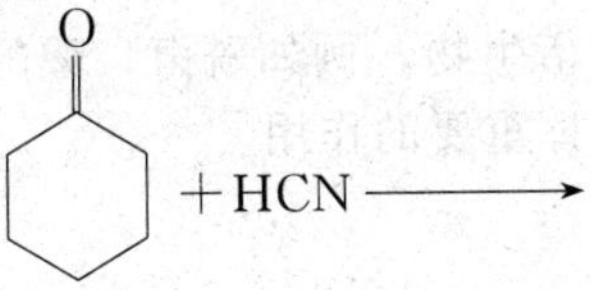 $\bigcirc\text{=O} + HCN \longrightarrow$

(3) 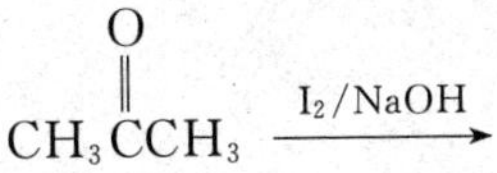 $CH_3\underset{\underset{O}{\|}}{C}CH_3 \xrightarrow{I_2/NaOH}$

(4) 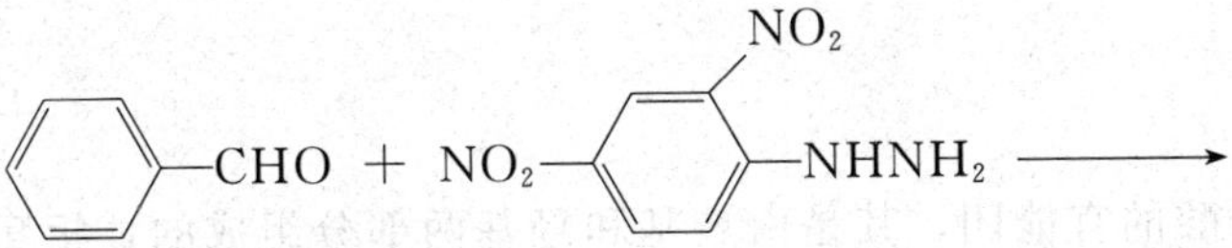 $\bigcirc\text{—CHO} + NO_2\text{—}\bigcirc\text{—}\underset{\underset{NO_2}{}}{NHNH_2} \longrightarrow$

4. 用化学方法鉴别下列化合物。

(1) 丙醇、丙醛、丙酮；

(2) 甲醛、苯甲醛、丁酮。

第十章 羧酸及其衍生物

学习目标

掌握：羧酸及羧酸衍生物的化学性质。

熟悉：羧酸及其衍生物的命名和分类。

了解：重要的羧酸及其衍生物。

分子中含有羧基（—COOH）的有机化合物称为羧酸，可用通式 RCOOH 表示。羧基中的羟基被其他原子或基团取代后的化合物称为羧酸衍生物，例如酰卤、酸酐、酯、酰胺等。羧酸及其衍生物在有机合成和生物代谢过程中发挥重要的作用。

第一节 羧酸

羧基 $-\overset{\overset{\displaystyle O}{\|}}{C}-OH$ 是羧酸的官能团，其是由羰基和羟基两部分组成的，相互影响使它们不同于醛酮分子中的羰基和醇分子中的羟基，而表现出一些特殊的性质。

一、羧酸分类和命名

1. 羧酸分类

根据分子中含羧基的个数分为：一元羧酸、二元羧酸和多元羧酸。

按照羧基所连烃基的种类分为：脂肪族羧酸、脂环族羧酸和芳香族羧酸。

按烃基是否饱和分为：饱和羧酸和不饱和羧酸。

例如丁酸 $CH_3CH_2CH_2COOH$ 是一元饱和羧酸，丙烯酸 $CH_2=CHCOOH$ 是一元不饱和羧酸；乙二酸 $HOOC—COOH$ 是二元饱和羧酸；苯甲酸 ⬡COOH 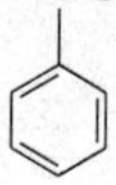 是一元芳香族羧酸。

2. 羧酸的命名

（1）俗名

一些常见羧酸最初是根据来源命名的，称为俗名。例如：甲酸来自蚂蚁，称为蚁酸；乙酸存在于食醋中，称为醋酸；丁酸存在于奶油中，称为酪酸；苯甲酸存在于安息香胶中，称为安息香酸。

HCOOH　　蚁酸；　　CH₃COOH 醋酸；　　HOOC—COOH　　草酸。

（2）系统命名法

选择含有羧基的最长碳链作主链，从羧基中的碳原子开始给主链上的碳原子编号。若分子中含有重键，则选择含有羧基和重键的最长碳链为主链，根据主链上碳原子的数目称"某酸"或"某烯（炔）酸"。例如：取代基的位次用阿拉伯数字表明。有时也用希腊字母来表示取代基的位次，从与羧基相邻的碳原子开始，依次为 α、β、γ 等。例如：

$$CH_3-CH-CH-COOH \qquad CH_3CH=CHCOOH \qquad \underset{}{\bigcirc}CH=CHCOOH \qquad \underset{OH}{\bigcirc}COOH$$
$$\qquad\quad CH_3\quad CH_3$$

　2，3-二甲基丁酸　　　　2-丁烯酸　　　　3-苯基丙烯酸　　　邻羟基苯甲酸
　　　　　　　　　　　　α-丁烯酸　　　　　肉桂酸　　　　　　水杨酸

二元羧酸命名时，选择包含两个羧基的最长碳链为主链，根据主链碳原子的数目称为"某二酸"。例如：

$$HOOC（CH_2)_4COOH \qquad \begin{array}{c} CH-COOH \\ \parallel \\ CH-COOH \end{array} \qquad \underset{}{\bigcirc}\begin{array}{c}COOH \\ COOH\end{array}$$

　　　　己二酸　　　　　　　　顺丁烯二酸　　　　　　邻苯二甲酸

二、羧酸的制法

1. 氧化法

（1）烃的氧化　高级脂肪烃（如石蜡）加热到 120℃，在硬脂酸锰存在的条件下通入空气，其可被氧化生成多种脂肪酸的混合物。

$$RCH_2CH_2R' + \frac{5}{2}O_2 \xrightarrow[120℃]{硬脂酸锰} RCOOH + R'COOH + H_2O$$

烯烃通过氧化，碳链在双键处断裂得到羧酸。例如：

$$RCH=CH_2 + KMnO_4 \xrightarrow{H^+} RCOOH + CO_2 + H_2O$$

含 α-H 的烷基苯用高锰酸钾、重铬酸钾氧化时，产物均为苯甲酸。例如：

$$\underset{}{\bigcirc}-R \xrightarrow[H^+]{KMnO_4} \underset{}{\bigcirc}-COOH$$

（2）伯醇或醛的氧化　伯醇氧化成醛，醛易被氧化成羧酸。例如：

$$CH_3CHO + O_2（空气) \xrightarrow[60\sim80℃]{乙酸锰} CH_3COOH$$

不饱和醇和醛也可被氧化成羧酸，如选用弱氧化剂，可在不影响不饱和键的情况下，制取羧酸。例如：

$$\underset{O}{\bigcirc}-CH=CH-CHO \xrightarrow[34\sim36℃，2.5h]{Ag_2O_2 \ NaOH_2 \ O_2} \underset{O}{\bigcirc}-CH=CH-CHOONa$$

　　　呋喃丙烯醛　　　　　　　　　　　　　　　呋喃丙烯酸钠

2. 腈的水解

在酸或碱的催化下，腈水解可制得羧酸。

$$\langle\!\!\!\bigcirc\!\!\!\rangle\!-\!CH_2CN \xrightarrow[130℃，2h]{70\%H_2SO_4} \langle\!\!\!\bigcirc\!\!\!\rangle\!-\!CH_2COOH$$

苯乙腈　　　　　　　　　　　　　苯乙酸

3. 由格氏试剂制备

格氏试剂与二氧化碳反应，再将产物用酸水解可制得相应的羧酸。例如：

$$RMgCl+CO_2 \xrightarrow{\text{无水乙醚}} R\overset{\displaystyle O}{\overset{\|}{C}}\!-\!OMgCl \xrightarrow{H_2O} RCOOH$$

此反应适合制备比原料多一个碳原子的羧酸。

三、羧酸的物理性质

常温时，$C_1 \sim C_3$ 是有刺激性气味的无色透明液体，$C_4 \sim C_9$ 是具有腐败气味的油状液体，C_{10} 以上的直链一元酸是无嗅无味的白色蜡状固体。脂肪族二元酸和芳香族羧酸都是白色晶体。

羧酸的沸点比相对分子质量相近的醇还高。例如，甲酸和乙醇的分子量相同，甲酸的沸点是 100.5℃，乙醇的沸点为 78.5℃。这是因为羧酸分子间可以形成两个氢键而缔合成较稳定的二聚体。

$$R\!-\!\overset{\displaystyle O\text{-----}H\!-\!O}{\underset{O\!-\!H\text{-----}O}{C}}\!C\!-\!R$$

饱和一元羧酸的熔点随碳原子数增加呈锯齿状上升，即含偶数碳原子的羧酸的熔点比相邻两个奇数碳原子的羧酸的熔点高。这是由于偶数羧酸具有较好的对称性，晶格排列得更密切，分子间作用力较大。

羧酸分子中羧基是亲水基，可与水形成氢键。所以 $C_1 \sim C_4$ 的羧酸与水以任意比例互溶；随着分子量的增大，非极性的烃基愈来愈大，使羧酸的溶解度逐渐减小，C_{10} 以上的羧酸不溶于水，但都易溶于有机溶剂。芳香族羧酸一般难溶于水。

表 10－1　常见羧酸物理常数

名称	俗名	熔点/℃	沸点/℃	溶解度 / [g/ (100g 水)]	Pka1 (25℃)	Pka2 (25℃)
甲酸	蚁酸	8.4	100.8	∞	3.77	—
乙酸	醋酸	16.6	118	∞	4.76	—
丙酸	初油酸	−20.8	140.7	∞	4.88	—
丁酸	酪酸	−5.5	166.5	∞	4.82	—
戊酸	缬草酸	−34.5	186.4	4.97	4.81	—
十六碳酸	软脂酸	62.8	219	不溶	—	—
十八碳酸	硬脂酸	70	235	不溶	—	—
苯甲酸	安息香酸	122	249	2.9	4.17	—

续表

名称	俗名	熔点/℃	沸点/℃	溶解度 / [g/ (100g 水)]	Pka1 (25℃)	Pka2 (25℃)
乙二酸	草酸	180 (分解)	100 (升华)	10	1.23	4.40
丁二酸	琥珀酸	189	235 (分解)	6.8	4.16	5.61

四、羧酸的化学性质及应用

羧基是羧酸的官能团，其化学反应主要发生在羧基和受羧基影响变得比较活泼的 α-H 上。羧酸分子中易发生化学反应的主要部位如下图所示：

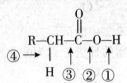

① 羧基中氢原子的酸性

② 羟基被取代的反应

③ 脱羧和羰基的还原反应

④ α-H的取代反应

1. 酸性

羧酸在水溶液中能够解离出氢离子呈现弱酸性。可与 NaOH、Na_2CO_3、$NaHCO_3$ 作用生成羧酸盐，羧酸盐与无机强酸作用又可游离出羧酸，用于羧酸的分离、回收和提纯。

$$RCOOH + NaOH \longrightarrow RCOONa + H_2O$$
$$RCOOH + NaHCO_3 \longrightarrow RCOONa + H_2O + CO_2 \uparrow$$

2. 羧基中羟基的取代反应

（1）酰卤的生成　羧酸（除甲酸外）与三氯化磷、五氯化磷、亚硫酰氯（$SOCl_2$）等作用时，分子中的羟基被卤原子取代，生成酰卤。例如：

$$R{-}\overset{O}{\overset{\|}{C}}{-}OH + PCl_5 \longrightarrow R{-}\overset{O}{\overset{\|}{C}}{-}Cl + POCl_3 + HCl$$

$$R{-}\overset{O}{\overset{\|}{C}}{-}OH + SOCl_2 \longrightarrow R{-}\overset{O}{\overset{\|}{C}}{-}Cl + SO_2 \uparrow + HCl \uparrow$$

芳香族酰卤一般由五氯化磷或亚硫酰氯与芳酸作用。芳香族酰氯的稳定性较好，水解反应缓慢。苯甲酰氯是常用的苯甲酰化试剂。

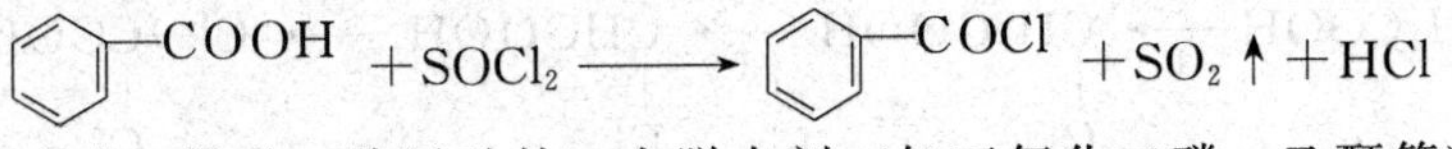

$$\text{C}_6\text{H}_5{-}COOH + SOCl_2 \longrightarrow \text{C}_6\text{H}_5{-}COCl + SO_2 \uparrow + HCl$$

（2）酸酐的生成　羧酸（除甲酸外）在脱水剂（如五氧化二磷、乙酐等）作用下，发生分子间脱水，生成酸酐。例如：

$$RCOO{-}H + HO{-}\overset{O}{\overset{\|}{C}}{-}R \xrightarrow[\triangle]{P_2O_5} RCOO{-}\overset{O}{\overset{\|}{C}}{-}R + H_2O$$

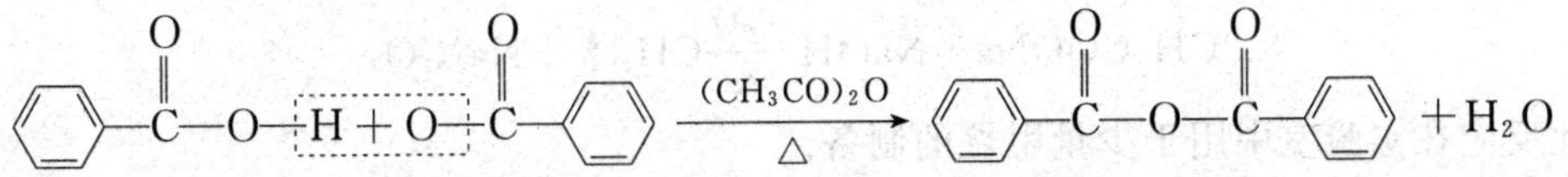

某些二元酸（如丁二酸、戊二酸、邻苯二甲酸等）不需要脱水剂，加热就可以发生分

子内脱水生成酸酐。例如：

$$CH_2-COOH \atop CH_2-COOH \xrightarrow{300℃} \quad + H_2O$$

丁二酸酐

$$\overset{COOH}{\underset{COOH}{\bigcirc}} \xrightarrow{196~199℃} \quad + H_2O$$

邻苯二甲酸酐

（3）酯的生成　羧酸与醇在酸的催化作用下生成酯的反应，称为酯化反应。

$$R-\overset{O}{\overset{||}{C}}-OH + HO-R' \underset{}{\overset{H^+}{\rightleftharpoons}} R-\overset{O}{\overset{||}{C}}-OR'$$

（4）酰胺的生成　羧酸与氨或胺反应，首先生成铵盐，羧酸铵受热脱水后生成酰胺。例如：

$$R-\overset{O}{\overset{||}{C}}-OH + NH_3 \longrightarrow R-\overset{O}{\overset{||}{C}}-ONH_4 \xrightarrow{\triangle} R-\overset{O}{\overset{||}{C}}-NH_2 + H_2O$$

羧酸铵　　　　　　　　酰胺

对氨基苯酚与乙酸作用，加热后脱水的产物是对羟基乙酰苯胺（"扑热息痛"药物）。

$$CH_3-\overset{O}{\overset{||}{C}}-OH + NH_2-\overset{}{\bigcirc}-OH \xrightarrow[\triangle]{-H_2O} CH_3-\overset{O}{\overset{||}{C}}-NH-\overset{}{\bigcirc}-OH$$

对羟基乙酰苯胺

3.α—氢原子的卤代反应

羧基是一个吸电子基团，使α—氢原子比分子中其他碳原子上的氢活泼，在少量红磷、碘或硫等作用下被氯或溴取代，生成α—卤代酸。

$$CH_3COOH \xrightarrow{Cl_2 \atop P} \underset{Cl}{CH_2COOH} \xrightarrow{Cl_2 \atop P} \underset{Cl}{\overset{Cl}{CHCOOH}} \xrightarrow{Cl_2} \underset{Cl}{\overset{Cl}{Cl-CCOOH}}$$

一氯乙酸　　　　　二氯乙酸　　　　　三氯乙酸

4. 脱羧反应

羧酸分子脱去羧基放出二氧化碳的反应叫作脱羧反应。饱和一元酸一般比较稳定，难于脱羧，但羧酸的碱金属盐与碱石灰共热，则发生脱羧反应。

$$CH_3COONa + NaOH \xrightarrow[\triangle]{CaO} CH_4 \uparrow + Na_2CO_3$$

此反应在实验室中用于少量甲烷的制备。

当羧酸分子中的α-碳原子上连有吸电子基时，受热容易脱羧。例如：

$$Cl_3CCOOH \xrightarrow{\triangle} CHCl_3 + CO_2$$

$$CH_3COCH_2COOH \xrightarrow{\triangle} CH_3COCH_3 + CO_2$$

β-丁酮酸

$$HOOCCH_2COOH \xrightarrow{\triangle} CH_3COOH + CO_2$$

五、重要的羧酸

1. 甲酸

甲酸是最简单的羧酸，俗称蚁酸，存在于蜂、蚁等动物体内和荨麻中，是无色、有强烈刺激性气味的液体，易溶于水，可溶于乙醇、乙醚等有机溶剂。甲酸有毒，酸性和腐蚀性较强，能刺激皮肤（肿痛），使用时应避免与皮肤接触。

2. 乙酸

乙酸俗称醋酸，是食醋的主要成分，一般食醋中含乙酸 6%～8%。乙酸为无色具有刺激性气味的液体，沸点 118℃，熔点 16.6℃。当室温低于 16.6℃时，无水乙酸很容易凝结成冰状固体，故常把无水乙酸称为冰醋酸。乙酸可与水、乙醇、乙醚混溶。

3. 苯甲酸

苯甲酸存在于安息香胶及其他一些树脂中，故俗称安息香酸。是白色晶体，熔点121.7℃，受热易升华，微溶于热水、乙醇和乙醚中。

苯甲酸的工业制法主要是甲苯氧化法和甲苯氯代水解法。

苯甲酸是重要的有机合成原料，可用于制备染料、香料、药物等。苯甲酸及其钠盐有杀菌防腐作用，所以常用作食品和药液的防腐剂。

4. 丁二酸

丁二酸存在于琥珀中，又称琥珀酸。它还广泛存在于多种植物及人和动物的组织中，例如未成熟的葡萄、甜菜，人的血液和肌肉中。丁二酸是无色晶体，能溶于水，微溶于乙醇、乙醚和丙酮中。

丁二酸在医药中有抗痉挛、祛痰和利尿作用。丁二酸受热失水生成的丁二酸酐是制造药物、染料和醇酸树脂的原料。

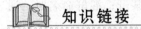 **知识链接**

反式脂肪酸与人体健康

根据化学键的饱和程度，脂肪酸分为饱和脂肪酸和不饱和脂肪酸。不饱和脂肪酸根据碳链上氢原子的位置，可分为顺式脂肪酸和反式脂肪酸。

食物中的不饱和脂肪酸多为顺式的，动物脂肪有一小部分是反式的。人们在用化学方法对油进行加工时，有时会通过氢化作用给不饱和脂肪酸加上氢原子，生成反式脂肪酸，如人造奶油。反式脂肪酸比较稳定，便于保存，其性质类似于饱和脂肪酸。

反式脂肪酸会引起下列问题：①婴儿体重不足；②母乳质量不佳；③精液制造异常；④男性睾酮分泌减少；⑤增加患心脏血管疾病的概率；⑥前列腺病变概率增加；⑦患癌症的概率增加；⑧患糖尿病的概率增加；⑨患肥胖症的概率增加；⑩免疫力不足和必需脂肪酸不足。反式脂肪酸还是动脉硬化潜在的原因之一。

此外，反式脂肪酸还会诱发肿瘤（乳腺癌等）、哮喘、II型糖尿病、过敏等疾病，对胎儿、青少年发育也有不利影响。为了身体健康，除了少吃含有反式脂肪酸的食物外，生活中人们还应养成良好的饮食习惯，做到膳食平衡，这样才能既保证身体所需的营养，又减少不健康物质的摄入。

第二节　羧酸衍生物

羧酸衍生物是羧基中的羟基被其他原子或基团［卤素—X、酰氧基 RCOO—（羧酸根）、烷氧基－OR′、氨基—NH_2］取代后的生成物，重要的羧酸衍生物有酰卤、酸酐、酯、酰胺。

一、羧酸衍生物的分类和命名

（1）酰卤

羧酸分子中的羟基被卤素取代后的化合物称为酰卤，通式为 $R-\overset{O}{\overset{\|}{C}}-X$ ，命名时在酰基后加卤素的名称即可。如：

$CH_3\overset{O}{\overset{\|}{C}}Cl$　　　　$CH_2=CH\overset{O}{\overset{\|}{C}}Cl$

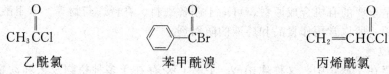

乙酰氯　　苯甲酰溴　　丙烯酰氯

（2）酸酐

羧酸分子中的羟基被酰氧基 RCOO—取代后的化合物称为酸酐，通式为 $R-\overset{O}{\overset{\|}{C}}-O-\overset{O}{\overset{\|}{C}}-R'$ ，酸酐可以看成是两个羧酸脱水而形成的，相同羧酸形成的酸酐称为单酐；不同羧酸形成的酸酐称为混酐。单酐命名时，称为某酸酐或某酐；混酐命名时，通常简单的羧酸写在前面，复杂的羧酸写在后面。如：

$CH_3\overset{O}{\overset{\|}{C}}O\overset{O}{\overset{\|}{C}}CH_3$　　　　$CH_3\overset{O}{\overset{\|}{C}}O\overset{O}{\overset{\|}{C}}CH_2CH_3$

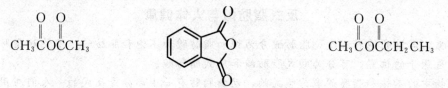

乙酸酐　　邻苯二甲酸酐　　乙丙酸酐

（3）羧酸分子中的羟基被烷氧基—OR′取代后的化合物称为酯，通式为 RCOOR′，以相应的酸和醇来命名，称为某酸某酯。如：

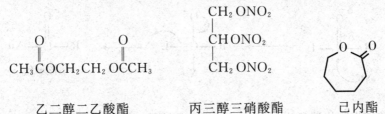

乙酸乙酯   乙酸丁酯   对甲氧基苯甲酸丙酯

一元羧酸和多元醇形成的酯，称为"某醇几某酸酯"。内酯命名时，选同时含有羧基和羟基的最长碳链为主链，从羧基开始编号，用内酯二字代替酸字并标明羟基的位置。

乙二醇二乙酸酯   丙三醇三硝酸酯   己内酯

（4）羧酸分子中的羟基被胺基—NHR′取代后的化合物称为酰胺，通式为 RCONHR′，以相应的酸和胺来命名，称为某酰胺。若氮上有取代基，在取代基名称前加"N"标出。如：

$$CH_3\overset{O}{\underset{\|}{C}}NH_2 \qquad \text{环己基}\overset{O}{\underset{\|}{C}}NH_2 \qquad \text{苯}\overset{O}{\underset{\|}{C}}NH_2$$

乙酰胺   环己基甲酰胺   苯甲酰胺

己内酰胺 $CH_3\overset{O}{\underset{\|}{C}}NHCH_2CH_3$ $H\overset{O}{\underset{\|}{C}}N(CH_3)_2$

己内酰胺   N-乙基乙酰胺   N，N-二甲基甲酰胺

二、物理性质

（1）状态

低级的酰卤和酸酐是具有刺激性气味的无色液体；低级的酯则是具有芳香气味的易挥发性无色液体；酰胺除甲酰胺和某些 N-取代酰胺外，由于分子内形成氢键，均是固体。

（2）沸点

酰卤、酸酐和酯分子间不能形成分子间氢键，所以沸点较相近分子量的酸低，与分子量相近的醛酮大体相近；酰胺的熔点和沸点均比相应的羧酸高。当酰胺氮原子上的氢原子被烃基取代后，分子间不能形成氢键，熔点和沸点都降低；一般情况下，酰氯和酯的熔点比较低，酰胺的熔点比较高，不同的酸酐的熔点变化是较大的。

（3）溶解性

低级的酰氯和酸酐遇水分解；低级的酰胺（如 N，N-二甲基甲酰胺）能与水混溶，是优良的非质子极性溶剂。随着相对分子质量增大，羧酸衍生物在水中溶解度逐渐降低。所有羧酸衍生物均能溶于乙醚、氯仿、丙酮、苯等有机溶剂。

三、化学性质

负电性的亲核试剂进攻正电性的酰基碳，发生亲核加成反应形成四面体负离子，接着发生消去反应，其结果是亲核试剂取代了 L 基团，这类反应称为亲核取代反应。亲核取代反应是羧酸衍生物一类重要的反应类型。

$$
\underset{\overset{\displaystyle \ddot{N}u}{}}{R-\overset{\overset{\displaystyle \delta^-\ O}{\|}}{\underset{\displaystyle \delta^+}{C}}-L} \longrightarrow \underset{\overset{\displaystyle Nu}{}}{R-\overset{\overset{\displaystyle O^-}{|}}{C}-L} \longrightarrow R-\overset{\overset{\displaystyle O}{\|}}{C}-Nu \quad 亲核取代
$$

（1）水解

四种羧酸衍生物均能发生水解，生成相应的羧酸。四种羧酸衍生物水解反应的活性不同，反应活性顺序是酰卤 > 酸酐 > 酯 > 酰胺。酰氯最容易水解，其次是酸酐，酰胺水解需要酸或碱的催化，并需要加热。

$$
R-\overset{\overset{\displaystyle O}{\|}}{C}-Cl + H_2O \longrightarrow R-\overset{\overset{\displaystyle O}{\|}}{C}-OH + HCl
$$

$$
R-\overset{\overset{\displaystyle O}{\|}}{C}-O-\overset{\overset{\displaystyle O}{\|}}{C}-R' + H_2O \overset{\triangle}{\longrightarrow} R-\overset{\overset{\displaystyle O}{\|}}{C}-OH + HCl
$$

$$
R-\overset{\overset{\displaystyle O}{\|}}{C}-OR' + H_2O \overset{NaOH}{\longrightarrow} R-\overset{\overset{\displaystyle O}{\|}}{C}-ONa + R'OH
$$

$$
R-\overset{\overset{\displaystyle O}{\|}}{C}-NH_2 + H_2O \quad\begin{array}{l} \overset{H^+}{\longrightarrow} R-\overset{\overset{\displaystyle O}{\|}}{C}-OH \\[2mm] \overset{OH^-}{\longrightarrow} R-\overset{\overset{\displaystyle O}{\|}}{C}-ONa \end{array}
$$

酯在酸性和碱性条件下均可发生水解，在酸性条件下，酯的水解是可逆的；在碱性条件下，酯的水解可以进行完全，此条件下酯的水解又称为皂化反应。

酰胺在酸性条件下水解得到羧酸和铵盐，碱性条件下得到羧酸盐并放出氨气。

（2）醇解

酰氯、酸酐和酯均可以和醇发生醇解反应，生成相应的酯。

$$
R-\overset{\overset{\displaystyle O}{\|}}{C}-Cl + R''OH \longrightarrow R-\overset{\overset{\displaystyle O}{\|}}{C}-OR'' + HCl
$$

$$
R-\overset{\overset{\displaystyle O}{\|}}{C}-O-\overset{\overset{\displaystyle O}{\|}}{C}-R' + R''OH \overset{\triangle}{\longrightarrow} R-\overset{\overset{\displaystyle O}{\|}}{C}-OR'' + R'COOH
$$

$$
R-\overset{\overset{\displaystyle O}{\|}}{C}-OR' + R''OH \longrightarrow R-\overset{\overset{\displaystyle O}{\|}}{C}-OR'' + R'COOH
$$

酰氯、酸酐的醇解反应容易进行，常用于制备通过酯化反应难以合成的酯。例如：

$$(CH_3CO)_2O + (CH_3)_3COH \longrightarrow CH_3COOC(CH_3)_3 + CH_3COOH$$

环酐醇解可得开链的酯酸，如不对称环酐，RO—进攻活性大的酰基碳，得到开链酯酸。

酯的醇解得到新的酯和新的醇，故又称为酯交换反应。酯交换反应常用于合成药物及其中间体，如局部麻醉药普鲁卡因的合成。

$$\underset{\substack{NH_2}}{\overset{COOEt}{\bigcirc}} \xrightarrow{HOCH_2CH_2NEt_2} \underset{\substack{NH_2}}{\overset{COOCH_2CH_2Et_2}{\bigcirc}} + EtOH$$

（3）氨（胺）解

酰氯、酸酐和酯均可以进行氨解反应，生成相应的酰胺。

$$R-\underset{\substack{\parallel\\O}}{C}-Cl + R''NH_2 \longrightarrow R-\underset{\substack{\parallel\\O}}{C}-NHR'' + NH_4Cl$$

$$R-\underset{\substack{\parallel\\O}}{C}-O-\underset{\substack{\parallel\\O}}{C}-R' + R''NH_2 \xrightarrow{\triangle} R-\underset{\substack{\parallel\\O}}{C}-NHR'' + R'COONH_4$$

$$R-\underset{\substack{\parallel\\O}}{C}-OR' + R''NH_2 \longrightarrow R-\underset{\substack{\parallel\\O}}{C}-NHR'' + R'OH$$

氨（胺）的亲核性强，故氨（胺）解比水解、醇解更容易发生。

酰卤和酸酐的氨解、醇解，均可以看作在醇或胺的分子中引入酰基的反应。这种在分子中引入酰基的反应称为酰基化反应，酰卤和酸酐常被称为酰基化试剂。酰基化反应在药物合成中应用广泛，乙酰基常作为保护基保护氨基在反应中不被破坏，亦可作为官能团引入到药物分子中，改善药物分子在体内的稳定性或脂溶性，进而影响药物在人体内的代谢。例如，对乙酰氨基酚的合成。

$$\underset{\substack{NH_2}}{\overset{OH}{\bigcirc}} + (CH_3CO)_2O \longrightarrow \underset{\substack{NHCOCH_3}}{\overset{OH}{\bigcirc}} + CH_3COOH$$

（4）异羟肟酸铁盐反应

除酰卤外，酸酐、酯和酰伯胺均能与羟胺反应成异羟肟酸，异羟肟酸与三氯化铁作用，得到红紫色的异羟肟酸铁盐。这一反应常用来鉴别酸酐、酯和酰胺，称为异羟肟酸铁盐反应。

$$\left.\begin{array}{l} R-\underset{\substack{\parallel\\O}}{C}-O-\underset{\substack{\parallel\\O}}{C}-R' \\ R-\underset{\substack{\parallel\\O}}{C}-OR' \\ R-\underset{\substack{\parallel\\O}}{C}-NH_2 \end{array}\right\} \xrightarrow{NH_2OH} \underset{\text{异羟肟酸}}{R-\underset{\substack{\parallel\\O}}{C}-NH-OH} \xrightarrow{FeCl_3} \underset{\text{红}\longrightarrow\text{紫}}{(R-\underset{\substack{\parallel\\O}}{C}-NHO)_3Fe}$$

四、重要的羧酸衍生物

1. 乙酰氯 $CH_3\overset{O}{\underset{\|}{C}}Cl$

乙酰氯为无色液体；沸点51℃，有刺激性臭气，能发烟，易燃；遇水或乙醇引起剧烈分解，在氯仿、乙醚、苯、石油醚或冰醋酸中溶解。乙酰氯是一种重要的有机合成中间体和乙酰化试剂。

2. 乙酸酐 $CH_3\overset{O}{\underset{\|}{C}}O\overset{O}{\underset{\|}{C}}CH_3$

无色透明液体，沸点139℃，有强烈的乙酸气味，味酸，有吸湿性，溶于氯仿和乙醚，缓慢地溶于水形成乙酸，与乙醇作用形成乙酸乙酯。乙酸酐是重要的乙酰化试剂，用于制造纤维素乙酸酯、乙酸塑料、不燃性电影胶片，在医药工业中也有非常重要的应用。

3. 乙酸乙酯 $CH_3\overset{O}{\underset{\|}{C}}OCH_2CH_3$

乙酸乙酯是无色透明液体，沸点77℃，低毒性，有甜味，浓度较高时有刺激性气味，易挥发，对空气敏感，能吸收水分，使其缓慢水解而呈酸性反应。能与氯仿、乙醇、丙酮和乙醚混溶，作为工业溶剂，用于涂料、粘合剂、乙基纤维素、人造革、油毡、着色剂、人造纤维等产品中。

4. N，N-二甲基甲酰胺 $H\overset{O}{\underset{\|}{C}}N(CH_3)_2$

无色、淡的氨气味的液体，沸点152.8℃，能和水及大部分有机溶剂互溶。主要用作工业溶剂，医药工业上用于生产维生素、激素，也用于制造杀虫剂。

5. 邻-苯二甲酸酐

邻-苯二甲酸酐是无色针状晶体，熔点为128℃，是一种常用的酰化剂。它与某些酚类反应，能生成一些显色的化合物，例如，酚酞、荧光素等。酚酞为无色固体，熔点为261℃，难溶于水而溶于乙醇，在医药上用作轻泻剂。由于酚酞在碱性溶液中呈紫红色，在酸性溶液中无色，故常作为酸碱滴定指示剂。荧光素在碱性溶液中呈橙色，并有绿色荧光。

 **本章小结**

知识点	知识内容归纳
羧酸及其衍生物的结构特点、分类、命名	羧酰卤、酸酐、酯和酰胺的结构和命名
羧酸及其衍生物的性质	酸性、酰卤、酸酐、酯和酰胺的水解、醇解、氨（胺）解、异羟肟酸铁盐反应

目标检测

1. 选择题。

(1) 羧酸的沸点比相对分子质量相近的烃高，甚至比醇还高。主要原因是由于（　　）。

　　(A) 分子极性　　(B) 酸性　　(C) 分子内氢键　　(D) 形成二缔合体

(2) 比较化合物乙酸（I）、乙醚（II）、苯酚（III）、碳酸（IV）的酸性大小是（　　）。

　　(A) I＞III＞II＞IV　　　　　　(B) I＞II＞IV＞III

　　(C) I＞IV＞III＞II　　　　　　(D) I＞III＞IV＞II

(3) 比较羧酸 HCOOH（I），CH_3COOH（II），$(CH_3)_2CHCOOH$（III），$(CH_3)_3CCOOH$（IV）的酸性大小（　　）。

　　(A) IV＞III＞II＞I　　　　　　(B) I＞II＞III＞IV

　　(C) II＞III＞IV＞I　　　　　　(D) I＞IV＞III＞II

2. 命名下列化合物或写出结构式。

(1) 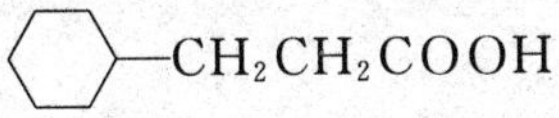 CH_2CH_2COOH

(2) $H-\overset{O}{\overset{\|}{C}}-N(Et)_2$

(3)

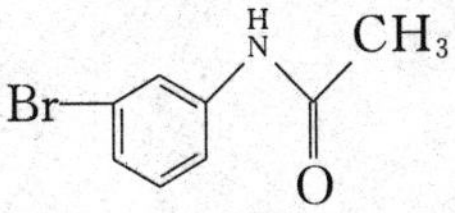

(4)

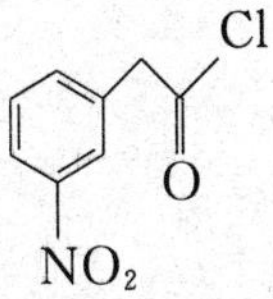

(5) $CH_3CH\!=\!CHCOOH$

(6) 3-甲基邻苯二甲酸酐

(7) 甲氨基甲酸苯酯

(8) 甲酸苄酯

(9) 乙酰乙酸乙酯

3. 完成下列反应方程式。

(1) $CH_3-\overset{O}{\overset{\|}{C}}-Cl$ ＋$CH_3CH_2CH_2OH$ $\longrightarrow$

(2) 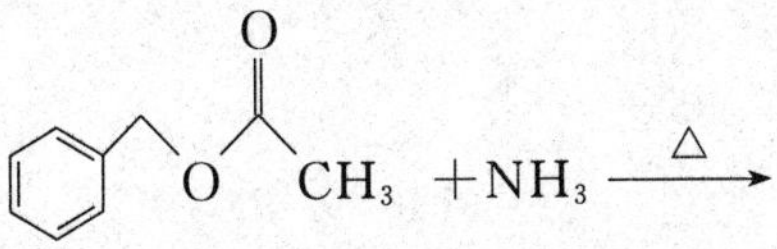 ＋NH_3 $\overset{\triangle}{\longrightarrow}$

(3) $(CH_3CO)_2O$＋ $\longrightarrow$

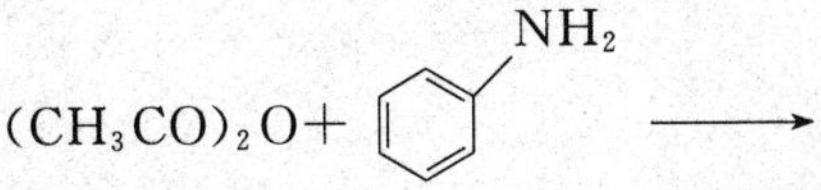

(4) 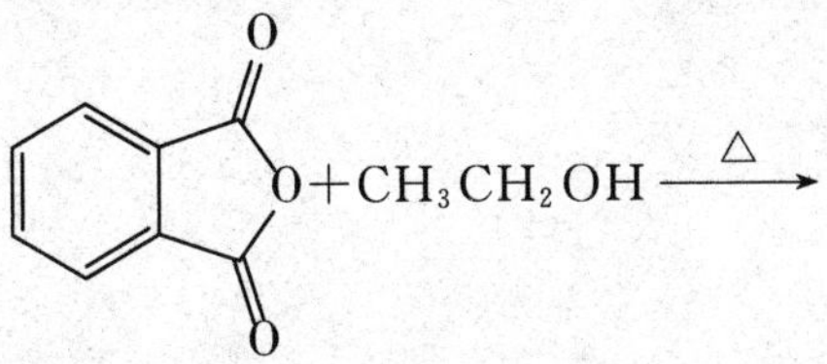 ＋CH_3CH_2OH $\overset{\triangle}{\longrightarrow}$

$$\text{(5)} \quad \underset{\underset{O}{\overset{\displaystyle CH_3}{\big|}}}{\underset{}{\overset{\displaystyle CH_3}{\big|}}} \text{C}_6\text{H}_5\text{O}-\text{CH}-\text{CH}_3 + \text{H}_2\text{O} \xrightarrow{\triangle}$$

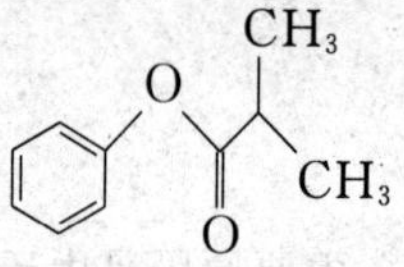

(5) $\text{C}_6\text{H}_5 - \text{O} - \overset{\overset{\displaystyle CH_3}{|}}{\underset{\underset{\displaystyle O}{\parallel}}{\text{C}}} - \overset{\displaystyle CH_3}{} + \text{H}_2\text{O} \xrightarrow{\triangle}$

(6) $\text{CH}_3 - \text{CH}_2 - \overset{\overset{\displaystyle O}{\parallel}}{\text{C}} - \text{Cl} + \text{CH}_3\text{CH}_2\text{NH}_2 \longrightarrow$

(7) $\text{CH}_3 - \overset{\overset{\displaystyle O}{\parallel}}{\text{C}} - \text{O} - \text{CH} = \text{CH}_2 + \text{H}_2\text{O} \underset{\triangle}{\overset{\text{H}^+}{\rightleftharpoons}}$

第十一章　对映异构

📖📖 学习目标

1. 了解手性分子产生旋光性的原因。
2. 掌握对映体构型的表示方法。
3. 熟悉分子绝对构型的表示方法。

第一节　物质的旋光性

按结构不同，同分异构现象分为两大类。一类是由于分子中原子或原子团的连接次序不同而产生的异构，称为构造异构。构造异构包括碳链异构、官能团异构、位置异构及互变异构等。另一类是由于分子中原子或原子团在空间的排列位置不同引起的异构，称为立体异构。立体异构包括顺反异构、对映异构和构象异构。

一、平面偏振光和物质的旋光性

光是一种电磁波，光在振动的方向与其前进的方向垂直。普通光的光波是在与前进方向垂直的平面内，以任何方向振动。如果使普通光通过一个尼科尔棱镜，那么只有和棱镜的晶轴平行振动的光才能通过。如果这个棱镜的晶轴是直立的，那么只有在这个垂直平面上振动的光才能通过，这种只在一个方向上振动的光称为平面偏振光，简称偏振光。

当偏振光通过葡萄糖或乳酸等物质时，偏振光的振动方向会发生旋转。物质使偏振光振动平面方向发生旋转的性质称为旋光性。具有旋光性的物质称为旋光性物质，或光活性物质。旋光性物质使偏振光的振动方向旋转的角度称为旋光度，用 α 表示。如果从面对光线入射方向观察，使偏振光的振动方向为顺时针旋转的物质称为右旋体，用"（＋）"表示；使偏振光的振动方向逆时针旋转的物质称为左旋体，用"（－）"表示。

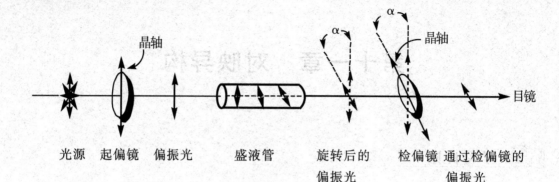

图 11-1　偏振光的产生与旋转

旋光物质的旋光度及旋光方向可用旋光仪测定。

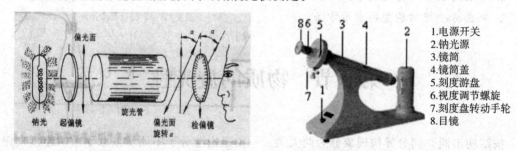

1.电源开关
2.钠光源
3.镜筒
4.镜筒盖
5.刻度游盘
6.视度调节螺旋
7.刻度盘转动手轮
8.目镜

图 11-2　旋光仪的构造示意图

二、旋光度和比旋光度

旋光性物质的旋光度和旋光方向可用旋光仪来测定。

旋光度的大小和方向，不仅取决于旋光性物质的结构和性质，而且与测定时溶液的浓度（或纯液体的密度）、盛液管的长度、溶剂的性质、温度和光波的波长等有关。一定温度、一定波长的入射光，通过一个 1 分米长盛满浓度为 1g/mL 旋光性物质的盛液管时所测得的旋光度，称为比旋光度，用 $[\alpha]_\lambda^t$ 表示。所以比旋光度可用下式求得：

$$[\alpha]_\lambda^t = \frac{\alpha}{C \times L}$$

式中，c 是旋光性物质溶液的浓度（单位：g/mL），即 1mL 溶液里所含物质的克数；L 为盛液管的长度（单位：dm），分米。在一定的条件下，旋光性物质的比旋光度是一个物理常数。λ——测定时光源的波长，用钠光灯做光源时，用 D 表示。t——测定时的温度。

测定旋光度，可计算出比旋光度，从而鉴定未知的旋光性物质。例如，某物质的水溶液浓度为 5g/100mL，在 1 分米长的盛液管内，温度为 20℃，光源为钠光，用旋光仪测出旋光度为 $-4.64°$。按照上面的公式，此物质的比旋光度应为：

$$[\alpha]_D^{20} = \frac{\alpha}{c \cdot L} = \frac{-4.64°}{\frac{5}{100} \times 1} = -92.8°$$

第二节 旋光性和分子结构的关系

一、分子的手性与对映异构

有些物质具有旋光性，而有些物质没有旋光性。那么，什么样的物质会有旋光性呢？事实表明，凡是具有手性的物质一般都具有旋光性。例如，从肌肉得到的乳酸是右旋乳酸，而从葡萄糖发酵得到的乳酸是左旋乳酸，这两种乳酸分子的构型如图11-3所示。

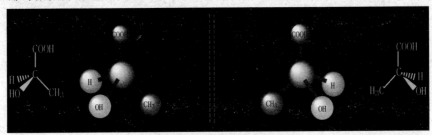

图11-3 乳酸分子模型

这两种乳酸分子，就好像人的左手和右手一样，虽然分子构造相同，却不能重叠，如果把其中一个分子看成实物，则另一个分子恰好是它的镜像。这种与其镜像不能重叠的分子，叫作手性分子。

凡是手性分子，必有互为镜像关系的两种构型，如左旋乳酸和右旋乳酸。这种互为镜像关系的构型异构叫作对映异构体。

二、对称因素

判断一个化合物是不是手性分子，一般可以考查它是否有对称面或对称中心等对称因素。

1. 对称面

假设有一个平面，它可以把分子分割成互为镜像的两半，这个平面就叫作对称面。例如1,1-二溴乙烷和 E-1,2-二氯乙烯的分子中各自存在着一个对称面，如图11-4所示。

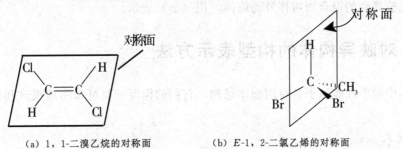

（a）1,1-二溴乙烷的对称面 　　（b）E-1,2-二氯乙烯的对称面

图11-4 分子的对称面

由此可知，二者不是手性分子。

2. 对称中心

当假想分子中有一个点与分子中的任何一个原子或基团相连线后，在其连线反方向延长线的等距离处遇到一个相同的原子或基团，这个假想点即为该分子的对称中心。图 11-5 中箭头所指处即为分子的对称中心，因此它们也不是手性分子。

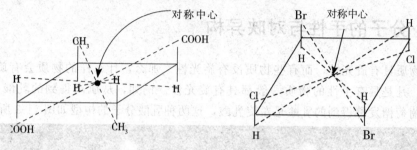

图 11-5　分子的对称中心

凡具有对称面或对称中心任何一种对称因素的分子，称为对称分子，是非手性分子；凡不具有任何对称因素的分子，称为不对称分子或手性分子。

3. 手性碳原子

连有四个不同的原子或基团的饱和碳原子，叫作手性碳原子，通常用 C* 表示。只含有一个手性碳原子的分子没有任何对称因素，所以是手性分子。

判断一个化合物是否有旋光性，则要看该化合物是否是手性分子。如果是手性分子，则该化合物一定有旋光性。如果是非手性分子，则没有旋光性。

第三节　含有手性碳原子化合物的对映异构

乳酸是只含一个手性碳原子的化合物。乳酸有两种不同的空间构型。它们是一对对映异构体，简称对映体。对映体中一个是右旋物质，称为右旋体；另一个是左旋物质，称为左旋体。若将左旋体和右旋体等量混合，用旋光仪测其无旋光性。由等量的左旋体和右旋体组成的无旋光性的混合物叫作外消旋体，用（±）表示。

一、对映异构体的构型表示方法

对映体中的手性碳原子具有四面体结构，它们的构型一般可采用透视式和费歇尔投影式表示。

1. 透视式

透视式是将手性碳原子置于纸平面，与手性碳原子相连的四个键，有三种不同的表示法：用细实线表示处于纸平面，用楔形实线表示伸向纸面前方，用楔形虚线表示伸向纸面后方。例如，乳酸分子的一对对映体可表示如下：

这种表示方法比较直观，但书写麻烦。

2. 费歇尔投影式

费歇尔投影式是利用分子模型在纸面上投影得到的表达式，其投影原则如下：

①以手性碳原子为投影中心，画十字线，十字线的交叉点代表手性碳原子。

②一般把分子中的碳链放在竖线上，且把氧化态较高的碳原子（或命名时编号最小的碳原子）放在上端，其他两个原子或基团放在横线上。

③竖线上的两个原子或基团表示指向纸面的后方，横线上的两个原子或基团表示指向纸面的前方。

例如，乳酸分子的一对对映体用模型和费歇尔投影式分别表示如下：

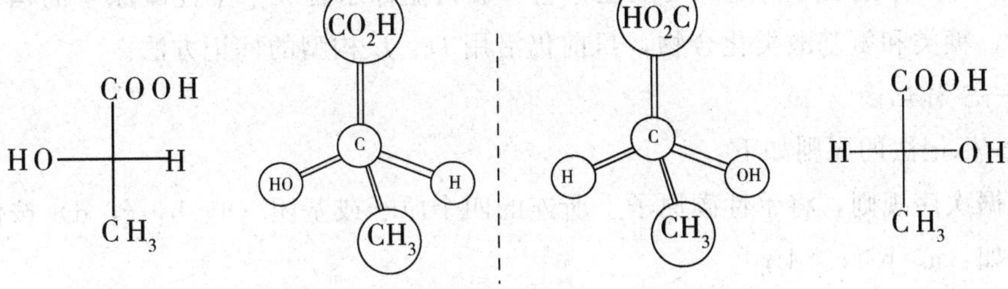

乳酸分子的一对对映体的透视式和费歇尔投影式的对比如下：

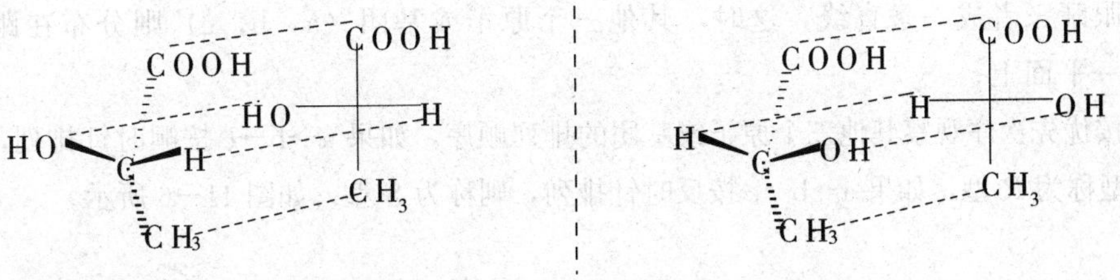

使用费歇尔投影式应注意以下几点：

a. 由于费歇尔投影式是用平面结构来表示分子的立体构型，所以在书写费歇尔投影式时，必须将模型按规定的方式投影，不能随意改变投影原则（即横前竖后，交叉点为手性碳原子）；

b. 费歇尔投影式不能离开纸面翻转，否则构型改变；

c. 费歇尔投影式可在纸面内旋转 $180°$ 或它的整数倍，其构型不会改变；若旋转 $90°$ 或它的奇数倍，其构型改变。

二、手性碳原子的构型的命名

构型的标记方法，一般采用 $D-L$ 标记法和 $R-S$ 标记法。

1. $D-L$ 标记法

在 X——H 型的旋光异构体中，按系统命名原则，将其主链竖向排列，以氧化态较高的碳原子（或命名中编号最小的碳原子）放在上方，写出费歇尔投影式。取代基（X）在碳链右边的为 D 型，在左边的为 L 型。例如：

$$
\begin{array}{cccc}
\text{COOH} & \text{COOH} & \text{CHO} & \text{CHO} \\
\text{HO} - \!\!\!- \text{H} & \text{H} - \!\!\!- \text{OH} & \text{HO} - \!\!\!- \text{H} & \text{H} - \!\!\!- \text{OH} \\
\text{CH}_2\text{OH} & \text{CH}_2\text{OH} & \text{CH}_2\text{OH} & \text{CH}_2\text{OH}
\end{array}
$$

L-(+)-甘油酸　　　D-(-)-甘油酸　　　L-(+)-甘油醛　　　D-(-)-甘油醛

D、L 构型标记法有一定的局限性，它一般只能标示含一个手性碳原子的构型，由于长期习惯，糖类和氨基酸类化合物，目前仍沿用 D、L 构型的标记方法。

2. $R-S$ 标记法

$R-S$ 标记法的原则如下：

①根据次序规则，将手性碳原子上所连的四个原子或基团（a，b，c，d）按优先次序排列。假如：a＞b＞c＞d；

②将次序最小的原子或基团（d）放在距离观察者视线最远处，并令其（d）和手性碳原子及眼睛三者成一条直线，这时，其他三个原子或基团（a，b，c）则分布在距眼睛最近的同一平面上；

③按优先次序观察其他三个原子或基团的排列顺序，如果 a→b→c 按顺时针排列，该化合物的构型称为 R 型，如果 a→b→c 按反时针排列，则称为 S 型。如图 11-6 所示。

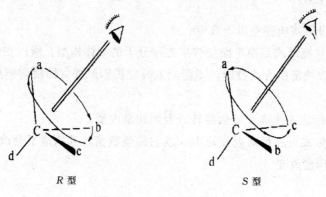

R 型　　　　　　　　S 型

图 11-6　R-S 标记法

当化合物的构型以费歇尔投影式表示时，确定构型的方法是：当优先次序中最小原子或基团处于投影式的竖线上时，如果其他三个原子或基团按顺时针由大到小排列，该化合物的构型是 R 型；如果按反时针排列，则是 S 型。例如：

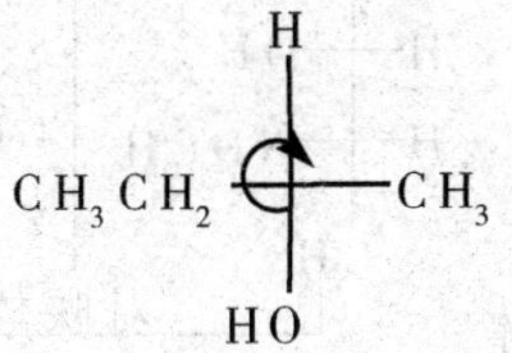

R-2-丁醇 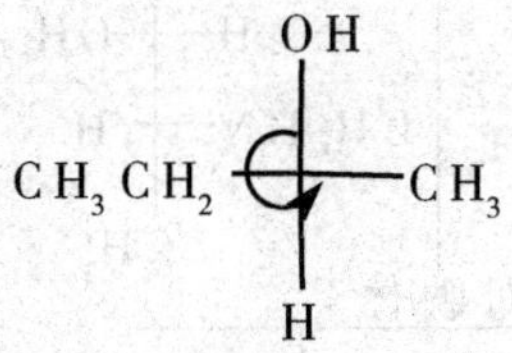　　　　　　　　S-2-丁醇

当优先次序中最小的原子或基团处于投影式的横线上时，如果其他三个原子或基团按顺时针由大到小排列，该化合物的构型是 S 型；如果按反时针排列，则是 R 型。例如：

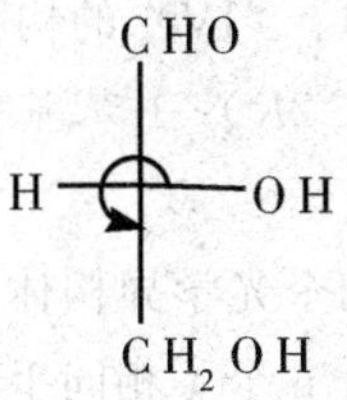

R-甘油醛 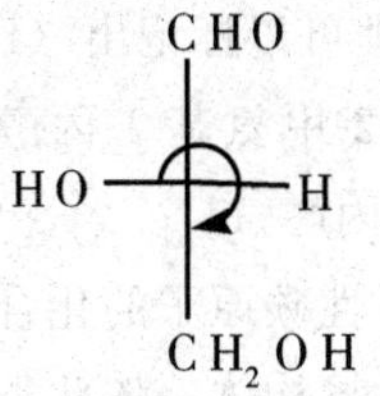　　　　　　S-甘油醛

需要注意的是，D、L 构型和 R、S 构型之间并没有必然的对应关系。例如 D-甘油醛和 D-2-溴甘油醛，如用 R、S 标记法，前者为 R 构型，后者却为 S 构型。

此外，化合物的构型和旋光方向也没有内在的联系，例如，D-（＋）-甘油醛和 D-（－）-乳酸。因构型和旋光方向是两个不同的概念。构型是表示手性碳原子上四个不同的原子或原子团在空间的排列方式，而旋光方向是指旋光物质使偏振光振动方向旋转的方向。

三、含两个手性碳原子化合物的对映异构

1. 含两个不相同手性碳原子的化合物

含两个手性碳原子的光学异构的构型，通常是用 R、S 构型标记方法，分别表示出手性碳原子的构型。对于费歇尔投影式，可直接按 a→b→c 画圆方向，标示手性碳原子的 R、S 构型。例如：

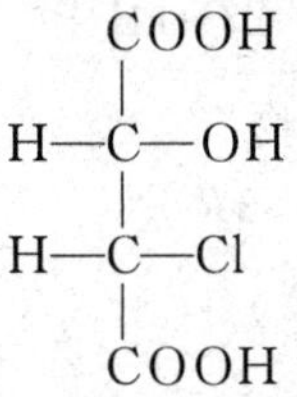

（2R，3S） 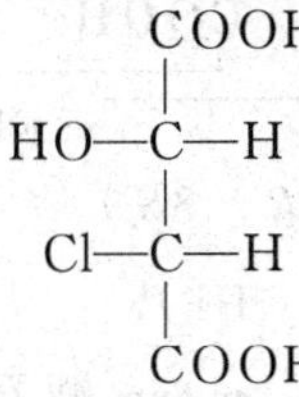　　　　（2S，3R） 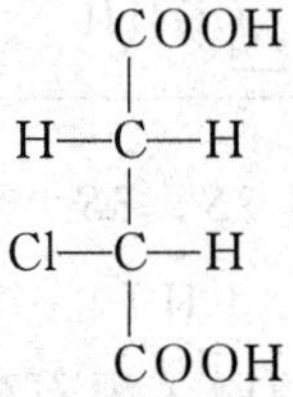　　　　（2S，3S） 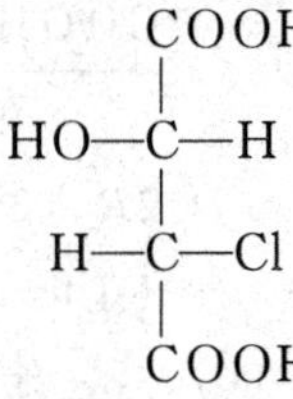　　　　（2R，3R）

又如麻黄碱和伪麻黄碱分子中含有两个不相同的手性碳原子，它具有四个构型异构体，用费歇尔投影式表示如下：

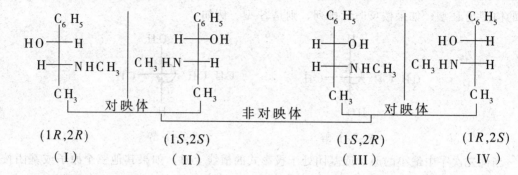

这些异构体的构型用 $R-S$ 标记法来标记，（I）的系统名称可称为（$1R$，$2R$）-1-苯基-2-甲氨基-1-丙醇。同理可以标记出（II）、（III）、（IV）的构型，它们的系统名称分别是：（$1S$，$2S$）-1-苯基-2-甲氨基-1-丙醇、（$1S$，$2R$）-1-苯基-2-甲氨基-1-丙醇、（$1R$，$2S$）-1-苯基-2-甲氨基-1-丙醇。

由上可知，含一个手性碳原子的化合物，有两个光学异构体；含两个不相同手性碳原子的化合物，有 4 个光学异构体。依此类推，含有 n 个不相同手性碳原子化合物的光学异构体的数目应为 2^n 个，组成对映体的数目则有 2^{n-1} 对。

2. 含两个相同手性碳原子的化合物

2，3-二羟基丁二酸（酒石酸），因第三碳原子和第二碳原子上连接的 4 个原子或基团相同，所以其是含两个相同手性碳原子的化合物。它和含两个不相同手性碳原子的四碳糖不同，只有三种构型。因其中赤型特征的分子，有对称面和对称中心，这两个手性碳原子所连接基团相同，但构型正好相反，因而它们引起的旋光度大小相等，方向相反，恰好在分子内部抵消，所以不显旋光性。像这种分子中虽有手性碳原子，但因有对称因素而使旋光性在内部抵消，成为不旋光的物质，称为内消旋体。通常以 meso 或 i 表示。内消旋体和对映体的纯左旋体或右旋体互为非对映体，所以内消旋体和左旋体或右旋体，除旋光性不同外，其他物理性质和化学性质都不相同。

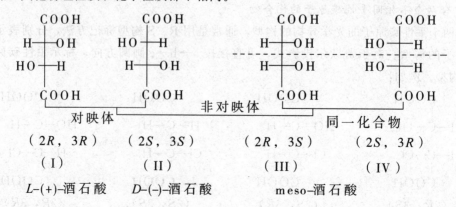

由此可见，分子中有无手性碳原子不是判断分子有无旋光性的绝对依据。分子有旋光性的绝对依据是其具有手性。有些化合物，虽然不含有手性碳原子，但由于它有手性，也可以是光学活性物质。

内消旋体和外消旋体是两个不同的概念。虽然两者都不显旋光性，但前者是纯净化合物，后者是等量对映体的混合物，它可以用化学方法或其他方法分离成纯净的左旋体和右旋体。

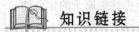 **知识链接**

手性药物

药物分子中存在手性中心时产生光学对映异构，只含单一对映体的药物称为手性药物。对映体的光学差异表现在生理作用差异显著。由于体内的酶、受体等生物大分子对对映体具有不同程度的立体选择性，对映体结合的受体不同或与受体的结合程度不同均可导致药效上的差别很大。许多药物的一对对映体常表现出不同的药理作用，往往一种构型体具有较高的治病药效，而另一种构型体却有较弱或不具有同样的药效，甚至具有致毒作用。

例如在 20 世纪五六十年代，曾因人们对对映异构体的药理作用认识不足，造成孕妇服用外消旋的镇静剂"反应停"后，产生了畸胎事件。后经研究发现，"反应停"的 S-构型体具有镇静作用，能缓解孕期妇女恶心、呕吐等妊娠反应；而 R-构型体非但没有这种功能，反而能导致胎儿畸形。左旋氯霉素有抗菌的作用，而其对映体右旋氯霉素没有此疗效。抗菌药左氧氟沙星的抗菌活性是其外消旋体氧氟沙星的 2 倍。抗帕金森症药物左旋多巴在体内经酶催化脱羧转化为多巴胺而具有生物活性。如果使用消旋体，右旋体因不能在体内经脱羧酶代谢而积蓄中毒，引起粒细胞减少。目前人们开始对手性药物引起了高度的重视，并相继开发研制出大量的手性药物。

阿斯巴甜是目前比较常用的甜味剂，其甜蜜程度是蔗糖的几百倍。分子中有两个手性碳，其中 (S, S) 构型是甜味的，而其对映体 (R, R) 构型是苦味的。所以食品中所用的是将其拆分开的 (S, S) 构型异构体。

本章小结

知识点	知识内容归纳
对映异构的概念	手性碳原子、手性分子；对映异构体，外消旋体、内消旋体

对映异构体表示	费歇尔投影式书写
对映异构的命名	$D-L$ 命名法和 $R-S$ 命名法
对映异构体的特性	旋光性、手性
对映异构体的类型数目	含一个手性碳原子的化合物、两个或多个手性碳原子的化合物

目标检测

1. 判断下列化合物中有无手性碳原子，若有，用 ＊ 标出。

(1) 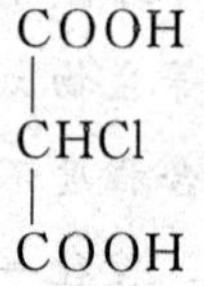 $\begin{array}{c} COOH \\ CHCl \\ COOH \end{array}$ (2) 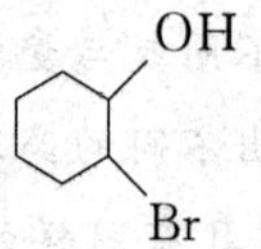   (3) 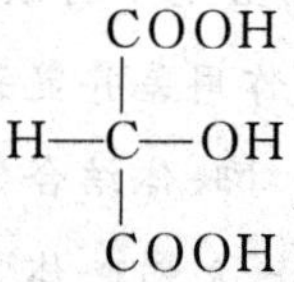 $\begin{array}{c} COOH \\ H-C-OH \\ COOH \end{array}$ (4)

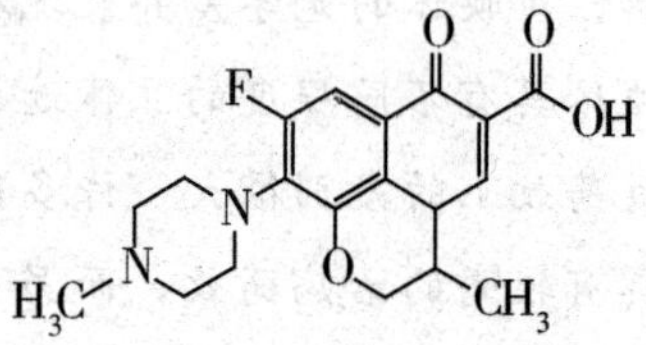

(5)

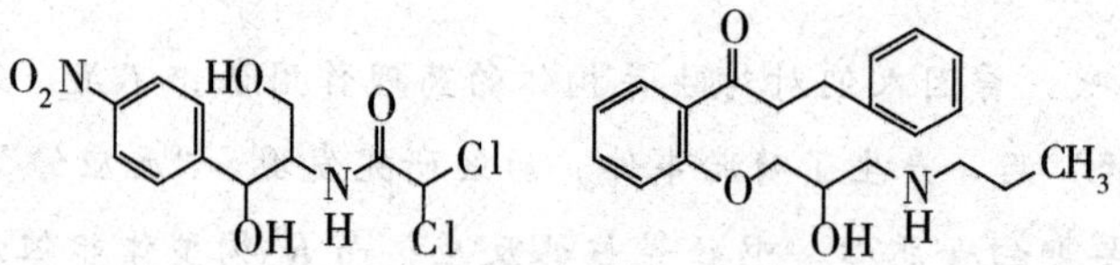

2. 指出下列构型是 R 型 S 型。

(1) 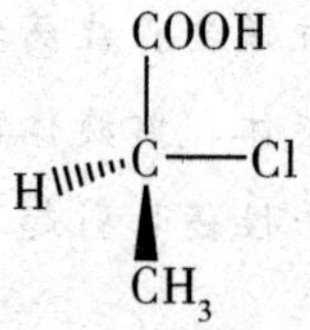 (2) 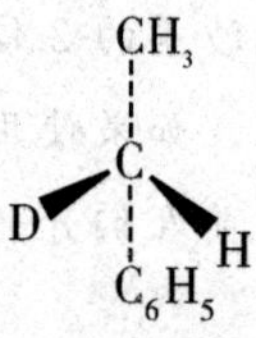 (3) 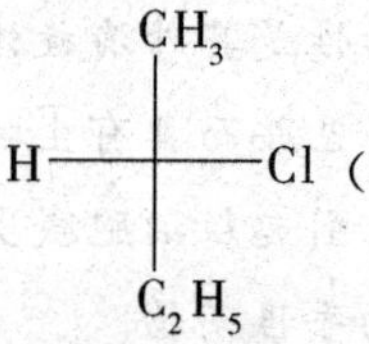 (4)

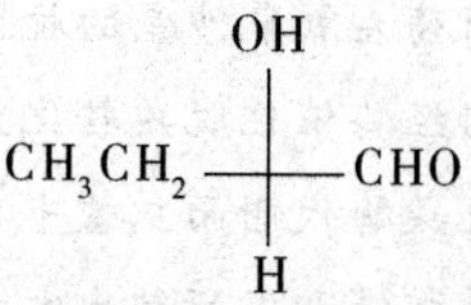

3. 用费歇尔投影式画出下列化合物的结构式。

(1)（R）-2-丁醇   (2)（S）-2-溴丁酸

(3) 内消旋酒石酸 (4)（$3R$，$4R$）-3，4-二硝基己烷

4. 下列各组化合物哪些为对映体、非对映体、同一化合物或内消旋体，请指出。

(1) 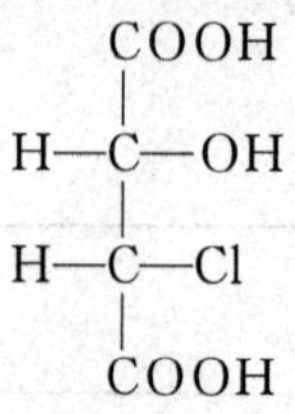 $\begin{array}{c} COOH \\ H-C-OH \\ H-C-Cl \\ COOH \end{array}$ 与 $\begin{array}{c} COOH \\ HO-C-H \\ Cl-C-H \\ COOH \end{array}$ (2) 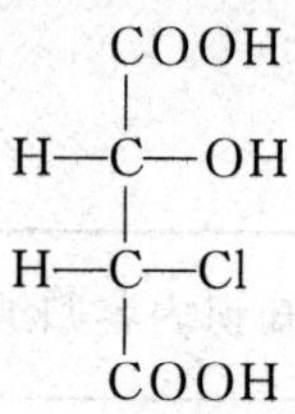 $\begin{array}{c} COOH \\ H-C-OH \\ H-C-Cl \\ COOH \end{array}$ 与 $\begin{array}{c} COOH \\ H-C-OH \\ Cl-C-H \\ COOH \end{array}$

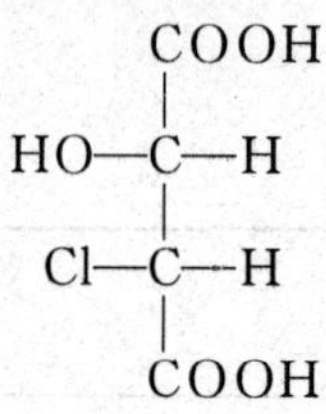

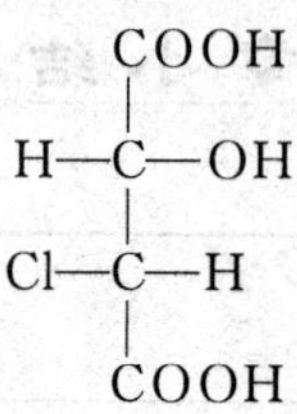

$$
\begin{array}{ccc}
\text{COOH} & \text{COOH} & \text{COOH} & \text{COOH} \\
\text{H—C—OH} & \text{HO—C—H} & \text{H—C—OH} & \text{HO—C—H} \\
\text{HO—C—H} & \text{H—C—OH} & \text{H—C—OH} & \text{HO—C—H} \\
\text{COOH} & \text{COOH} & \text{COOH} & \text{COOH}
\end{array}
$$

(3) 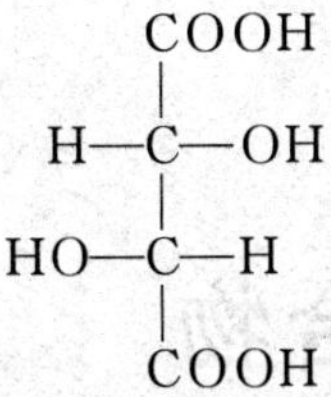 　　　　　与 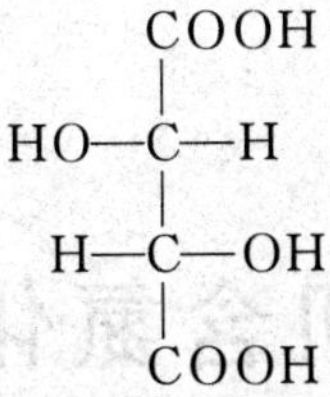　　　　　　(4) 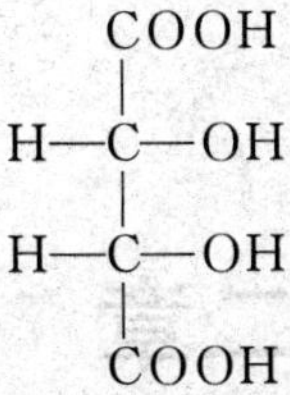 　　　　　与

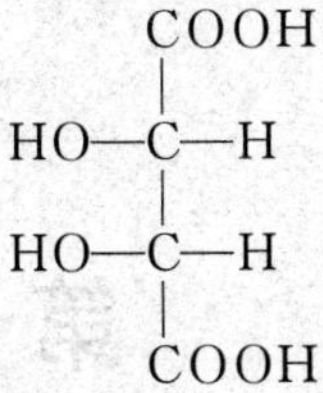

第十二章　有机含氮化合物

1. 掌握芳香族硝基化合物和胺的命名、制法和性质。
2. 理解硝基对苯环邻对位取代基（X、OH）性质的影响以及胺的碱性强弱的因素。
3. 了解区别伯、仲、叔胺的方法及氨基保护在有机合成中的应用。

分子中含有氮元素的有机化合物统称为含氮化合物，可看作烃类分子中的一或几个氢原子被各种含氮原子的官能团取代的生成物。含氮化合物的类型很多，主要有如下类型的化合物：

（1）硝基化合物：烃分子中的氢原子被—NO_2 取代而成的化合物，其通式为 R—NO_2 或 Ar—NO_2，如硝基甲烷、硝基苯等。

（2）胺：氨分子中的部分或全部氢原子被烃基取代而成的化合物称为胺，根据分子中氮原子上所连烃基的数目，可分为伯、仲和叔胺；根据分子中氨基的数目，可分为一元胺、二元胺和多元胺。根据烃基的种类，可分为脂肪胺和芳香胺等。

（3）烯胺：氨基直接与双键碳原子相连（也称 α，β-不饱和胺）。烯胺分子中氮原子上有氢分子时，容易转变为亚胺；若烯胺分子中氮原子上的两个氢都被烃基取代，则是稳定的化合物，在合成上很有用途。

（4）重氮化合物和重氮盐：重氮化合物是分子中含有重氮基（$-\overset{+}{N}\equiv N$）的化合物。脂肪族重氮化合物的通式为 $R_2C=N_2$，如重氮甲烷 $CH_2=N\equiv N$；芳香族重氮化合物符合 Ar—N=N—X，如苯基重氮酸 C_6H_5—N=N—OH。重氮盐是重氮化合物的一类，以芳香族重氮盐较为重要，可用通式 $ArN^+\equiv NX^-$ 表示，如氯化重氮苯 $C_6H_5N_2{}^+Cl^-$ 等。

（5）偶氮化合物：分子中含有偶氮基—N=N—，并与两个烃基相连的化合物，通式为 R—N=N—R_1，如偶氮苯 C_6H_5—N=N—C_6H_5。

（6）叠氮化合物：叠氮化合物的通式为 RN_3，纯粹的叠氮化合物，特别是烷基叠氮化合物容易爆炸，但却是有用的合成中间体。

（7）肟、腙、缩氨脲和脎：醛或酮与羟胺作用生成的具有 >C=N—OH 结构的化合物称为肟，如乙醛肟 $CH_3CH=N$—OH；醛或酮与肼（或取代肼）作用生成的具有 >C=N—NH_2 结构的化合物称为腙，如丙酮苯腙 $(CH_3)_2C=N$—NHC_6H_5；缩氨脲为醛或酮与氨基脲作用生成的具有 >C=N—$NHCONH_2$ 结构的化合物，如甲醛缩氨脲 HCH=N—$NHCONH_2$ 等。脎是 α-羟基醛、α-羟基酮或 α-二酮与苯肼作用而生成的衍生物，如丁二酮脎。

（8）季铵盐和季铵碱：铵盐分子中四个氢分子都被烃基取代，则生成季铵盐，通式为 $R_4N^+Cl^-$（R 是四个相同或不相同的烃基，X 为卤原子或其他酸根，如氯化四甲基铵 $(CH_3)_4N^+Cl^-$ 等；季铵碱是具有通式 $R_4N^+OH^-$ 的化合物（R 是四个相同或不相同的烃基），如氢氧化四甲基铵 $(CH_3)_4N^+OH^-$ 等。

第一节　硝基化合物

分子中含有硝基（—NO_2）的化合物称为硝基化合物，可以看作烃分子中的氢原子被 —NO_2 取代而成的化合物，其通式为 R—NO_2 或 Ar—NO_2，如硝基甲烷、硝基苯等。

一、硝基化合物的分类命名和结构

1. 分类

按烃基的不同，硝基化合物可分为：脂肪族硝基化合物（RNO_2），例如：CH_3NO_2硝基甲烷、$CH_3CH_2NO_2$硝基乙烷。芳香族硝基化合物（Ar—NO_2），例如：

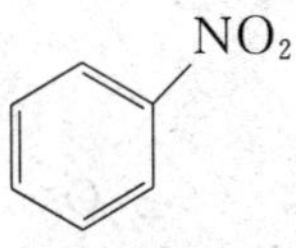

硝基苯 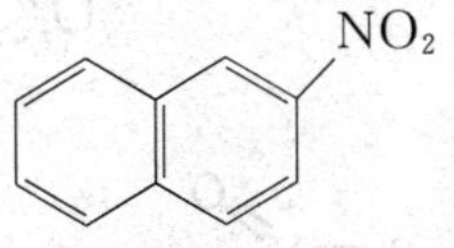　　　　　　β-硝基萘

根据硝基所连碳原子的不同，硝基化合物可分为：

伯硝基化合物，例如：$CH_3CH_2NO_2$　　　　硝基乙烷

仲硝基化合物，例如：$CH_3CH(NO_2)CH_3$　　2-硝基丙烷

叔硝化化合物，例如：

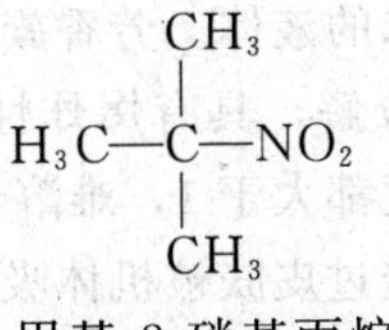

2-甲基-2-硝基丙烷

根据硝基的个数，硝基化合物可分为：

一元硝基化合物，例如：$CH_3CH_2NO_2$　　　　硝基乙烷

多元硝基化合物，例如：$NO_2CH_2CH_2NO_2$　　二硝基乙烷

2. 命名

硝基化合物是以烃为母体，硝基作为取代基，例如：

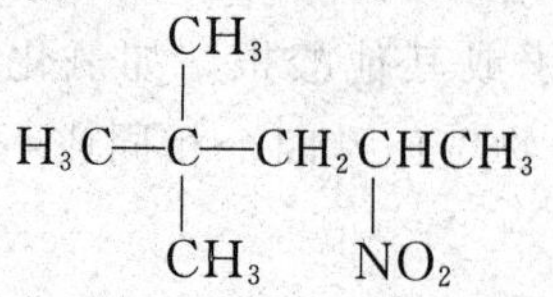

2，2-二甲基-4-硝基戊烷 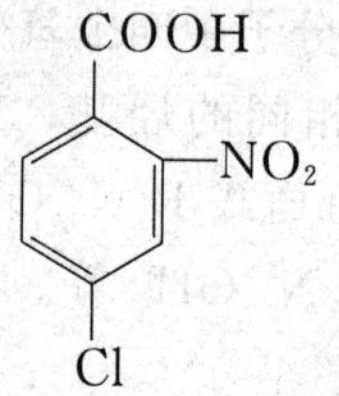　　2-硝基-4-氯苯甲酸 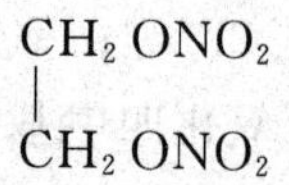　二硝酸乙二酯

3. 硝基的结构

根据硝基化合物具有较高的偶极矩，键长测定两个氧原子和氮原子之间的距离相等，从价键理论观点看，氮原子的 sp^2 杂化轨道形成三个共平面的 σ 键，未参加杂化的一对电子的 p 轨道与每个氧原子的 p 轨道形成共轭体系，因此，硝基化合物的分子结构一般表示

为 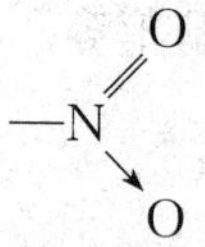 （由一个 N＝O 和一个 N→O 配位键组成）。物理测试表明，两个 N—O 键键长相等，这说明硝基是一个 p-π 共轭体系（N 原子是以 sp^2 杂化成键的，其结构表示如下：

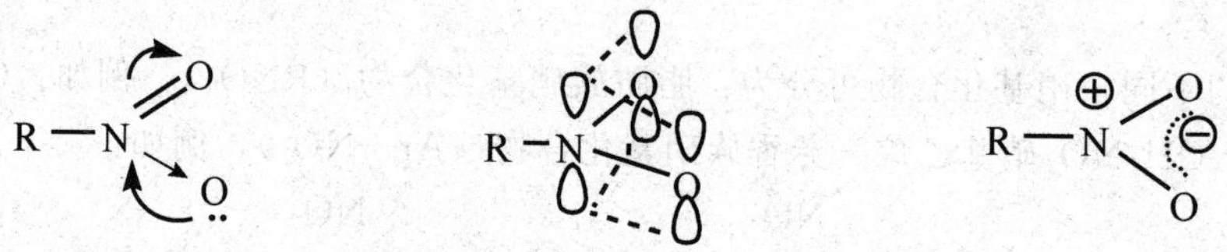

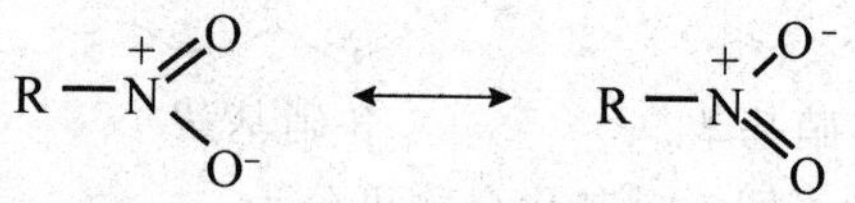

二、硝基化合物的物理性质

脂肪族硝基化合物是无色有香味的液体。芳香族硝基化合物少数为无色或淡黄色液体或黄色固体。多硝基化合物受热易分解，具有爆炸性（如 2，4，6-三硝基甲苯），有的具有强烈香味。硝基化合物的相对密度都大于 1，难溶于水，易溶于有机溶剂。芳香硝基化合物一般都具有毒性，它的蒸气能透过皮肤被机体吸收而引起中毒，使用时应注意防护。

三、硝基化合物的化学性质

1. α-H 的反应

（1）酸性

硝基为强吸电子基，能活泼 α-H，所以有 α-H 的硝基化合物能产生假酸式-酸式互变异构，从而具有一定的酸性。例如硝基甲烷、硝基乙烷、硝基丙烷的 pK_a 值分别为：10.2、8.5、7.8。

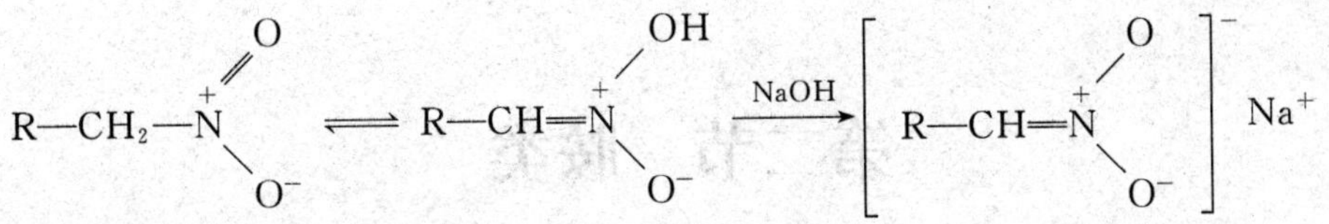

假酸式（主）　　　酸式（少）

（2）与羰基化合物缩合

有 α-H 的硝基化合物在碱性条件下能与某些羰基化合物发生缩合反应。

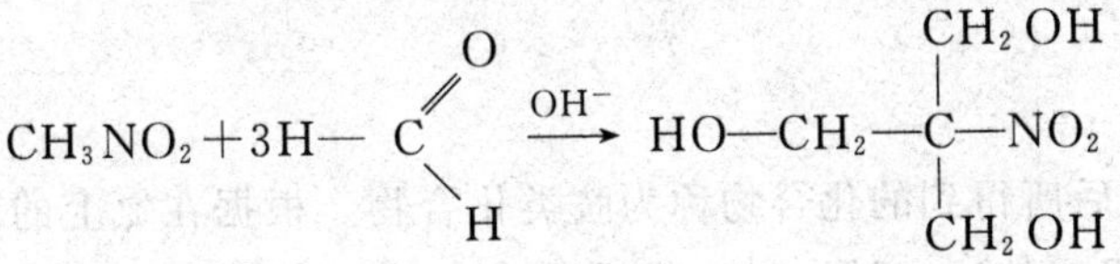

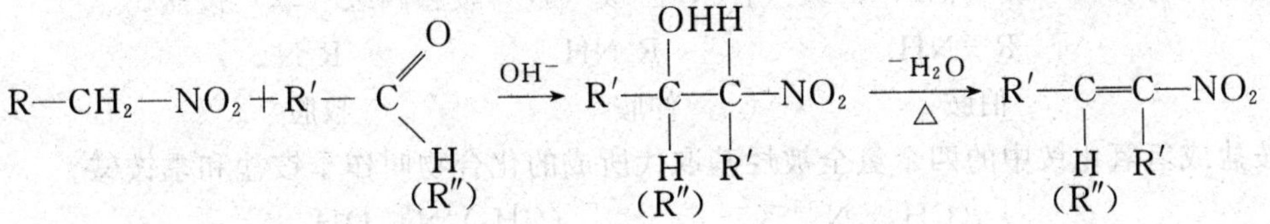

其缩合过程是：硝基烷在碱的作用下脱去 α-H 形成碳负离子，碳负离子再与羰基化合物发生缩合反应。

2. 硝基对苯环邻、对位上取代基反应活性的影响

硝基同苯环相连后，对苯环呈现出强的吸电子诱导效应和吸电子共轭效应，使苯环上的电子云密度大为降低，亲电取代反应变得困难，但硝基可使邻位基团的反应活性（亲核取代）增加。如能够使卤苯易水解、氨解、烷基化。

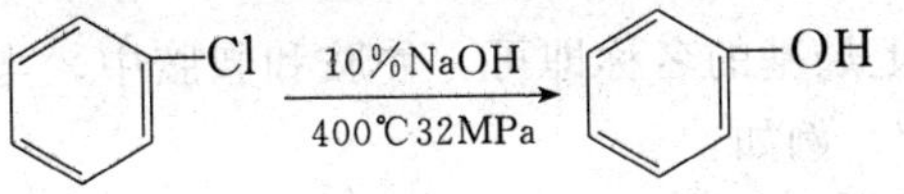

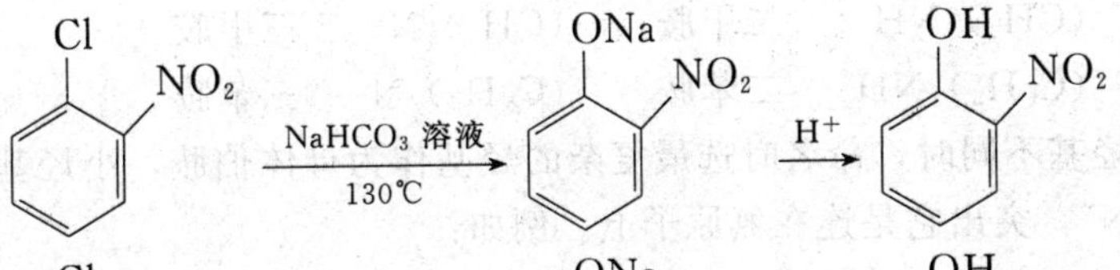

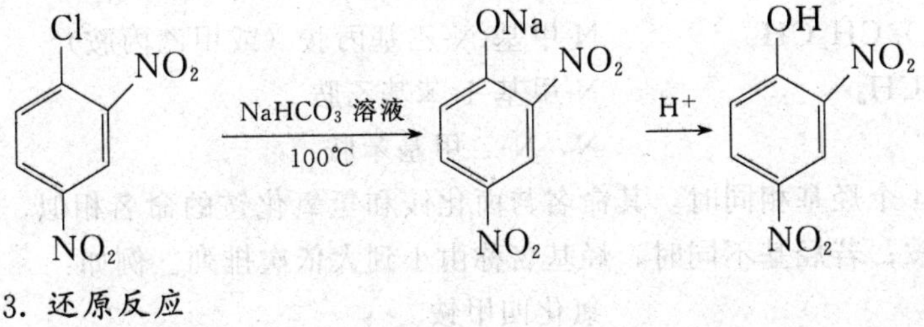

3. 还原反应

硝基化合物可在酸性还原系统中（Fe、Zn 和盐酸）或催化氢化为胺。

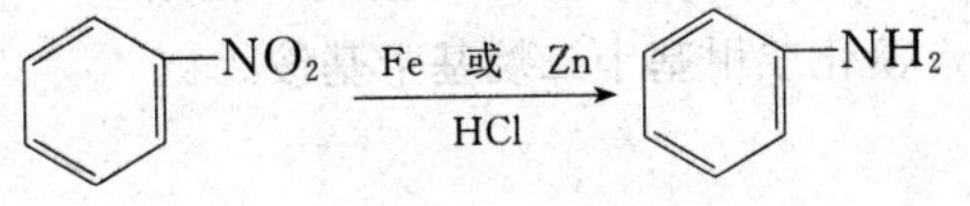

第二节　胺类

一、胺的分类和命名

1. 分类

氨分子中的氢原子被烃基取代后所得到的化合物称为胺类化合物。根据在氮上的取代基的数目，可分为一级（伯），二级（仲），三级（叔）胺和四级（季）铵盐。

$$R—NH_2 \qquad\qquad R_2NH \qquad\qquad R_3N$$

$$\text{伯胺} \qquad\qquad\qquad \text{仲胺} \qquad\qquad\qquad \text{叔胺}$$

铵盐或氢氧化铵中的四个氢全被烃基取代所成的化合物叫作季铵盐和季铵碱。

$$[(CH_3)_4N]^+X^- \qquad\qquad [(CH_3)_4N]^+OH^-$$

$$\text{季铵盐} \qquad\qquad\qquad \text{季铵碱}$$

根据氨基所连的烃基不同可分为脂肪胺（$R—NH_2$）和芳香胺（$Ar—NH_2$）。

根据氨基的数目又可分成一元胺和多元胺。氨分子从形式上去掉一个氢原子，剩余部分叫作氨基—NH_2。氨分子中氢原子被烃基取代生成有机化合物的胺。季铵类的名称用铵，表示它与 NH_4^+ 的关系。

2. 命名

对于简单的胺，命名时在"胺"字之前加上烃基的名称即可。仲胺和叔胺中，当烃基相同时，在烃基名称之前加词头"二"或"三"。例如：

CH_3NH_2　甲胺　　$(CH_3)_2NH$　二甲胺　　$(CH_3)_3N$　三甲胺

$C_6H_5NH_2$　苯胺　　$(C_6H_5)_2NH$　二苯胺　　$(C_6H_5)_3N$　三苯胺

而仲胺或叔胺分子中烃基不同时，命名时选最复杂的烃基作为母体伯胺，小烃基作为取代基，并在前面冠以"N"，突出它是连在氮原子上。例如：

$CH_3CH_2CH_2N(CH_3)CH_2CH_3$　　　　　N-甲基-N-乙基丙胺（或甲乙丙胺）

$C_6H_5CH(CH_3)NHCH_3$　　　　　　　　N-甲基-1-苯基乙胺

$C_6H_5N(CH_3)_2$　　　　　　　　　　　N，N-二甲基苯胺

季铵盐和季铵碱，如 4 个烃基相同时，其命名与卤化铵和氢氧化铵的命名相似，称为卤化四某铵和氢氧化四某铵；若烃基不同时，烃基名称由小到大依次排列。例如：

$(CH_3)_4N^+Cl^-$　　　　　　　　　　　氯化四甲铵

$[HOCH_2CH_2N^+(CH_3)_3]OH^-$　　　　氢氧化三甲基-2-羟乙基铵（胆碱）

$[C_6H_5CH_2N^+(CH_3)_2C_{12}H_{25}]Br^-$　　溴化二甲基十二烷基苄基铵

二、胺的结构及物理性质

1. 结 构

胺分子中，N 原子是以不等性 sp^3 杂化成键的，其构型成棱锥形。

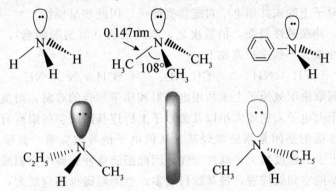

N 原子上连有三个不同基团，具有手性，存在着对映体，可以分离出左旋体和右旋体。

但是，对于简单的胺来说，这样的对映体尚未被分离出来，原因是胺的两种棱锥形排列之间的能垒相当低，可以迅速相互转化。例如，三烷基胺对映体之间的相互转化速度，每秒钟大约 $10^3 \sim 10^5$ 次，这样的转化速度，现代技术尚不能把对映体分离出来。

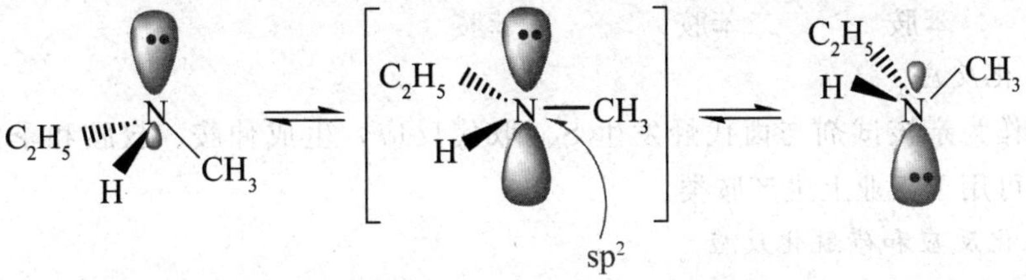

如果氮原子上连有四个不同的基团，如季铵盐、氧化胺就存在对映体，该手性化合物就可以拆分成一对较为稳定的对映体。

2. 物理性质

（1）物态

常温常压下，甲胺、二甲胺、三甲胺、乙胺为无色气体，其他胺为液体或固体。低级胺有类似氨的气味，高级胺无味。芳胺有特殊气味且毒性较大，与皮肤接触或吸入其蒸气都会引起中毒，所以使用时应注意防护。有些芳胺（如萘胺、联苯胺等）还能致癌。

（2）沸点

胺的沸点比相对分子质量相近的烃和醚高，比醇和羧酸低。在相对分子质量相同的脂肪胺中，伯胺的沸点最高，仲胺次之，叔胺最低。伯胺、仲胺的沸点比相对分子质量相近的醇和羧酸低。

（3）水溶性

低级胺易溶于水，随着相对分子质量的增加，胺的溶解度降低。例如，甲胺、二甲胺、乙胺、二乙胺等可与水以任意比例混溶，C_6 以上的胺则不溶于水。

三、胺的化学反应

1. 碱性

胺分子中氮原子上的未共用电子对能接受质子，因此胺呈碱性。

脂肪族胺中，仲胺碱性最强，伯胺次之，叔胺最弱（溶剂的影响），并且它们的碱性都比氨强。其碱性按大小顺序排列如下：

$$(CH_3)_2NH > CH_3NH_2 > (CH_3)_3N > NH_3$$

胺的碱性强弱取决于氮原子上未共用电子对和质子结合的难易，而氮原子接受质子的能力，又与氮原子上电子云密度大小以及氮原子上所连基团的空间阻碍有关。脂肪族胺的氨基氮原子上所连接的基团是脂肪族烃基。从供电子诱导效应看，氮原子上烃基数目增多，则氮原子上电子云密度增大，碱性增强。因此脂肪族仲胺碱性比伯胺强，它们碱性都比氨强，但从烃基的空间效应看，烃基数目增多，空间阻碍也相应增大，三甲胺中三个甲基的空间效应比供电子作用更显著，所以三甲胺的碱性比甲胺还要弱。

芳香胺的碱性比氨弱，而且三苯胺的碱性比二苯胺弱，二苯胺比苯胺弱。这是由于苯环与氮原子核发生吸电子共轭效应，使氮原子电子云密度降低，同时阻碍氮原子接受质子的空间效应增大，而且这两种作用都随着氮原子上所连接的苯环数目增加而增大。因此芳香胺的碱性是：

NH_3 ＞ 苯胺 ＞ 二苯胺 ＞ 三苯胺

2. 烷基化反应

氨或胺作为亲核试剂与卤代烃发生 S_{N2} 取代反应，生成仲胺、叔胺和季铵盐的混合物，此反应可用于工业上生产胺类。

3. 酰基化反应和磺酰化反应

(1) 酰基化反应

RCOX、$(RCO)_2O$、RCOOR′可作为酰基化试剂，与芳胺反应生成酰胺。酰胺是具有一定熔点的固体，在强酸或强碱的水溶液中加热易水解生成酰胺。因此，此反应在有机合成上常用来保护氨基。

$$\underset{(Ar)}{RNH_2} \xrightarrow[\text{或 }(R'CO)_2O]{R'COCl} RNHCOR'$$

$$R_2NH \xrightarrow[\text{或 }(R'CO)_2O]{R'COCl} R_2NCOR'$$

$$\underset{(Ar)_3N}{R_3N} \xrightarrow[\text{或 }(R'CO)_2O]{R'COCl} \times$$

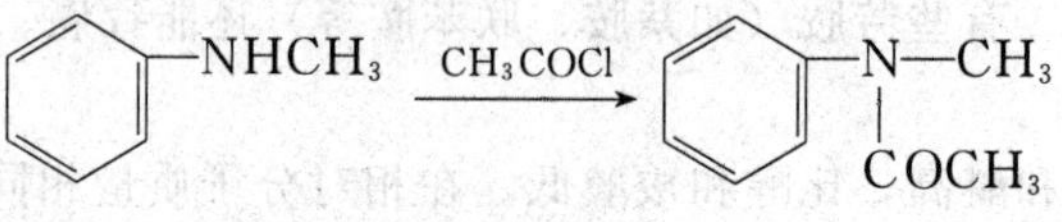

（2）磺酰化反应（兴斯堡—Hinsberg 反应，分离三种胺）

与酰基化反应一样，伯胺或仲胺氮原子上的氢可以被磺酰基（R—SO$_2$—）取代，生成磺酰胺。该反应称为兴斯堡（Hinsberg）反应，常用于合成磺胺类药物。

$$\underset{\text{苯磺酰氯}}{\boxed{}\!-\!SO_2Cl} + RNH_2 \xrightarrow{\text{NaOH}} \underset{\text{苯磺酰胺}}{\boxed{}\!-\!SO_2NHR}$$

常用的磺酰化剂是苯磺酰氯或对甲苯磺酰氯，反应需在氢氧化钠或氢氧化钾溶液中进行。伯胺磺酰化后的产物，能与氢氧化钠生成盐而使磺酰胺溶于碱液中。仲胺生成的磺酰胺，不与氢氧化钠成盐，也就不溶于碱液中而呈固体析出。叔胺的氮原子上没有可与磺酰基置换的氢，故与磺酰氯不发生反应，因此可用来分离和鉴别伯、仲、叔胺。

苯磺酰氯　　　　对甲基苯磺酰氯（TsCl）

4. 与亚硝酸反应

脂肪胺中伯胺与亚硝酸的反应，生成不稳定的脂肪族重氮盐，该盐不稳定，低温条件下会自动分解，生成碳正离子。

$$RCH_2CH_2NH_2 \xrightarrow[\text{低温}]{\text{NaNO}_2+\text{HCl}} RCH_2CH_2\overset{+}{N_2}\overset{-}{Cl} \xrightarrow{\text{分解}} RCH_2CH_2^+ + N_2 + \overset{-}{Cl}$$

生成的碳正离子可以发生各种不同的反应生成烯烃、醇和卤代烃。

$$CH_3CH_2CH_2^+ \begin{cases} \xrightarrow{H_2O} CH_3CH_2CH_2OH \\ \xrightarrow{X^-} CH_3CH_2CH_2X \\ \xrightarrow{-H^+} CH_3CH=\!\!=CH_2 \\ \xrightarrow{\text{重排}} CH_3CHCH_3 \\ \qquad\qquad\quad | \\ \qquad\qquad\quad OH \end{cases}$$

仲胺与 HNO$_2$ 反应，生成黄色油状或固体的 N-亚硝基化合物。

$$R_2NH + HNO_2 \longrightarrow R_2N-N=\!\!=O + H_2O$$

叔胺在同样条件下，与 HNO$_2$ 不发生类似的反应。因而，胺与亚硝酸的反应可以区别伯、仲、叔胺。

芳胺与亚硝酸的反应，此反应称为重氮化反应。

$$\boxed{}\!-\!NH_2 \xrightarrow[0\sim5℃]{\text{NaNO}_2+\text{HCl}} \boxed{}\!-\!\overset{+}{N_2}Cl^- + 2H_2O + NaCl$$

氯化重氮苯（重氮盐）

不稳定（故要在低温下反应）

$$\xrightarrow{\triangle} \boxed{}\!-\!OH$$

5.氧化反应

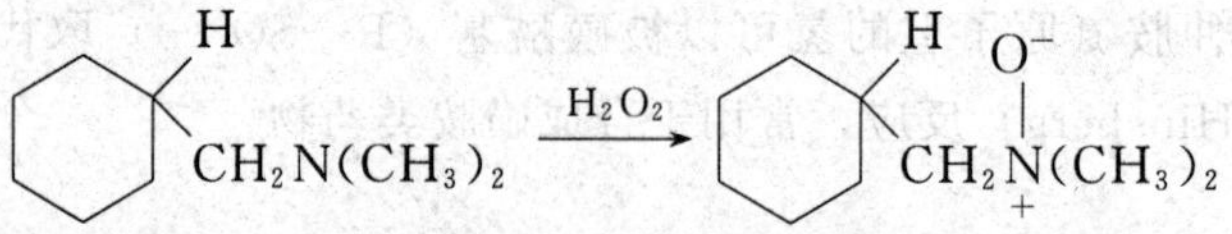

胺容易氧化，用不同的氧化剂可以得到不同的氧化产物。具有 β-氢的氧化叔胺加热时发生消除反应，产生烯烃。

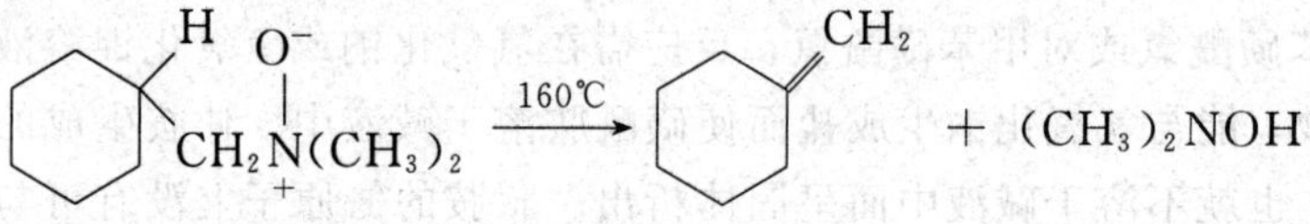

此反应称为科普（Cope）消除反应。

四、芳胺的特性反应

1.氧化反应

芳胺很容易氧化，例如，新的纯苯胺是无色的，但暴露在空气中很快就变成黄色，然后变成红棕色。用氧化剂处理苯胺时，生成复杂的混合物。在一定的条件下，苯胺的氧化产物主要是对苯醌。

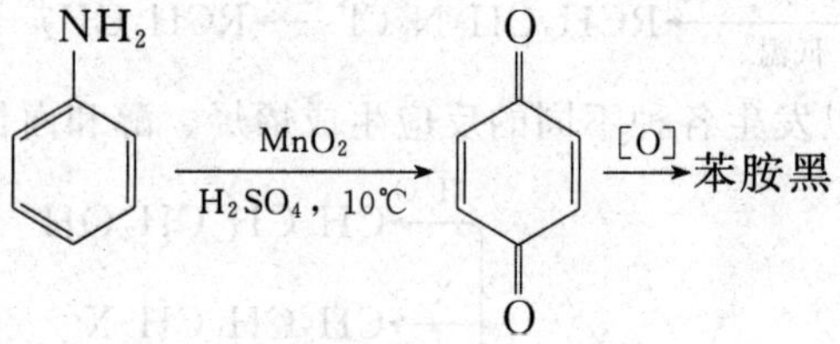

2.卤代反应

苯胺很容易发生卤代反应，但难以控制在一元阶段。

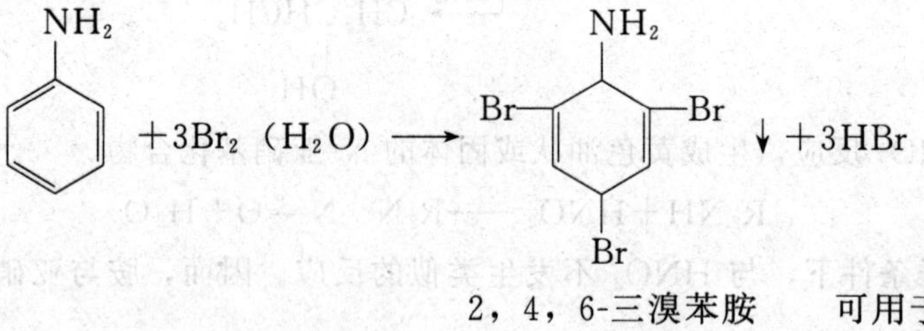

2，4，6-三溴苯胺　　可用于鉴别苯胺

如要制取一溴苯胺，则应先降低苯胺的活性，再进行溴代，其方法有两种。

方法一：

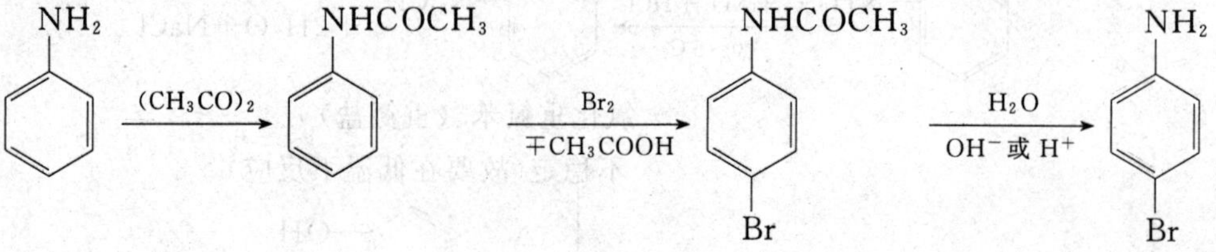

方法二：

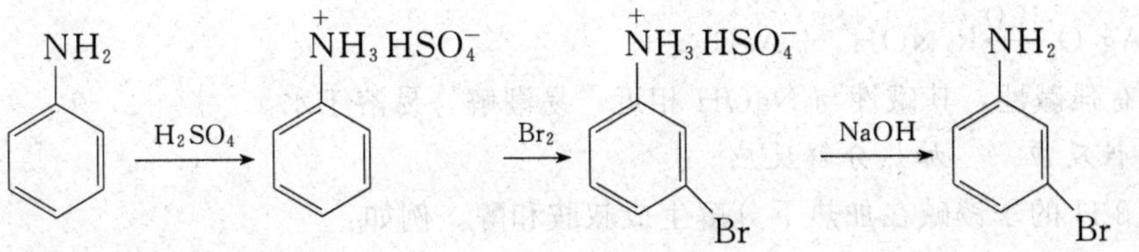

3. 磺化反应

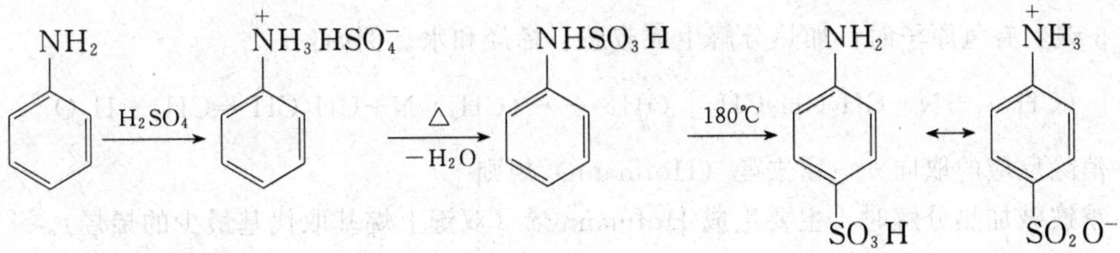

对氨基苯磺酸形成内盐。

4. 硝化反应

芳伯胺直接硝化易被硝酸氧化，必须先把氨基保护起来（乙酰化或成盐），然后再进行硝化。

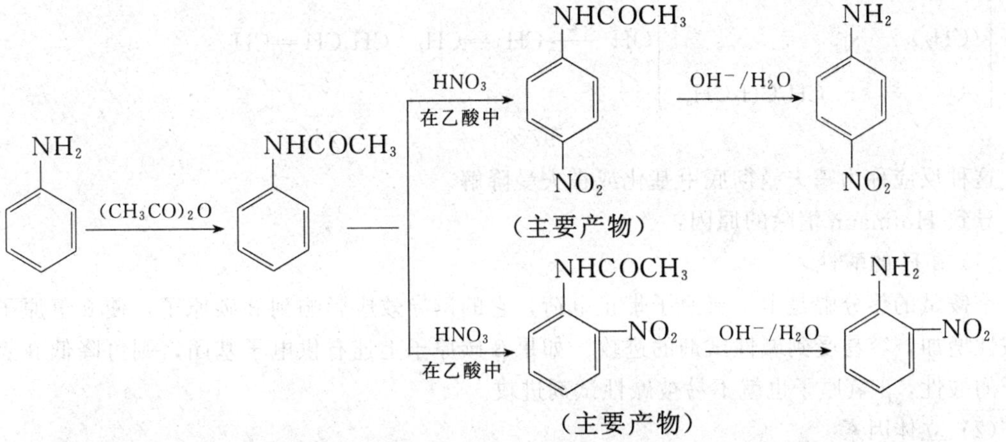

（主要产物）

（主要产物）

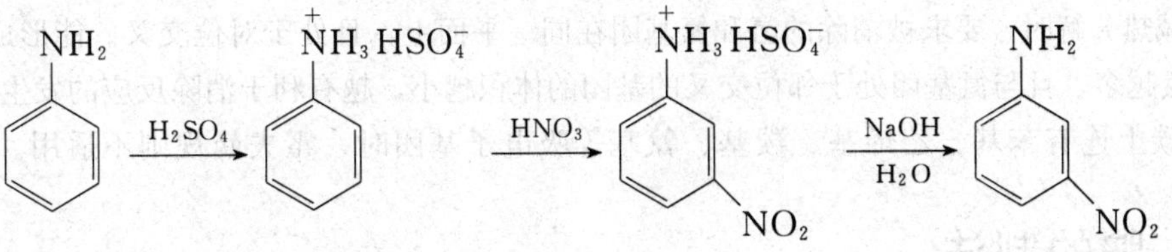

五、季铵盐和相转移催化

1. 季铵盐

$$R_3N + R'X \longrightarrow R_3\overset{+}{N}R'X^-$$

主要用作表面活性剂、抗静电剂、柔软剂、杀菌剂、动植物激素，有机合成中用作相转移催化剂。

2. 季铵碱

$$R_4\overset{+}{N}\overset{-}{Cl}+Ag_2O \xrightarrow{H_2O} R_4\overset{+}{N}OH^- +AgCl$$

季铵碱具有强碱性，其碱性与 NaOH 相近。易潮解，易溶于水。

3. 化学特性反应——加热分解反应

烃基上无 β-H 的季铵碱在加热下分解生成叔胺和醇。例如：

$$(CH_3)_4\overset{+}{N}OH^- \xrightarrow{\triangle} (CH_3)_3N+CH_3OH$$

β-碳上有氢原子时，加热分解生成叔胺、烯烃和水。例如：

$$\left[(CH_3)_3-\overset{+}{N}-CH_2CH_2CH_3 \right]OH^- \xrightarrow{\triangle} (CH_3)_3N+CH_3CH=CH_2+H_2O$$

消除反应的取向——霍夫曼（Hofmann）规则

季铵碱加热分解时，主要生成 Hofmann 烯（双键上烷基取代基最少的烯烃）。

$$CH_3-CH_2-\underset{\overset{|}{\overset{+}{N}(CH_3)_3 OH^-}}{CH}-CH_3 \xrightarrow{\triangle} CH_3CH_2CH=CH_2+CH_3CH=CHCH_3+(CH_3)_3N$$

$$\qquad\qquad\qquad\qquad\qquad\qquad\qquad 95\% \qquad\qquad 5\%$$

$$\left[(CH_3)_2-\overset{\overset{\displaystyle CH_2CH_3}{|}}{\underset{\underset{\displaystyle CH_2CH_2CH_3}{|}}{\overset{+}{N}}} \right]OH^- \xrightarrow{\triangle} CH_2=CH_2+CH_3CH=CH_2$$

$$\qquad\qquad\qquad\qquad\qquad\qquad\qquad 97\% \qquad\qquad 2\%$$

这种反应称为霍夫曼彻底甲基化或霍夫曼降解。

导致 Hofmann 消除的原因：

（1）β-H 的酸性

季铵碱的热分解是由于氮原子带正电荷，它的诱导效应影响到 β-碳原子，使 β-氢原子的酸性增加，容易受到碱性试剂的进攻。如果 β-碳原子上连有供电子基团，则可降低 β-氢原子的酸性，β-氢原子也就不易被碱性试剂进攻。

（2）立体因素

季铵碱热分解时，要求被消除的氢和氮基团在同一平面上，且处于对位交叉。能形成对位交叉式的氢越多，且与氮基团处于邻位交叉的基团的体积越小，越有利于消除反应的发生。

当 β-碳上连有苯基、乙烯基、羰基、氰基等吸电子基团时，霍夫曼规则不适用。

六、胺的制法

胺的制备主要有两种方法，一是用氨作亲核试剂进行亲核取代反应，二是含氮化合物的还原。

1. 氨的烃基化

在一定压力下，将卤代烃与氨溶液共热，卤代烃与氨发生取代反应生成胺，最后产物为伯、仲、叔胺，以及季铵盐的混合物。

卤素直接连在苯环上很难被氨基取代，若芳环上有卤素，邻、对位有硝基等强拉电子基团存在时，没有催化剂的条件也发生亲核取代反应。

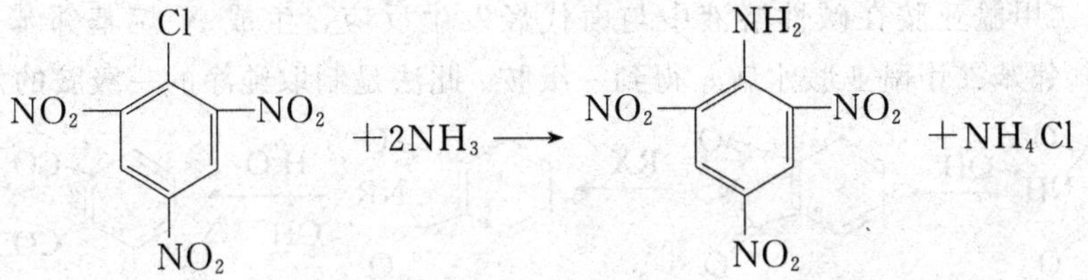

一般条件下，卤苯不能与亲核试剂发生 S_{N2} 反应，但在液态氨中氯苯和溴苯能与强碱 KNH_2（或 $NaNH_2$）作用，卤素被氨基取代生成苯胺。

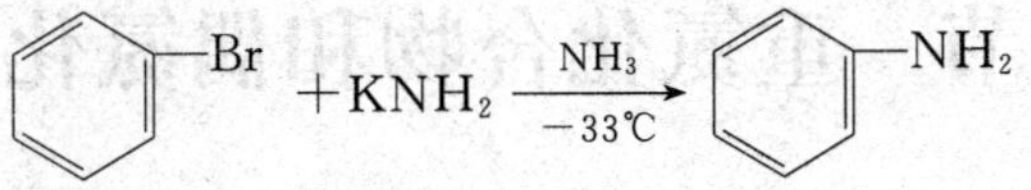

该反应历程即消除加成历程。

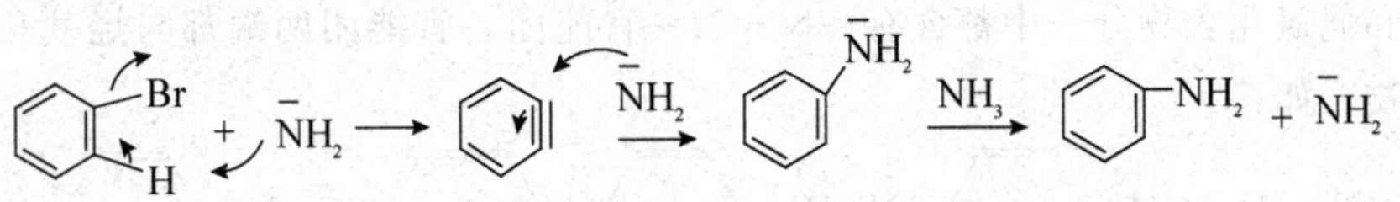

苯炔（中间体）

2. 含氮化合物的还原

硝基苯在酸性条件下用金属还原剂（铁、锡、锌等）还原，最后产物为苯胺。

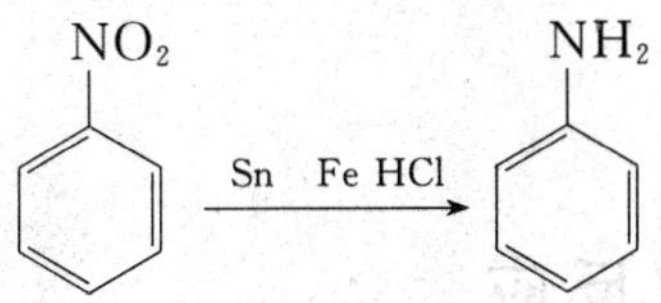

二硝基化合物可用选择性还原剂（硫化铵、硫氢化铵或硫化钠等）只还原一个硝基而得到硝基胺。例如：

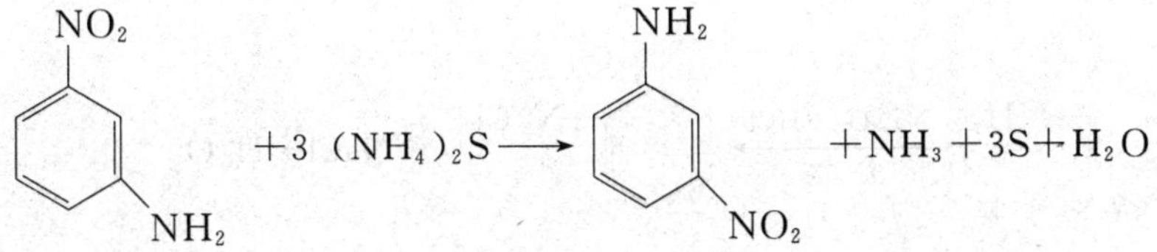

3. 还原氢化

将醛或酮与氨或胺作用后再进行催化氢化即得到胺。

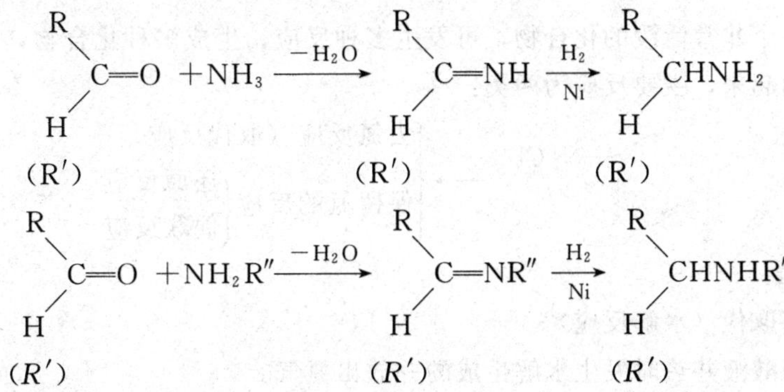

4. 加布里埃尔（Gabriel）合成法

将邻苯二甲酰亚胺在碱性溶液中与卤代烃发生反应，生成 N-烷基邻苯二甲酰亚胺，再将 N-烷基邻苯二甲酰亚胺水解，得到一级胺。此法是制取纯净的一级胺的好方法。

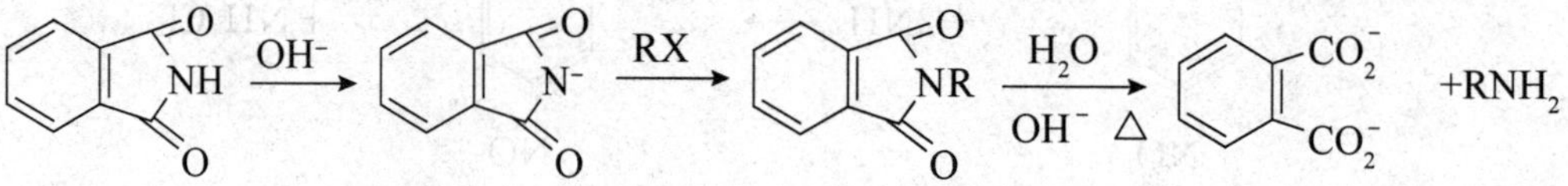

第三节　重氮化合物和偶氮化合物

重氮和偶氮化合物分子中都含有—N＝N—官能团，官能团两端都与烃基相连的称为偶氮化合物。如：

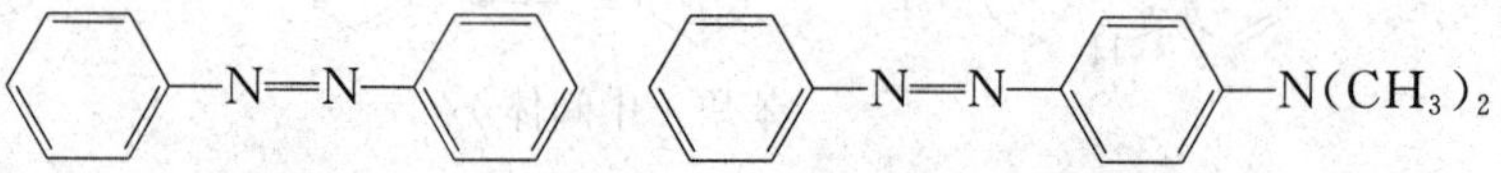

偶氮甲烷　　　　　　　偶氮苯　　　　　　　　对二甲氨基偶氮苯

只有一端与烃基相连，而另一端与其他基团相连的称为重氮化合物。如氯化重氮苯

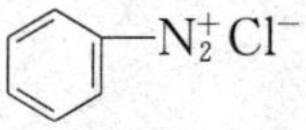

　。

一、芳香族重氮化反应

重氮化反应必须在低温下进行，亚硝酸不能过量，重氮化反应必须保持强酸性条件进行。

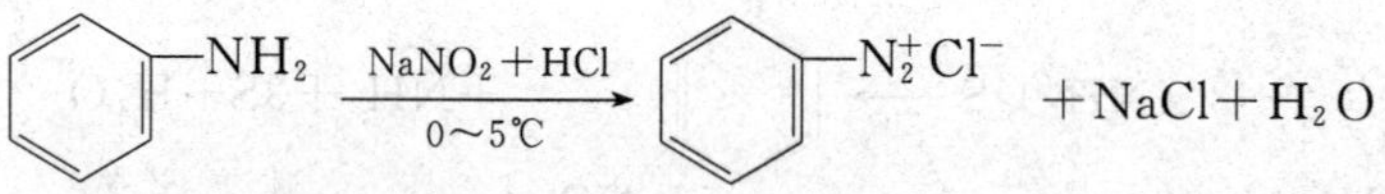

二、芳香族重氮盐的性质

重氮盐是一个非常活泼的化合物，可发生多种反应，生成多种化合物，在有机合成上非常有用。归纳起来，主要反应为两类：

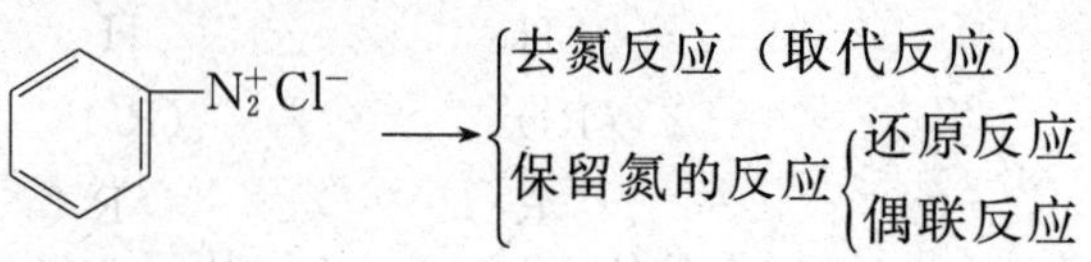

1. 取代反应

（1）被羟基取代（水解反应）

当重氮盐和酸液共热时发生水解生成酚并放出氮气。

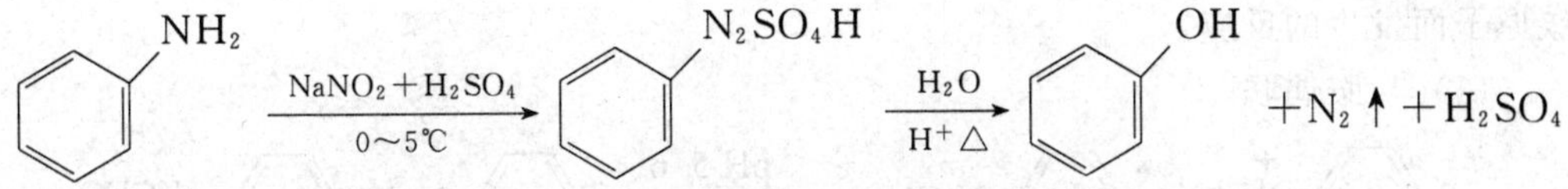

重氮盐水解成酚时只能用硫酸盐，不用盐酸盐，因盐酸盐水解易发生副反应。

（2）被卤素、氰基取代

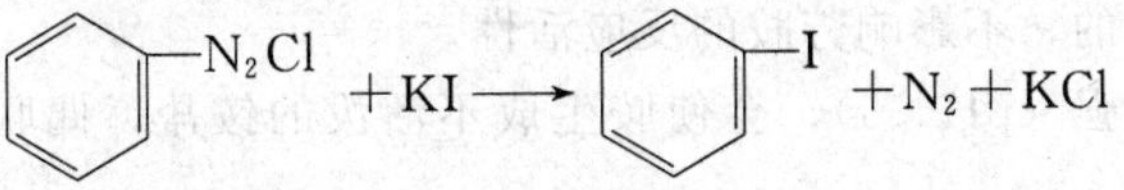

此反应是将碘原子引进苯环的好方法，但此法不能用来引进氯原子或溴原子。

氯、溴、氰基的引入用桑德迈尔（Sandmeyer）法。

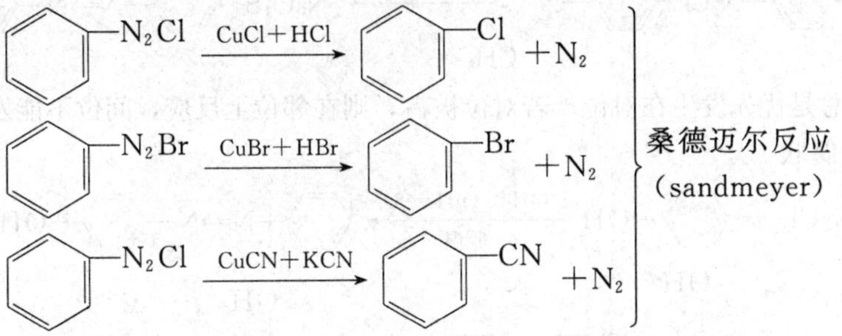

（3）被氢原子取代（去氨基反应）

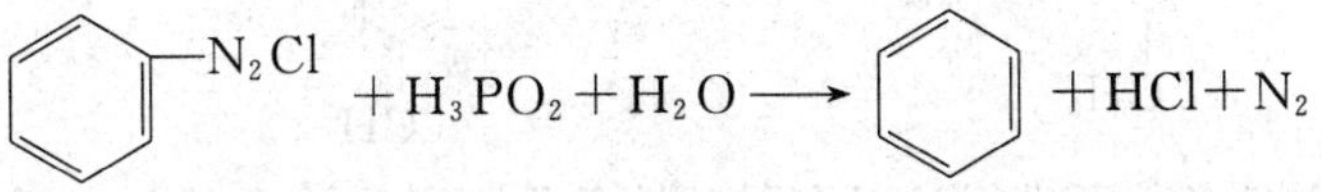

上述重氮基被其他基团取代的反应，可用来制备一般不能用直接方法来制取的化合物。

从甲苯制间溴甲苯，既不能用甲苯直接溴化，也不能用溴苯直接甲基化，只能用间接方法制取。

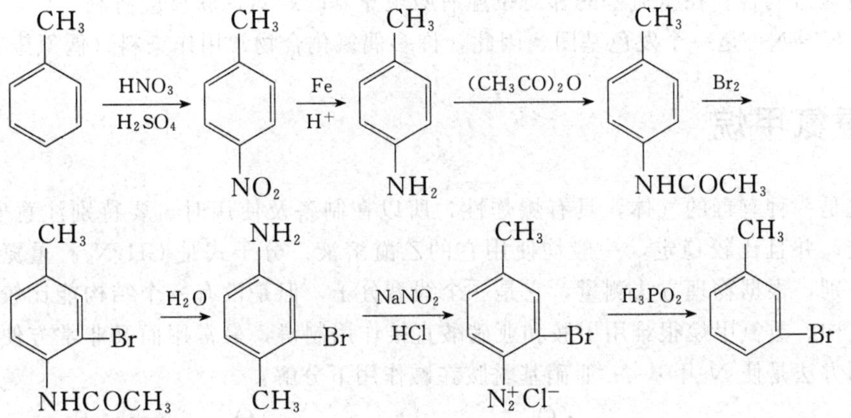

2. 还原反应

重氮盐可被氯化亚锡、锡和盐酸、锌和乙酸、亚硫酸钠、亚硫酸氢钠等还原成苯肼。

3. 偶联反应

重氮盐与芳伯胺或酚类化合物作用，生成颜色鲜艳的偶氮化合物的反应称为偶联反应。

偶联反应是亲电取代反应，是重氮阳离子（弱的亲电试剂）进攻苯环上电子云较大的碳原子而发生的反应。

（1）与胺偶联

$$\text{苯基}-\overset{+}{N}\equiv N: \longrightarrow \text{苯基}-\ddot{N}(CH_3)_2 \xrightarrow{pH\ 5\sim6} \text{苯基}-N=N-\text{苯基}-N(CH_3)_2$$

反应要在中性或弱酸性溶液中进行。原因是在中性或弱酸性溶液中，重氮离子的浓度最大，且氨基是游离的，不影响芳胺的反应活性。

若溶液的酸性太强（pH＜5），会使胺生成不活泼的铵盐，偶联反应就难以进行或进行很慢。

$$NaO_3S-\text{苯基}-N_2Cl + \text{苯基}-N\overset{CH_3}{\underset{CH_3}{}} \xrightarrow{CH_3COOH} NaO_3S-\text{苯基}-N=N-\text{苯基}-N\overset{CH_3}{\underset{CH_3}{}}$$

偶联反应总是优先发生在对位，若对位被占，则在邻位上反应，间位不能发生偶联反应。

（2）与酚偶联

$$\text{苯基}-N_2Cl + \text{苯基}-OH \xrightarrow[\text{低温}]{OH^-\ (pH=8)} \text{苯基}-N=N-\text{苯基}-OH$$

$$\text{苯基}-N_2Cl + \overset{OH}{\text{苯基}}\underset{CH_3}{} \xrightarrow[\text{低温}]{\text{弱}\ OH^-} \text{苯基}-N=N-\overset{OH}{\text{苯基}}\underset{CH_3}{}$$

反应要在弱碱性条件下进行，因在弱碱性条件下酚生成酚盐负离子，使苯环更活化，有利于亲电试剂重氮阳离子的进攻。

重氮阳离子是一个弱亲电试剂，只能与活泼的芳环（酚、胺）偶合，其他的芳香族化合物不能与重氮盐偶合。在重氮基的邻对位连有吸电子基时，对偶联反应有利。

偶氮基—N＝N—是一个发色基团，因此，许多偶氮化合物常用作染料（偶氮染料）。

三、重氮甲烷

重氮甲烷是一种有毒的气体，具有爆炸性，所以在制备及使用时，要特别注意安全。它能溶于乙醚，并且比较稳定，一般均使用它的乙醚溶液。分子式是 CH_2N_2。重氮甲烷的结构比较特别，根据物理方法测量，它是一个线型分子，但是没有一个结构能比较完满地表示它的结构。重氮甲烷很难用甲胺和亚硝酸直接作用制得，最常用而又非常方便的制备重氮甲烷的方法是使 N-甲基-N-亚硝基酰胺在碱作用下分解：

$$R-\overset{O}{\overset{\|}{C}}-Cl + CH_3NH_2 \longrightarrow R-\overset{O}{\overset{\|}{C}}-NHCH_3 \xrightarrow{HNO_2} R-\overset{O}{\overset{\|}{C}}-N\overset{CH_2-H}{\underset{N=O}{}} \xrightarrow[C_2H_5OH]{KOH}$$

$$R-\overset{O}{\overset{\|}{C}}OC_2H_5 + CH_2N_2 + H_2O$$

重氮甲烷非常活泼，能够发生多种类型的反应，在有机合成上是一个重要的试剂，是最理想的甲基化剂（能溶于有机溶剂，反应速度快，不需要催化剂，分解成 N_2，无分离问题，产率很高）。其反应如下：

本章小结

知识点	知识内容归纳
硝基化合物的命名和结构	硝基化合物可以分为脂肪族硝基化合物和芳香族硝基化合物；命名时要以烃为母体，硝基作为取代基
硝基化合物的物理性质	多数硝基化合物易爆炸
硝基化合物的化学性质	α-H 的反应，硝基对苯环邻、对位上取代基反应活性的影响，还原反应
胺的命名	可以分为伯胺、仲胺和叔胺
胺的物理性质	物态、沸点、水溶性
胺的化学反应	碱性，烷基化反应、酰基化反应和磺酰化反应，与亚硝酸反应，氧化反应
芳胺的特性反应	氧化反应、卤代反应、磺化反应、硝化反应、季铵盐和相转移催化化学特性反应——加热分解反应
胺的制法	胺的制备主要有两种，一是用氨作亲核试剂进行亲核取代反应，二是含氮化合物的还原。
重氮化合物和偶氮化合物	重氮和偶氮化合物分子中都含有—N＝N—官能团
芳香族重氮化反应	重氮化反应必须在低温下进行，亚硝酸不能过量，重氮化反应必须保持强酸性条件
芳香族重氮盐的性质	取代反应、还原反应、偶联反应
重氮甲烷	分子式是 CH_2N_2，重氮甲烷是一个有毒的气体，具有爆炸性，与酸性化合物的反应、与醛、酮反应

目标检测

1. 命名下列化合物。

(1) $CH_3CH=CHCH_2\underset{\underset{NO_2}{|}}{C}HCH_3$　(2) ［环己烷带甲基和—NH_2的结构］　(3) $CH_3CH_2\underset{\underset{NH_2}{|}}{C}HCH_2\underset{\underset{CH_3}{|}}{C}HCH_3$

(4) 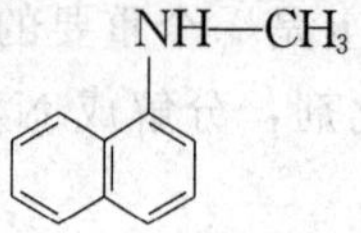 ![NH—CH₃ 萘基结构]

(5) 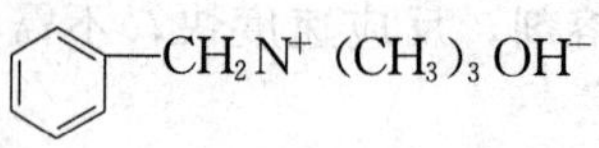 ![苯基CH₂N⁺(CH₃)₃OH⁻]

(6) 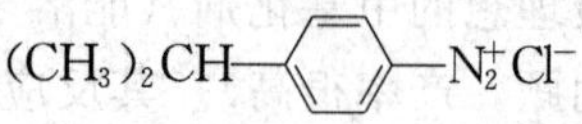 $(CH_3)_2CH$—![苯基]—$N_2^+Cl^-$

2. 写出下列化合物的结构式。

(1) N，N-二甲基乙二胺；

(2) 氯化三甲基正丁基铵；

(3) 对二甲氨基偶氮苯。

3. 完成下列反应，写出主要产物的结构式。

(1) $CH_3CH_2CH_2CH_2NO_2 \xrightarrow{LiAlH_4}$

(2) 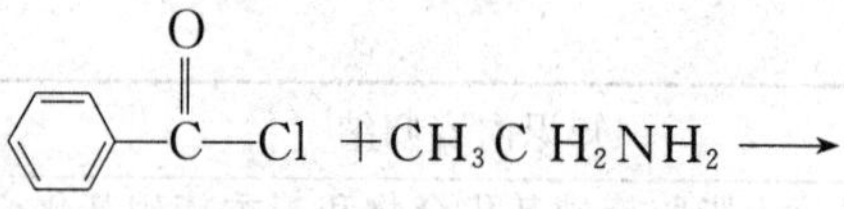 ![苯基C(=O)—Cl] $+CH_3CH_2NH_2 \longrightarrow$

(3) 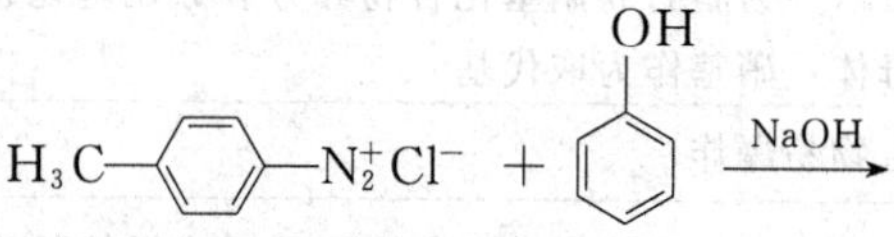 H_3C—![苯基]—$N_2^+Cl^-$ + ![苯酚] $\xrightarrow{NaOH}$

(4) 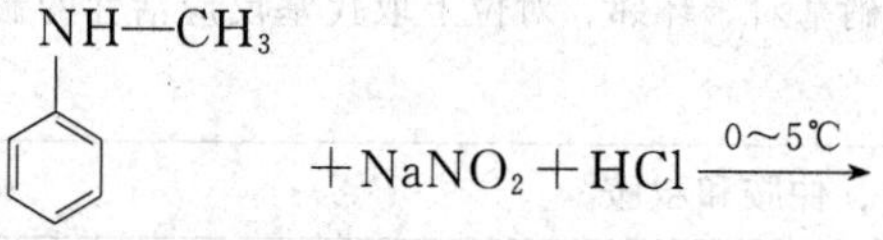 ![NH—CH₃ 苯基] $+NaNO_2+HCl \xrightarrow{0\sim5℃}$

4. 完成下列合成。

(1) 由乙烯合成丙胺；(2) 由苯合成对二甲氨基偶氮苯。

第十三章 杂环化合物

学习目标

1. 掌握各类常见杂环化合物的结构和命名。
2. 掌握典型杂环化合物呋喃、噻吩、吡咯、吡啶的化学性质。

杂环化合物是由碳原子和非碳原子共同组成环状骨架结构的一类化合物。这些非碳原子统称为杂原子。常见的杂原子为氮、氧、硫等。本章将主要讨论的是环系比较稳定、具有一定程度芳香性的杂环化合物，即芳杂环化合物。

$$
杂环化合物
\begin{cases}
非芳香杂环如 \quad \text{环}_O、\quad \text{环}_{O}、\quad \text{环}_{NH}； \\
芳杂环（符合休克尔规则的杂环）如 \quad \text{环}_{N,H}、\quad \text{环}_{N}、\quad \text{环}_{O}。
\end{cases}
$$

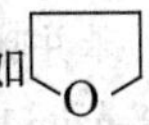

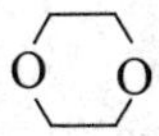

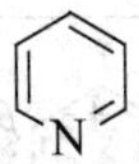

杂环化合物不包括极易开环的含杂原子的环状化合物，例如：

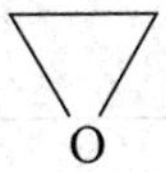

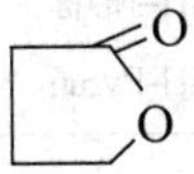

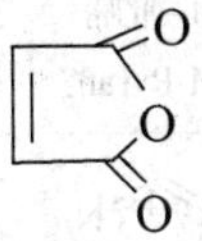

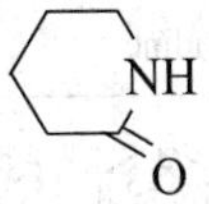

杂环化合物是一大类有机物，占已知有机物的三分之一。杂环化合物在自然界分布很广、功用很多。例如，中草药的有效成分生物碱大多是杂环化合物；动植物体内起重要生理作用的血红素、叶绿素、核酸的碱基都是含氮杂环；部分维生素，抗生素；一些植物色素、植物染料、合成染料都含有杂环。

第一节 杂环化合物的分类和命名

一、杂环化合物的分类

杂环化合物可以按照环的大小分为五元杂环和六元杂环两大类；也可以按照杂原子的数目分为含一个、两个和多个杂原子的杂环；还可以按照环的多少分为单杂环和稠杂环等，详见表13-1。

表 13-1　有特定名称的杂环的分类、名称和标位

类别	杂环母环
含一个杂原子的五元杂环	吡咯 Pyrrole　　呋喃 Furan　　噻吩 Thiophene
含两个杂原子的五元杂环	吡唑 Pyrazole　咪唑 Imidazole　噁唑 Oxazole　异噁唑 Isoxazole　噻唑 Thiazole
五元稠杂环	吲哚 Indole　　苯并呋喃 Benzofuran　　苯并咪唑 Benzimdazole　　咔唑 Carbazole
含一个杂原子的六元杂环	吡啶 Pyridine　　2H-吡喃 2H-Pyran　　4H-吡喃 4H-Pyran
含两个杂原子的六元杂	哒嗪 Pyridazine　　嘧啶 Pyrimidine　　吡嗪 Pyrazine
六元稠杂环	喹啉 Quinoline　　异喹啉 Isoquinoline　　喋啶 Pteridine　　嘌呤 Purine
多元稠素环	吖啶 Acridine　　吩嗪 Phenazine　　吩噻嗪 Phenothiazine

二、杂环化合物的命名

1. 有特定名称的杂环化合物

杂环化合物的命名比较复杂。现广泛应用的是 IUPAC（1979）命名原则，其规定保留特定的 45 个杂环化合物的俗名和半俗名，并以此为命名的基础。我国采用"音译法"，按照英文名称的读音，选用同音汉字加"口"旁组成音译名，其中"口"代表环的结构。

2. 杂环母环的编号规则

当杂环上连有取代基时，为了标明取代基的位置，必须将杂环母体编号。杂环母体的编号原则是：

（1）含一个杂原子的杂环

含一个杂原子的杂环从杂原子开始编号。见表 13-1 中吡咯、吡啶等编号。

（2）含两个或多个杂原子的杂环

含两个或多个杂原子的杂环编号时应使杂原子位次尽可能小，并按 O、S、NH、N 的优先顺序决定优先的杂原子，见表 13-1 中咪唑、噻唑的编号。

（3）有特定名称的稠杂环的编号有其特定的顺序

有特定名称的稠杂环的编号有几种情况。有的按其相应的稠环芳烃的母环编号，见表 13-1 中喹啉、异喹啉、吖啶等的编号。有的从一端开始编号，共用碳原子一般不编号，编号时注意杂原子的编号数字尽可能小，并遵守杂原子的优先顺序，见表 13-1 中吩噻嗪的编号。还有些具有特殊规定的编号，如表 13-1 中嘌呤的编号。

（4）标氢

上述的 45 个杂环的名称中包括了这样的含义：杂环中拥有最多数目的非聚集双键。当杂环满足了这个条件后，环中仍然有饱和的碳原子或氮原子，则这个饱和的原子上所连接的氢原子称为"标氢"或"指示氢"。用其编号加 H（大写斜体）表示。例如：

1H-吡咯   2H-吡咯   2H-吡喃   4H-吡喃

若杂环上尚未含有最多数目的非聚集双键，则多出的氢原子称为外加氢。命名时要指出氢的位置及数目，全饱和时可不标明位置。例如：

1，2，3，4-四氢喹啉　　2，5-二氢吡咯　　四氢呋喃

含活泼氢的杂环化合物及其衍生物，可能存在着互变异构体，命名时需按上述标氢的方式标明之。例如：

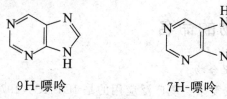

9H-嘌呤   7H-嘌呤

3. 取代杂环化合物的命名

当杂环上连有取代基时，先确定杂环母体的名称和编号，然后将取代基的名称连同位置编号以词头或词尾形式写在母体名称前或后，构成取代杂环化合物的名称。例如：

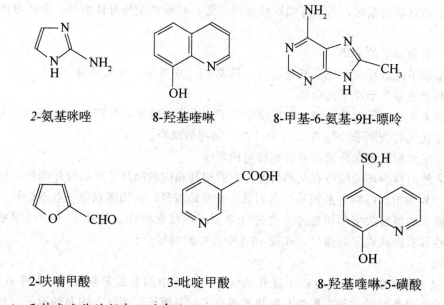

2-氨基咪唑   8-羟基喹啉   8-甲基-6-氨基-9H-嘌呤

2-呋喃甲酸   3-吡啶甲酸   8-羟基喹啉-5-磺酸

4. 无特定名称的稠杂环的命名

绝大多数稠杂环无特定名称，可看成是两个单杂环并合在一起（也可以是一个碳环与一个杂环并合），并以此为基础进行命名。

稠杂环命名时，先将稠合环分为两个环系，一个环系定为基本环或母环；另一个为附加环或取代部分。命名时附加环名称在前，基本环名称在后，中间用"并"字相连。

基本环的选择原则：

碳环与杂环组成的稠杂环，选杂环为基本环。例如：

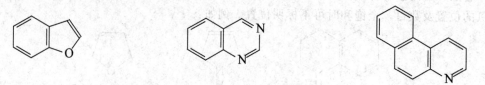

苯并呋喃(呋喃为基本环)   苯并嘧啶(嘧啶为基本环)   苯并喹啉(喹啉为基本环)

由大小不同的两个杂环组成的稠杂环，以大环为基本环。例如：

吡咯并吡啶（吡啶为基本环）　　　　呋喃并吡喃（吡喃为基本环）

大小相同的两个杂环组成的稠杂环，基本环按所含杂原子 N、O、S 顺序有限确定。例如：

噻吩并呋喃（呋喃为基本环）　　　　噻吩并吡咯（吡咯为基本环）

两环大小相同，杂原子个数不同时，选杂原子多的为基本环；杂原子数目也相同时，选杂原子种类多的为基本环。例如：

吡啶并嘧啶（嘧啶为基本环）　　　　吡唑并噁唑（噁唑为基本环）

如果环大小、杂原子个数都相同时，以稠合前杂原子编号较低者为基本环。例如：

吡嗪并哒嗪（哒嗪为基本环）　　　　咪唑并吡唑（吡唑为基本环）

第二节　五元杂环化合物

五元杂环化合物是指包含一个杂原子的五元杂环和含两个或多个杂原子的化合物，其中杂原子主要是氮、氧和硫。另外还包括杂环与苯环或其他杂环稠合的多种环系。

一、呋喃、噻吩、吡咯

1. 呋喃、噻吩、吡咯杂环的结构

近代物理方法测知，吡咯、呋喃和噻吩这三个化合物都是平面型分子。碳原子与杂原子均以 sp^2 杂化轨道与相邻的原子彼此以 σ 键构成五元环，每个原子都有一个未参与杂化的 p 轨道与环平面垂直，碳原子的 p 轨道中有一个电子，而杂原子的 p 轨道中有两个电子，这些 p 轨道相互侧面垂直重叠形成封闭的大 π 键，大 π 键的 π 电子数是 6 个，符合 $4n+2$ 规则，因此，这些杂环具有芳香性特征。

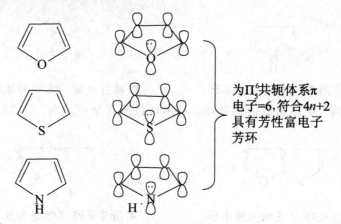

O
S
N
H
为Π_5^6共轭体系π
电子=6,符合4n+2
具有芳性富电子
芳环

2. 物理性质

呋喃存在于松木焦油中，是无色易挥发的液体，沸点 31.36℃，难溶于水，易溶于有机溶剂，有类似氯仿气味。呋喃的蒸气遇到浸过盐酸的松木片时呈绿色，叫作松木片反应，此现象可用来鉴定呋喃。

噻吩存在于煤焦油的粗苯及石油中，是无色而有特殊气味的液体，沸点 81.16℃。噻吩在浓硫酸存在下，与靛红一同加热显示蓝色，可用来检验噻吩。

吡咯存在于煤焦油和骨焦油中，为无色油状液体，沸点 131℃，有弱的苯胺气味，难溶于水，易溶于醇或醚中。吡咯的蒸气或其醇溶液能使浸过盐酸的松木片呈红色，此反应可用来鉴定吡咯。

五元杂环呋喃、噻吩、吡咯都难溶于水。三个杂环的水溶解度顺序为：吡咯＞呋喃＞噻吩。

3. 化学性质

(1) 酸碱性

吡咯分子中虽有仲胺结构，但并没有碱性，其原因是氮原子上的一对电子都已参与形成大 π 键，不再具有给出电子对的能力，与质子难以结合。相反，氮上的氢原子却显示出弱酸性，其 pK_a 为 17.5，因此吡咯能与强碱如金属钾及干燥的氢氧化钾共热成盐。

N
H
+ KOH
N
K+
+ H2O

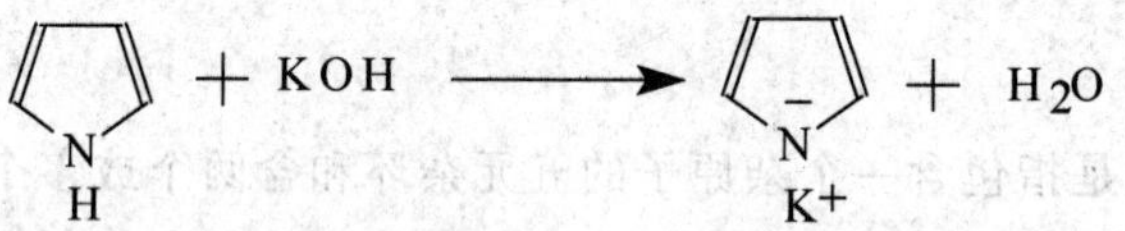

呋喃中的氧原子也因参与形成大 π 键而失去了醚的弱碱性，不易生成𨦡盐。噻吩中的硫原子不能与质子结合，因此也不显碱性。

(2) 亲电取代反应

三个五元杂环都属于多 π 杂环，碳原子上的电子云密度都比苯高，亲电取代反应容易发生，活性顺序为：吡咯＞呋喃＞噻吩＞苯。亲电取代反应主要发生在 α-位上，β-位产物较少。

卤代反应：呋喃、噻吩、吡咯都容易发生卤化反应。例如：

O
+Br2
二噁烷
0℃
O
Br

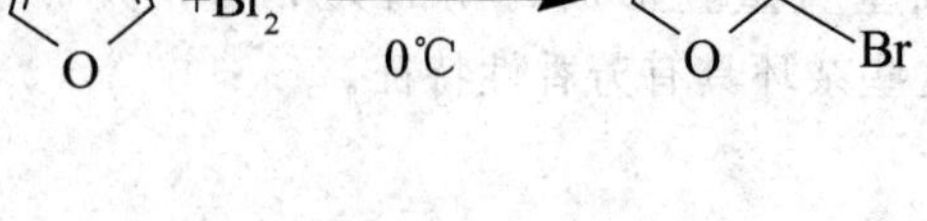

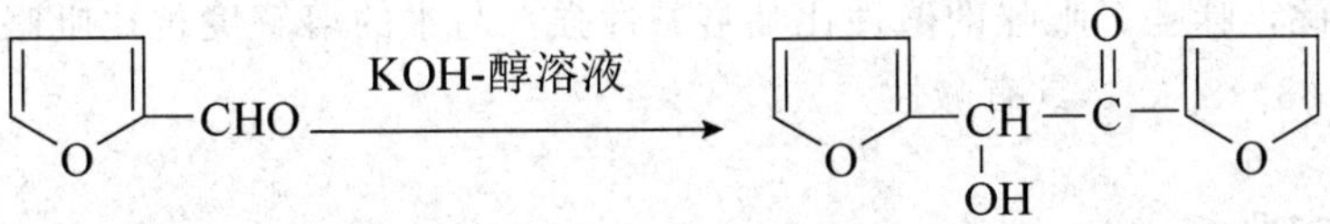

硝化反应：呋喃、噻吩、吡咯不能采用一般的硝化试剂硝化，常使用比较缓和的硝化试剂（硝酸乙酰酯）在低温下进行硝化。

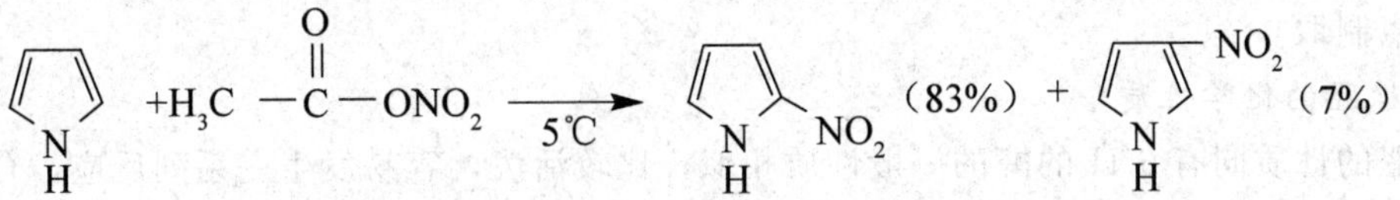

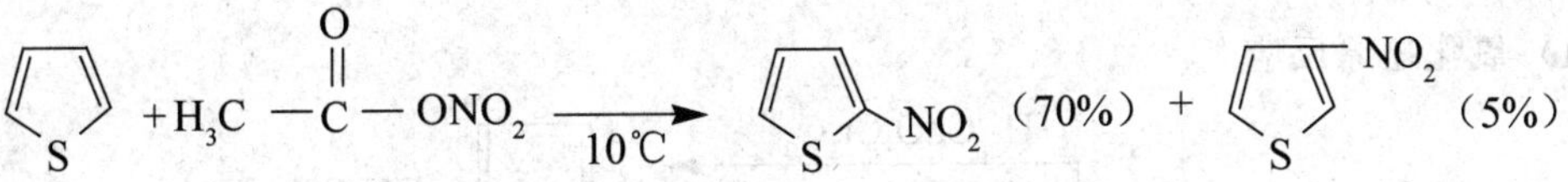

磺化反应：吡咯和呋喃的磺化反应也需要使用比较温和的非质子性的磺化试剂，常用吡啶三氧化硫作为磺化试剂。例如：

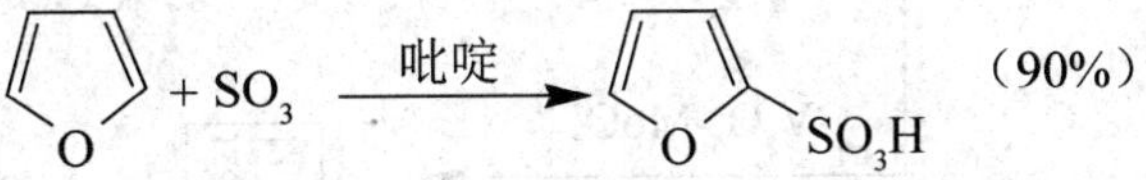

由于噻吩比较稳定，可直接用硫酸进行磺化反应。利用此反应可以把煤焦油中共存的苯和噻吩分离开来。

付－克酰基化：

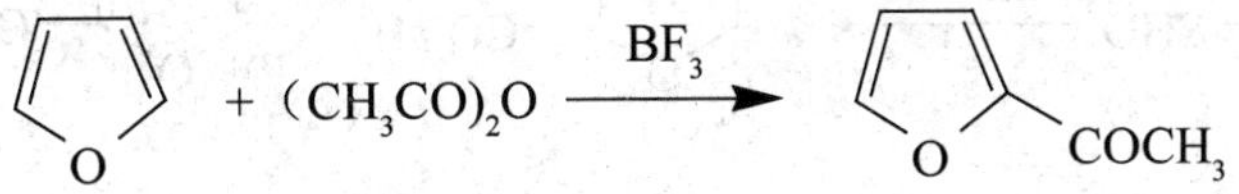

α-呋喃乙酮

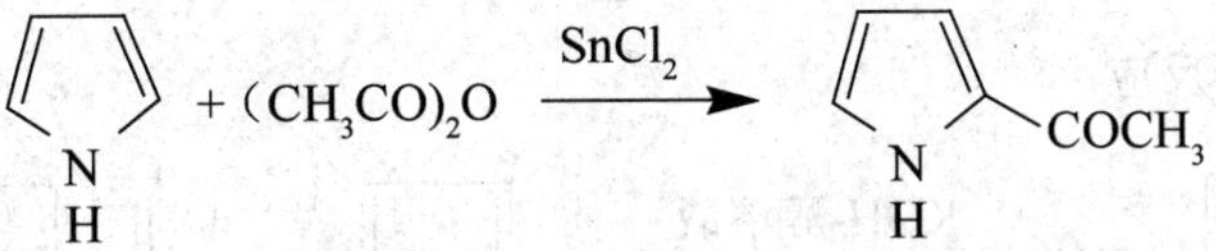

α-吡咯乙酮

二、咪唑

含有两个或两个以上杂原子的五元杂环化合物至少都含有一个氮原子，其余的杂原子可以是氧或硫原子。这类化合物通称为唑（azole）类。

咪唑是吡唑的异构体，两个氮原子相隔一个碳原子。两者分子中相应的两个 N 原子的成键方式相同，其中一个氮原子的未共用电子对与吡咯一样，参与杂环共轭体系；另一个氮原子未共用电子对（或称孤对电子）未参与杂环共轭体系，既能与水形成氢键，又能与质子结合，因此，咪唑、吡唑的碱性比吡咯碱性强，与水的溶解度也比吡咯大。咪唑是无色固体，熔点 88~89℃，具有碱性。

三、糠醛

糠醛（α-呋喃甲醛）可由农副产品如甘蔗杂渣、花生壳、高粱秆、棉籽壳……用稀酸加热蒸煮制取。

1. 糠醛的化学性质

糠醛的性质同有 α-H 的醛的一般性质相似，比较活泼，容易发生一系列反应，合成应用较广泛。

（1）氧化还原反应

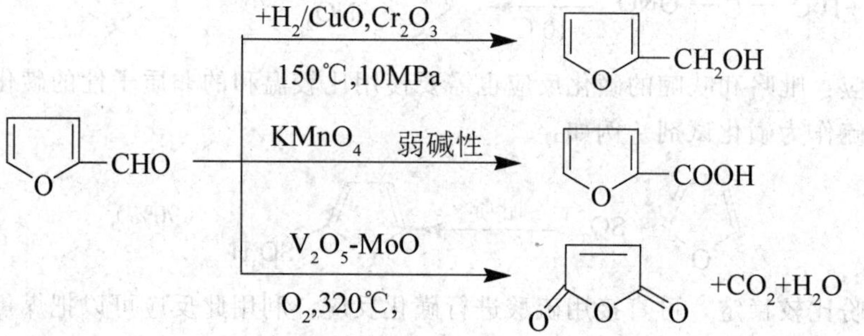

（2）歧化反应

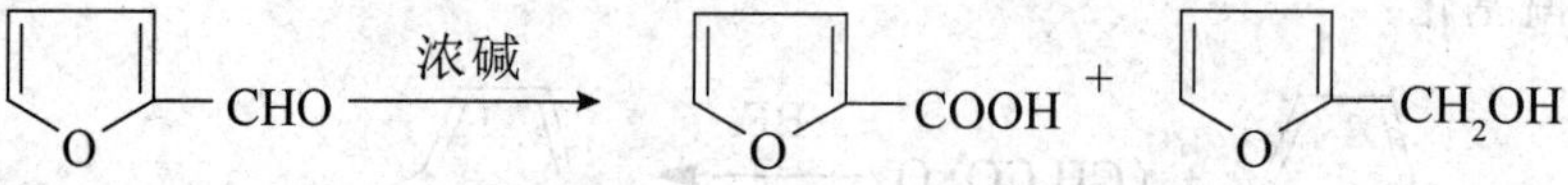

（3）羟醛缩合反应

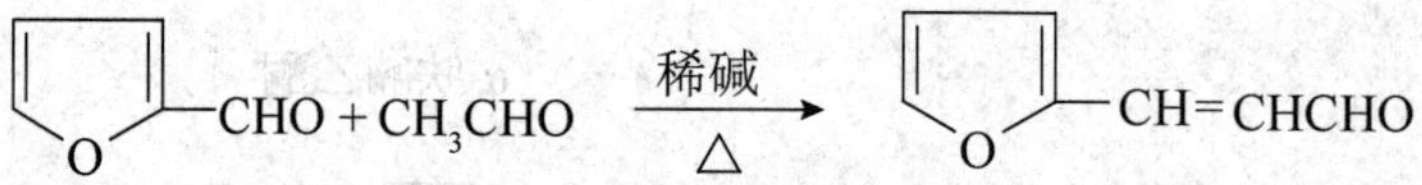

（4）安息香缩合反应

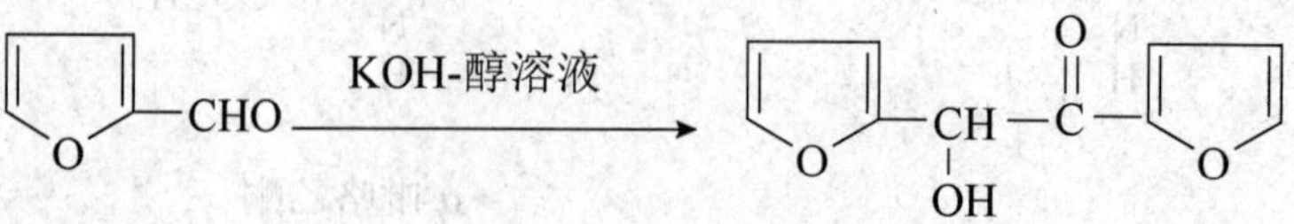

2. 糠醛的用途

糠醛是良好的溶剂，常用作精炼石油的溶剂，以溶解含硫物质及环烷烃等。可用于精制松香，脱出色素，溶解硝酸纤维素等。糠醛广泛用于油漆及树脂工业。

第三节 六元杂环化合物

六元杂环化合物是杂环类化合物最重要的部分，尤其是含氮的六元杂环化合物，如吡啶、嘧啶等，他们的衍生物广泛存在于自然界，很多合成药物也含有吡啶环和嘧啶环。六元杂环化合物包括含一个杂原子的六元杂环，含两个杂原子的六元杂环，以及六元稠杂环等。

一、吡啶

1. 吡啶的结构

吡啶是从煤焦油中分离出来的具有特殊臭味的无色液体，沸点为 115.3℃，比重为 0.982，是性能良好的溶剂和脱酸剂。其衍生物广泛存在于自然界中，是许多天然药物、染料和生物碱的基本组成部分。

吡啶环上的碳原子和氮原子均以 sp^2 杂化轨道相互重叠形成 σ 键，构成一个平面六元环。每个原子上有一个 p 轨道垂直于环平面，每个 p 轨道中有一个电子，这些 p 轨道侧面重叠形成一个封闭的大 π 键，π 电子数目为 6，符合 $4n+2$ 规则，与苯环类似。因此，吡啶具有一定的芳香性。氮原子上还有一个 sp^2 杂化轨道没有参与成键，被一对未共用电子对所占据，所以吡啶具有碱性。

在吡啶环上，五个碳原子和一个氮原子都以 sp^2 杂化轨道成键，处于同一平面上。每个原子剩下的 p 轨道相互平行重叠，形成闭合的共轭体系，氮原子上的一对未共用电子对占据在 sp^2 杂化轨道上，它不与环共平面，未参与成键，可以与质子结合，具有碱性。

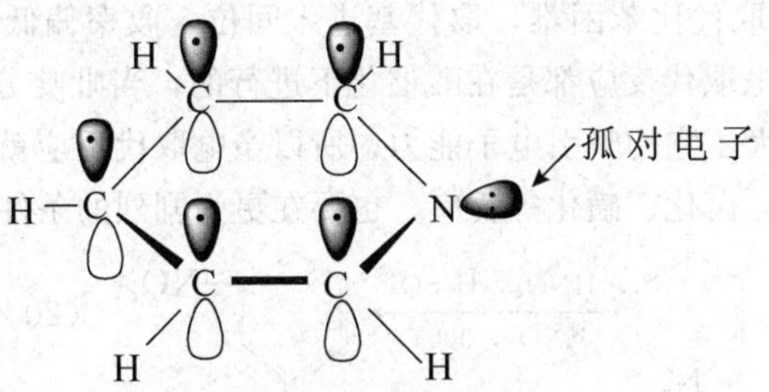

图 13-1 吡啶的轨道结构

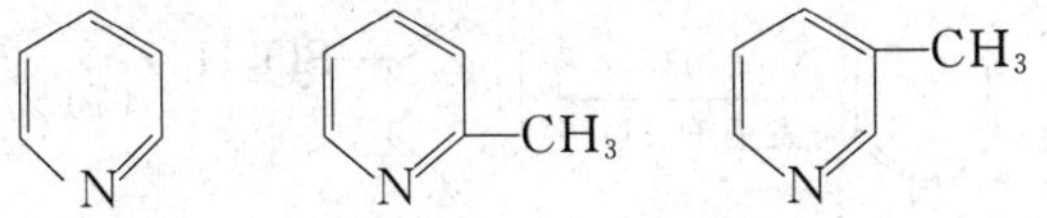

吡啶　　α-甲基吡啶　　β-甲基吡啶

吡啶是一种具有特殊气味的无色液体，具有较强的极性，它可以以任意比例溶于水，又能溶于多种有机溶剂，是常用的高沸点溶剂，也是非常重要的有机合成原料。

2. 物理性质

(1) 偶极矩　吡啶为极性分子，其分子极性比其饱和的化合物——哌啶大。这是因为在哌啶环中，氮原子只有吸电子的诱导效应，而在吡啶环中，氮原子既有吸电子的诱导效应，又有吸电子的共轭效应。

(2) 溶解度　吡啶与水能以任何比例互溶，同时又能溶解大多数极性及非极性的有机化合物，甚至可以溶解某些无机盐类。所以吡啶是一个有广泛应用价值的溶剂。吡啶分子具有高水溶性的原因除了分子具有较大的极性外，还因为吡啶氮原子上的未共用电子对可以与水形成氢键。吡啶结构中的烃基使它与有机分子有相当的亲和力，所以可以溶解极性或非极性的有机化合物。而氮原子上的未共用电子对能与一些金属离子如 Ag^+、Ni^{2+}、Cu^{2+} 等形成配合物，致使它可以溶解无机盐类。

3. 吡啶的化学性质

(1) 吡啶的碱性

吡啶分子中的氮原子的一对未共用电子未参与形成闭合共轭体系，具有叔胺的类似结构，所以是一个弱碱，$pK_b=8.8$，能与酸成盐。实验室中常利用吡啶的这个性质来洗除反应体系中的酸。

$$\text{吡啶} + HCl \Longrightarrow \text{吡啶}^+ \ Cl^-$$

(2) 吡啶的亲电取代反应

吡啶是具有芳香性的环状分子，它能像苯等芳香化合物一样，发生卤代、硝化、磺化等一系列亲电取代反应。但吡啶又与吡咯不同，它是一个缺 π 电子的环系化合物。由于氮原子的电负性大于碳原子，环上碳原子的 π 电子是"流向"氮原子的，事实上，它更像硝基苯，钝化作用使亲电取代比苯困难，取代基进入间位，收率偏低。

其次，由于所有亲电取代反应都是在酸催化下进行的，当吡啶分子首先与酸成盐，氮原子带上正电荷后，更加大了它的吸引电子能力，所以亲电取代反应就更难了，像傅-克反应根本就不能发生；硝化、卤化、磺化等反应，也要在更为剧烈的条件下才能发生。例如：

$$\xrightarrow[\text{KNO}_3,\ 300℃]{\text{HNO}_3,\ \text{H}_2\text{SO}_4} \text{β-硝基吡啶} \quad (20\%)$$

$$\xrightarrow[\text{发烟 H}_2\text{SO}_4]{250℃} \text{β-吡啶磺酸} \quad (71\%)$$

(3) 吡啶的亲核取代反应

由于吡啶环中的氮原子是一个强吸电子基团，在它的影响下，吡啶环的亲核取代反应

在 α-位或 γ-位进行，恰好和亲电取代反应相反。其中 α-位占主导地位，这是因为氮原子在 α-位诱导效应较强。

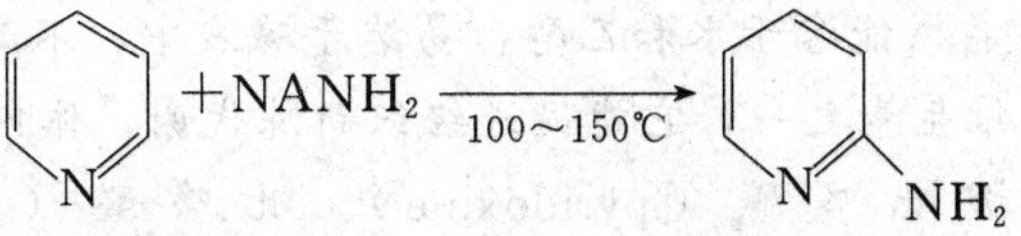

卤代吡啶也可以与亲核试剂反应：

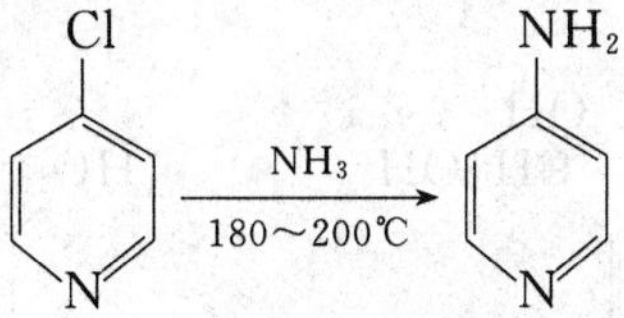

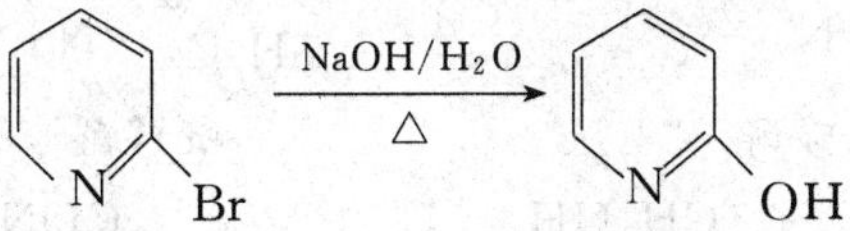

（4）吡啶的氧化与还原反应

吡啶不易被氧化，这是由于环上的电子云密度因氮原子的存在而降低，所以环对氧化剂是稳定的，尤其在酸性条件下，氮原子转变为吸电子能力更强的 $N+H$，环就更不稳定了。但烷基吡啶可被氧化成吡啶酸。

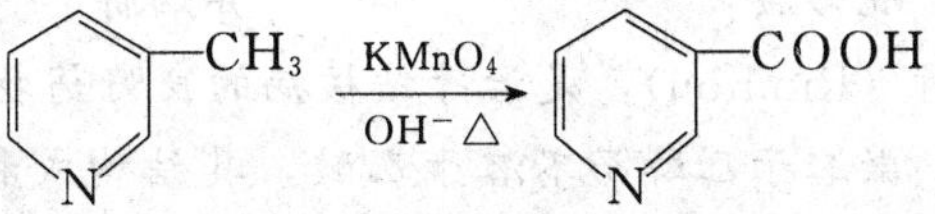

β-甲基吡啶　　　　　　β-吡啶甲酸

与氧化反应相反，吡啶对还原剂比苯活泼，用还原剂（Na＋EtOH）或催化加氢都可以使吡啶还原为哌啶。

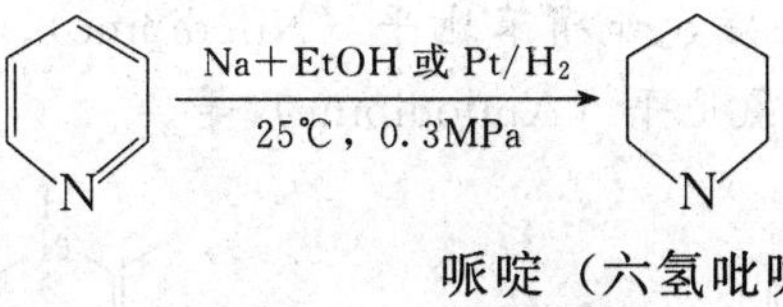

哌啶（六氢吡啶）

这是由于吡啶分子中环上氮原子的强吸电子作用造成了分子的对称性下降，以及分子偶极增加等一系列的分子结构上的不均匀性，使得吡啶环比苯环更容易发生加氢反应。

知识链接

吡啶的衍生物

吡啶的重要衍生物维生素 PP，包括 β-吡啶甲酸（烟酸）和 β-吡啶甲酰胺（烟酰胺），在医药上有重要作用。

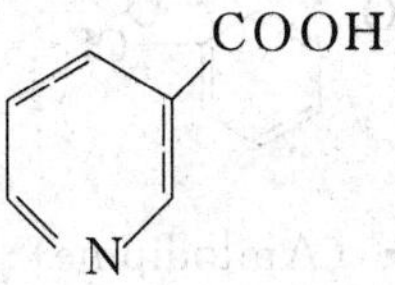

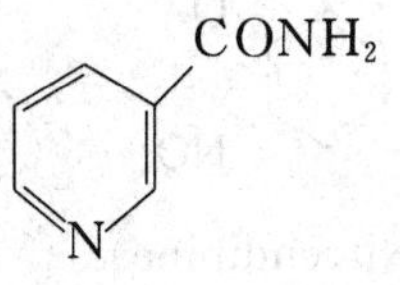

β-吡啶甲酸（烟酸）　　　　β-吡啶甲酰胺（烟酰胺）
（尼可酸）　　　　　　　　（尼可酰胺）

烟酸是白色针状结晶，能溶于水和乙醇，易溶于碱液中，不溶于乙醚。

维生素PP是B族维生素之一，它能促进组织新陈代谢，体内缺乏时能引起粗皮病。

维生素 B$_6$ 包括吡哆醇（pyridoxine）、吡哆醛（pyridoxal）和吡哆胺（pyridoxamine）。维生素 B$_6$ 是蛋白质代谢过程中的必须物质，缺乏它蛋白质代谢就不能正常进行。

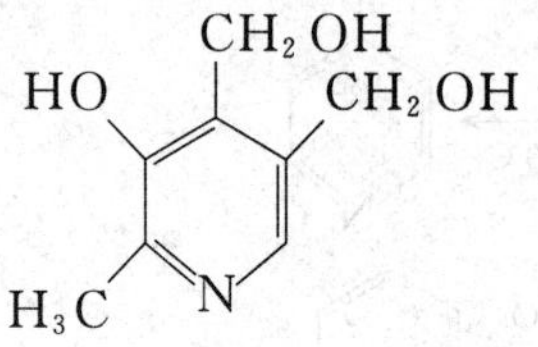

吡哆醇 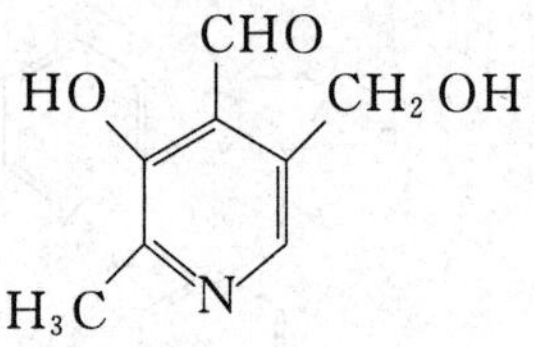　　　　　　　　　　吡哆醛

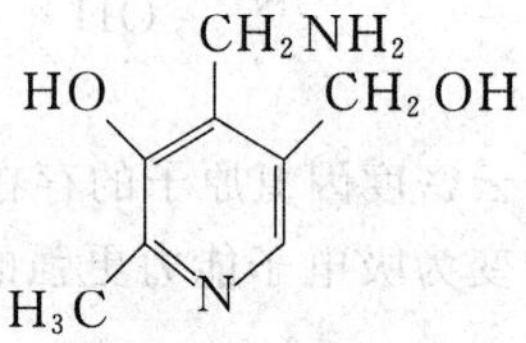

吡哆胺 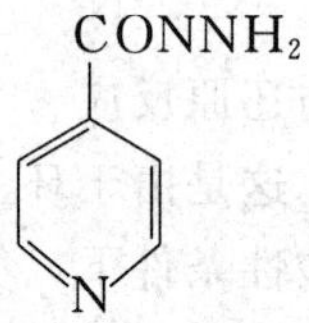　　　　　　　　　　异烟肼

异烟肼又称"雷米封（Rimifon），是治疗结核病的良好药物。它是白色晶体，熔点为170～173℃，易溶于水，微溶于乙醇而不溶于乙醚，其结构式和维生素PP相似，对维生素PP有拮抗作用，若长期服用异烟肼，应适当补充维生素PP。

二氢吡啶类钙通道阻滞剂药物是一类在临床上广泛使用并且非常重要的治疗心血管疾病药物，具有很强的扩张血管作用，在整体条件下不抑制心脏跳动，适用于冠状动脉痉挛、高血压、心肌梗死等疾病，如硝苯地平（Nifedipine）、尼莫地平（Nimodipine）、尼群地平（Nitrendipine）、胺氯地平（Amlodipine）等。

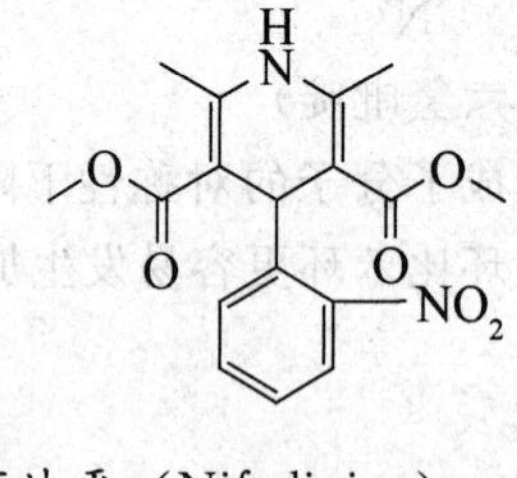

硝苯地平（Nifedipine） 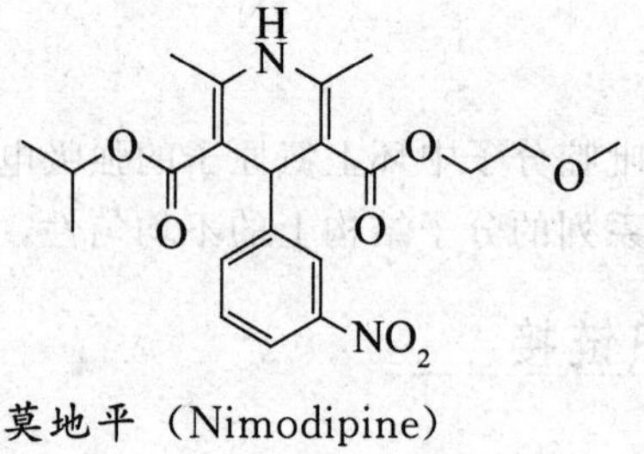　　　　尼莫地平（Nimodipine）

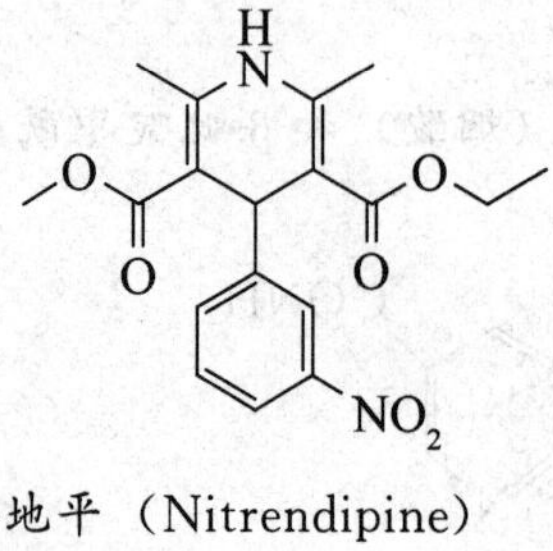

尼群地平（Nitrendipine） 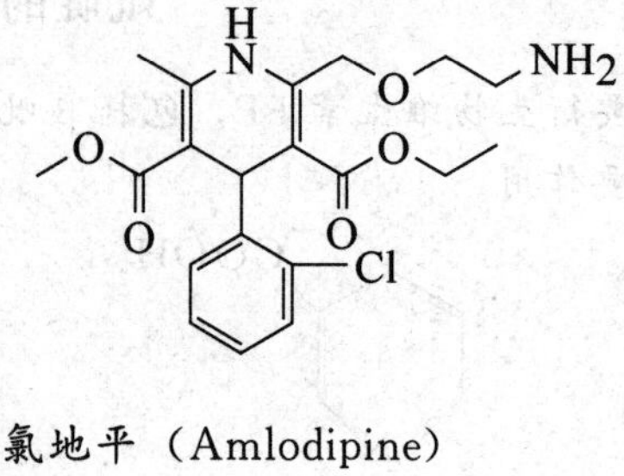　　　　胺氯地平（Amlodipine）

本章小结

知识点	知识内容归纳
杂环化合物的分类	按照芳香性，杂环化合物可以分为脂杂环和芳杂环化合物
杂环化合物的命名	有特定名称的杂环化合物、杂环母环的编号规则、取代杂环化合物的命名、无特定名称的稠杂环的命名
呋喃、噻吩、吡咯杂环的结构	吡咯、呋喃和噻吩这三个化合物都是平面型分子
呋喃、噻吩、吡咯杂环的物理性质	三个五元杂环呋喃、噻吩、吡咯都难溶于水
呋喃、噻吩、吡咯杂环的化学性质	酸碱性、亲电取代反应（卤代反应、硝化反应、磺化反应、付－克酰基化）
咪唑	咪唑是吡唑的异构体、咪唑环中氮上的 H 可以转移到另一个 N 原子上，所以能发生互变异构现象
糠醛	糠醛（α-呋喃甲醛）的制备，糠醛的性质，氧化还原反应、歧化反应、羟醛缩合反应、安息香缩合反应，用途
吡啶的结构	含一个氮原子的六元杂环
吡啶的物理性质	吡啶为极性分子，吡啶与水能以任何比例互溶
吡啶的化学性质	吡啶的碱性，吡啶的亲电取代反应，吡啶的亲核取代反应，吡啶的氧化与还原反应

目标检测

1. 命名下列杂环化合物。

(1) ![furan-CH2COOH structure] (2) ![thiophene-CH3 structure] (3) ![furan-CH2COOH structure]

(4) ![pyrrole-CH2CH2OH structure] (5) ![thiazole structure] (6) ![quinoline-NO2 structure]

2. 完成下列反应。

(1) ![pyridine with CH2CH3] $+H_2SO_4 \xrightarrow{\triangle}$

(2)

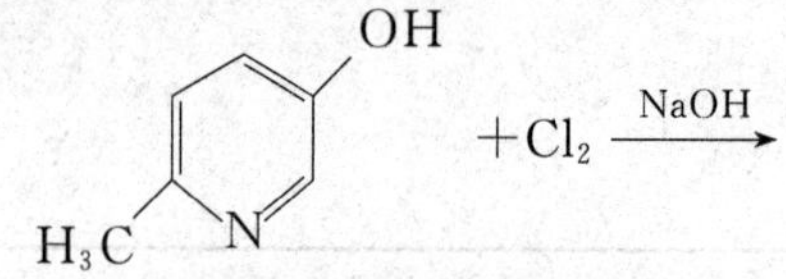

$$\text{（结构式）} + Cl_2 \xrightarrow{\text{NaOH}}$$

（结构：5-羟基-2-甲基吡啶，带 OH，H₃C，N）

(3)

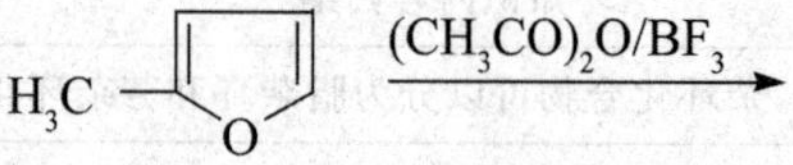

$$\text{（2-甲基呋喃）} \xrightarrow{(CH_3CO)_2O/BF_3}$$

（H₃C，O）

(4)

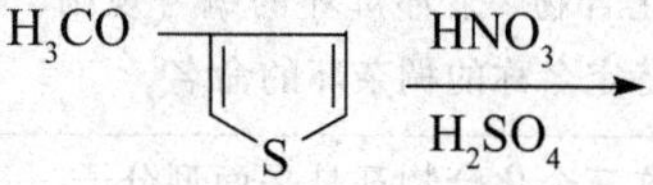

$$\text{（2-甲氧基噻吩）} \xrightarrow[H_2SO_4]{HNO_3}$$

（H₃CO，S）

(5)

$$\text{（糠醛）} \xrightarrow{CH_3CHO/\text{稀}OH^-}$$

（O，CHO）

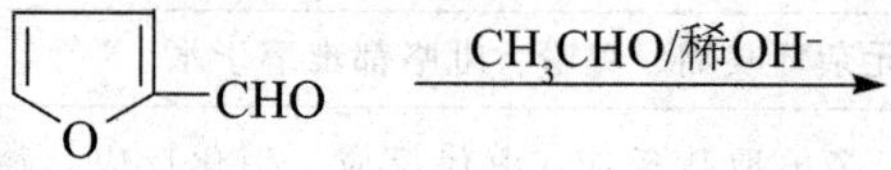

(6)

$$\text{（吡咯）} \xrightarrow[60℃]{CH_3I}$$

（N—H）

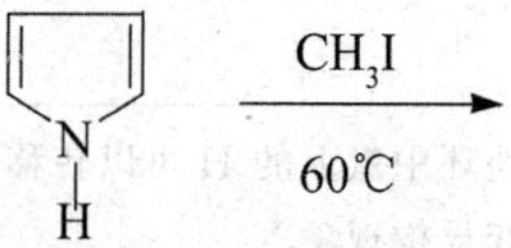

3. 用化学方法区别下列两组化合物。

(1) 苯、噻吩和苯酚；　　　　　(2) 吡咯和四氢吡咯。

4. 试比较下列化合物的亲电取代反应活性及芳香性的大小。

第十四章 糖类化合物

1. 掌握糖类的概念、分类及物理性质。
2. 掌握单糖的结构和化学性质。
3. 了解几种重要的寡糖和多糖及其应用。

第一节 概述

一、糖类的存在形式

碳水化合物又称糖，主要由碳、氢和氧三种元素组成。糖类是广泛存在于动、植物体内非常重要的一类有机化合物，常见一些糖类物质分布如表14-1所示：

表 14-1 糖类物质的分布

粮食及块根、块茎	淀粉
绿色植物皮、秆	纤维素
动物	糖元
食用菌	多糖（香菇多糖、茯苓多糖、灵芝多糖）
昆虫、蟹、虾	外骨骼糖（几丁质）
核酸、蛋白质	核糖
细菌、酵母	细胞壁糖
结缔组织	肝素、透明质酸、硫酸软骨素、硫酸皮肤素

二、糖类的概念与分类

1. 糖类的概念

糖类，称为多羟基（2个或以上）的醛类或酮类的化合物，在水解后能生成多羟基醛、多羟基酮的一类有机化合物。这类化合物都是由 C、H、O 三种元素组成的，化学式符合 $C_n(H_2O)_m$ 的通式，故又称之为碳水化合物。

2. 糖类的分类

根据聚合度，糖类可以分为单糖、寡糖和多糖。单糖是指不能被水解成更小分子的糖类，也称为简单糖，如葡萄糖、果糖、核糖等。寡糖包括的类别很多，双糖或二糖，水解时可生成 2 分子单糖，如麦芽糖、蔗糖等；三糖，水解时生成 3 分子单糖，如棉籽糖；以及四糖、五糖等。多糖是指水解时产生 20 个以上单分子的糖类。包括：①同多糖：水解只产生 1 种单糖或单糖衍生物，如糖原、淀粉、壳多糖等。②杂多糖：水解产生一种以上的单糖或单糖衍生物，如透明质酸、半纤维素等。糖类和蛋白质、脂质等生物分子形成共价结合物称为糖蛋白、蛋白聚糖和糖脂等。

三、糖的物理性质

1. 溶解性

糖的溶解度和浓度随温度的升高而增大，糖的溶解度可以指导我们正确地选择不同糖的加入比例、加入时的温度，以及贮藏温度条件等，如表 14-2 所示。

表 14-2　糖溶液的浓度和溶解度

名　称	20℃		30℃		40℃		50℃	
	浓度（%）	溶解度 g/100g 水	浓度（%）	溶解度 g/100g 水	浓度（%）	溶解度 g/100g 水	浓度（%）	溶解度 g/100g 水
果糖	78.94	374.78	81.54	441.70	84.34	538.63	86.63	665.58
蔗糖	66.06	199.4	68.18	214.3	70.01	233.4	72.04	257.6
葡萄糖	46.71	87.67	54.64	120.46	61.89	162.38	70.91	243.76

2. 甜度

糖甜味的高低即为糖的甜度，它是糖的重要特性。单糖和双糖都有甜味，多糖则没有。甜度没有绝对值，一般以蔗糖的甜度为标准，规定以 5% 或 10% 的蔗糖溶液在 20℃时的甜度为 100，其他糖与蔗糖相比，得到相对甜度，如表 14-3 所示。

表 14-3　糖的相对甜度

名称	蔗糖	转化糖	果糖	木糖醇	葡萄糖	半乳糖	麦芽糖	乳糖
相对甜度	100	130	100~150	100	70	60	60	27

3. 黏度

在相同浓度下，葡萄糖、果糖的黏度较蔗糖低，淀粉糖浆的黏度最高。葡萄糖溶液的黏度随温度升高而增大，蔗糖溶液的黏度则随温度增大而降低。

4. 熔点

熔点是固体由固态熔化为液态的温度，各种糖的熔点如表 14-4 所示。

表 14-4　各种糖的熔点

糖类	蔗糖	葡萄糖	麦芽糖	果糖
熔点℃	185～186	146	102～103	95

5. 结晶性

蔗糖极易结晶，且晶体很大；葡萄糖液易结晶，但晶体细小；转化糖较果糖更难结晶。淀粉糖浆是葡萄糖、低聚糖和糊精的混合物，自身不能结晶，但能防止蔗糖结晶。

6. 吸湿性和保湿性

吸湿性是指糖在空气湿度较高的情况下吸收水分的情况。保湿性则是指糖在较低空气湿度下保持水分的性质。单糖和双糖的吸湿性大小为：果糖、转化糖＞葡萄糖、麦芽糖＞蔗糖

第二节　单糖

一、单糖的定义与分类

单糖是指不能被水解成更小分子的糖。按碳原子数分为：丙糖（甘油醛）、丁糖（赤藓糖）、戊糖（木酮糖、核酮糖、核糖、脱氧核糖等）、己糖（葡萄糖、果糖、半乳糖等）。按所含的是醛基还是酮基分为：醛糖，如葡萄糖为己醛糖；酮糖，如果糖为己酮糖。

二、单糖的结构

表示单糖结构式的有三种方法，分别是 Fischer 投影式、Haworth 投影式和优势构象式。

1. Fischer 投影式

葡萄糖（Fischer 投影式）　　D，L 表示相对构型，结构式中，位号最大、离羰基最远的手性碳原子的羟基在右侧为 D 型；羟基在左侧的为 L 型。

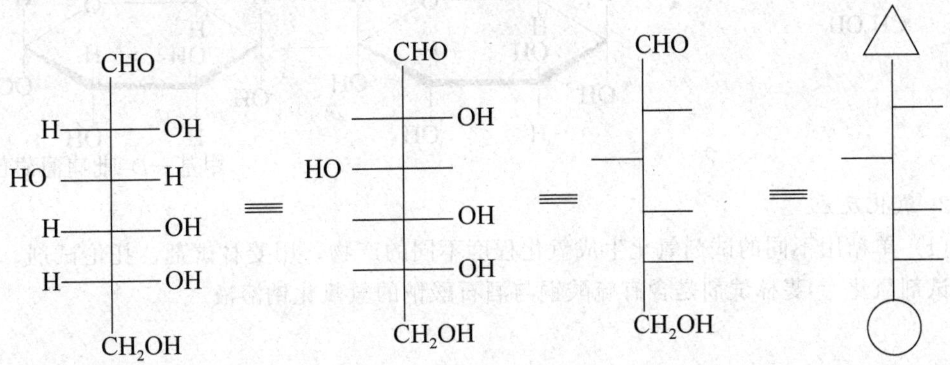

2. Haworth 投影式

Fischer 投影式不能表示单糖在水溶液中的真实存在形式，因此有了 Haworth 投影式。Haworth 投影式中，C_4 位羟基在面下为 D 型，在面上则为 L 型。单糖成环后形成了一个新的手性碳原子，形成一对端基差向异构体，有 α、β 二种构型。端基碳上的羟基与 C_4 羟基在同侧称为 α 型，异侧称为 β 型。

β—D—吡喃葡萄糖　　　　　　α—D—吡喃葡萄糖

三、单糖的化学性质

1. 成苷反应

环状糖的半缩醛羟基能与另一分子化合物中的羟基、氨基或硫羟基等失水，生成的失水产物称为糖苷，也称为配糖体。由葡萄糖衍生的糖苷叫作葡萄糖苷，失水时形成的键叫作苷键。糖苷的名称由三部分组成，分别是配基、糖的残基和苷键。

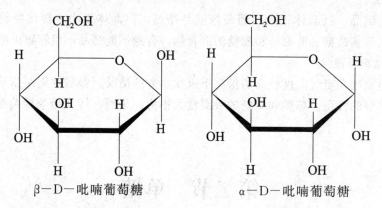

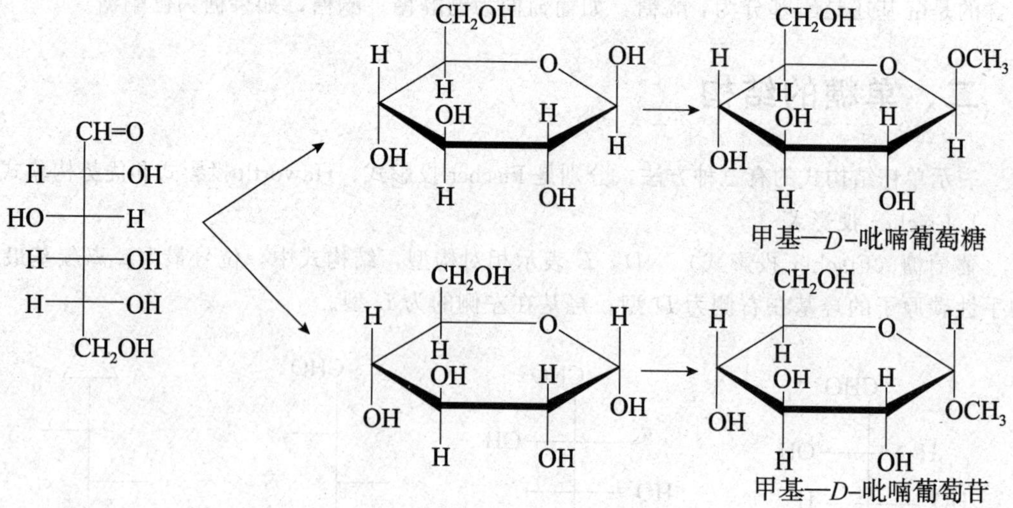

甲基—D-吡喃葡萄糖

甲基—D-吡喃葡萄苷

2. 氧化反应

（1）单糖用不同的试剂氧化生成氧化程度不同的产物，用斐林试剂、托伦试剂、本尼迪特试剂氧化。斐林试剂是含有硫酸铜与酒石酸钠的氢氧化钠溶液。

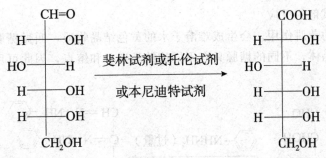

（2）与溴水的反应

溴的水溶液很快与醛糖反应，选择性地将醛基氧化成羧基，然后生成内酯。酮糖不发生此反应，因此可作为区分两类糖的鉴别反应。

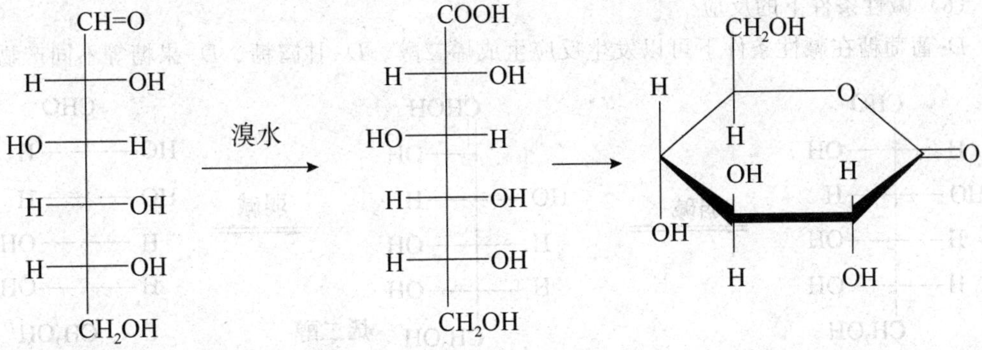

（3）与硝酸反应

在温热的稀硝酸作用下，醛糖可被氧化成糖二酸，酮糖易发生碳链断裂，生成小分子的二元酸。

（4）还原反应

单糖可经催化加氢或用还原剂（$NaBH_4$、H_2、Pd）还原得到糖醇。例如：

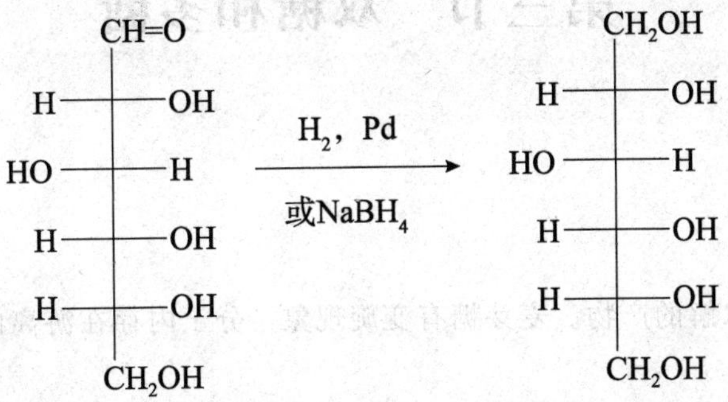

（5）与含氮试剂的反应

单糖与过量的苯肼作用，会生成难溶于水的黄色结晶物质，叫做糖脎。糖脎都是不溶于水的亮黄色结晶体，不同的糖脎具有不同的结晶形态和熔点，因此可用糖脎的生成对糖进行鉴定。例如：

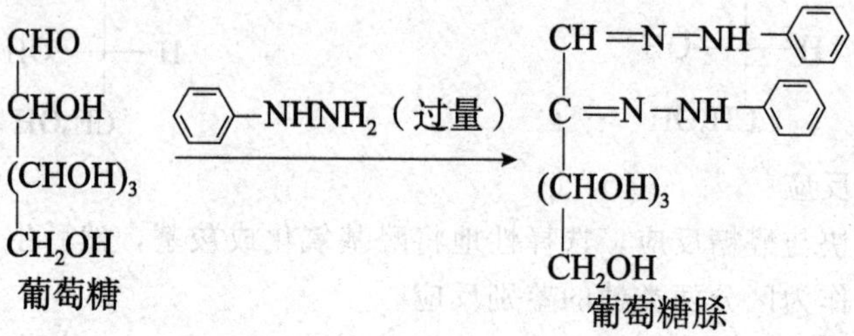

（6）碱性条件下的反应

D-葡萄糖在碱性条件下可以发生反应生成烯二醇、D-甘露糖、D-果糖等不同产物。

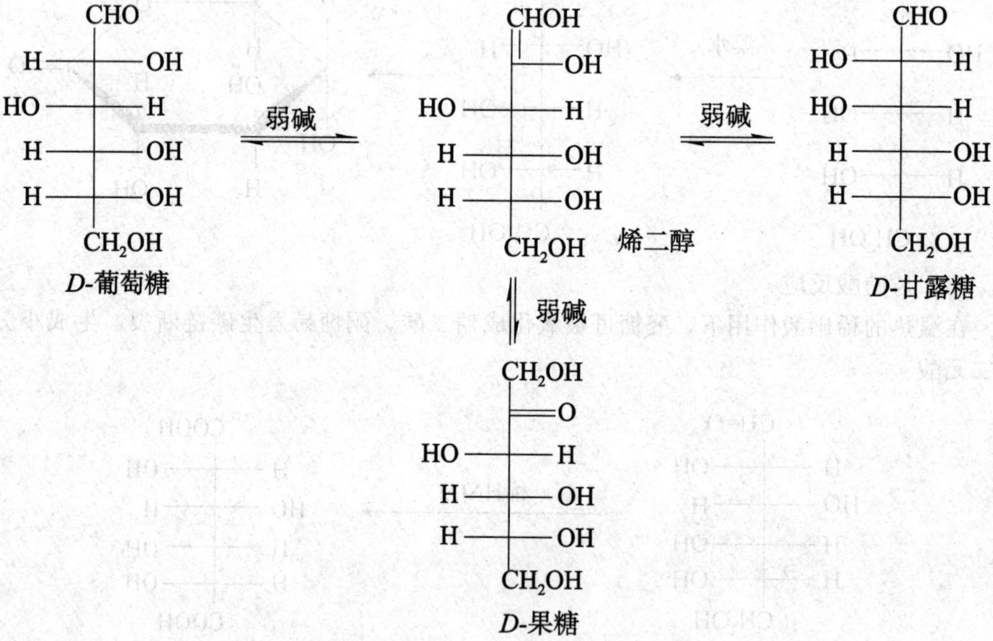

第三节　双糖和多糖

一、双糖

1. 麦芽糖

麦芽糖是淀粉水解的产物。麦芽糖有变旋现象，分子内存在游离的半缩醛羟基，故为还原糖。

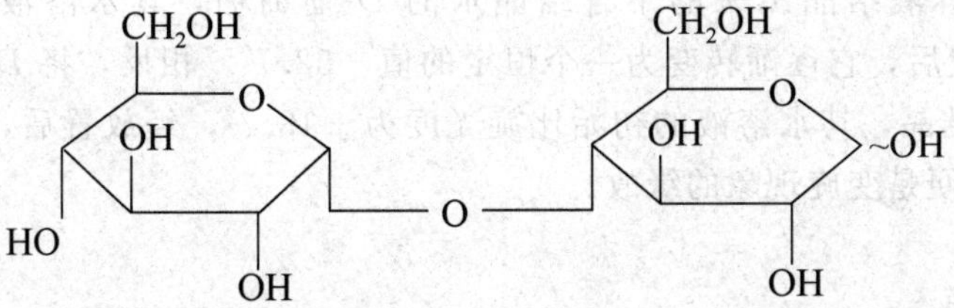

2. 纤维二糖

在自然界不存在游离的纤维二糖，在乙醇水溶液中可得细粒结晶的纤维二糖（真空干燥后），熔点 225℃（分解）。它与纤维素的关系如同麦芽糖与淀粉的关系一样，水解后也得两分子 D-（＋）-葡萄糖，所不同的是，麦芽糖为 α-葡萄糖苷，而纤维二糖为 β-葡萄糖苷。

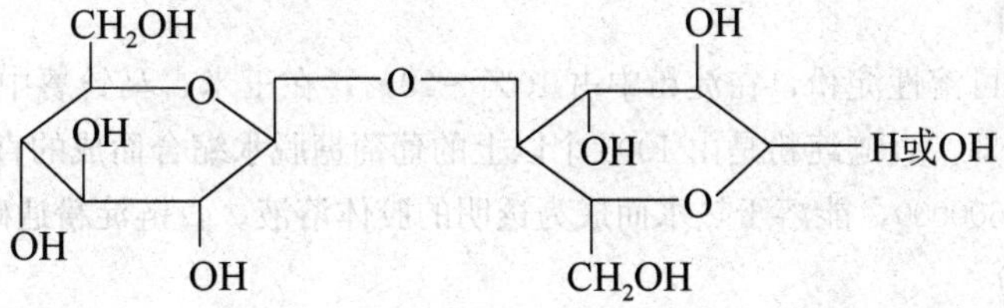

3. 乳糖和蔗糖

哺乳动物的乳汁中，工业上可从乳清中获得。有变旋现象，是还原糖。蔗糖在甘蔗和甜菜中含量最多，是自然界分布最广的双糖。无变旋现象，是非还原糖。

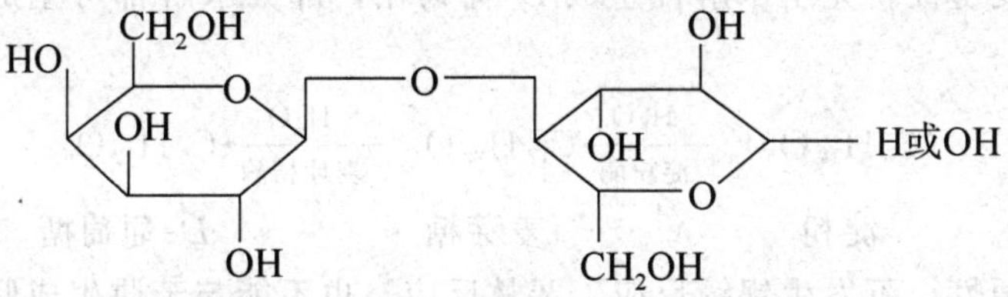

乳糖

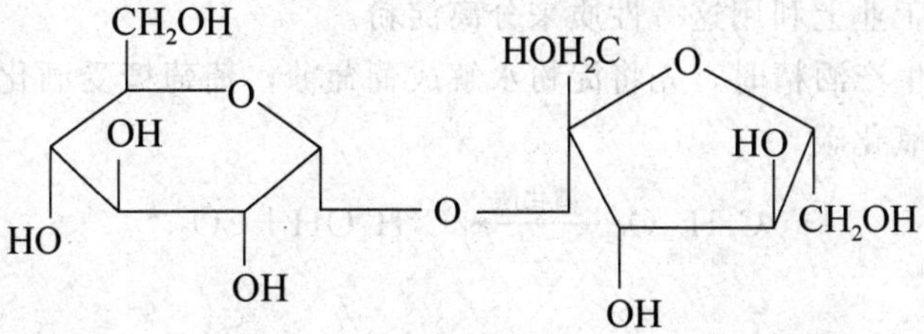

蔗糖

4. α-与 β-D-吡喃葡萄糖之间的变旋。

变旋现象是环状单糖或糖苷的比旋光度由于其 α-端基和 β-端基差向异构体达到平衡而发生变化，最终达到一个稳定的平衡值的现象。变旋现象往往能被某些酸或碱催化。

由于单糖溶于水后，即产生环式与链式异构体间的互变，所以新配成的单糖溶液在放置的过程中其旋光度会逐渐改变，但经过一定时间，几种异构体达到平衡后，旋光度就不再变化，这种现象叫做变旋现象。

例如，从水溶液结晶出来的不含结晶水的 D-葡萄糖，其水溶液的初始比旋光度为 $+112°$，经放置后，它逐渐转变为一个恒定的值 $+52.7°$。相反，将 D-葡萄糖晶体的浓水溶液在醋酸中结晶，其水溶液的初始比旋光度为 $+18.7°$，经放置后，也逐渐转变为恒定值 $+52.7°$。这便是变旋现象的缘故。

二、多糖

1. 淀粉

淀粉是无嗅、无味的白色无定形粉末，广泛存在于植物的种子、茎和块根中。谷类植物中含淀粉较多。淀粉是人类三大营养素之一，也是重要的工业原料。淀粉分为直链淀粉和支链淀粉两部分。

（1）直链淀粉

直链淀粉又称可溶性淀粉，在淀粉中占 $10\%\sim20\%$，在玉米、马铃薯中，直链淀粉含量较高，约含 $20\%\sim30\%$。直链淀粉是由 1000 个以上的葡萄糖脱水缩合而成的直链多糖，相对分子质量约为 $150000\sim600000$，能溶于热水而成为透明的胶体溶液。直链淀粉遇碘呈蓝色。

（2）支链淀粉

支链淀粉又称胶淀粉或淀粉精，在淀粉中占 $80\%\sim90\%$，是由 $6000\sim37000$ 个葡萄糖分子脱水缩合而成的含有支链的多糖，相对分子质量约为 100 万～600 万，不溶于冷水，在热水中形成浆糊。支链淀粉遇碘呈紫红色，常利用此性质鉴别这两种淀粉。

直链淀粉和支链淀粉完全水解都生成 D-葡萄糖，部分水解都可生成麦芽糖。水解过程如下：

$$(C_6H_{10}O_5)_n \xrightarrow[\text{淀粉酶}]{H_2O} C_{12}H_{22}O_{11} \xrightarrow[\text{麦牙糖酶}]{H_2O} C_6H_{12}O_6$$

淀粉   麦芽糖 D-葡萄糖

淀粉没有还原性，不发生银镜反应、斐林反应，也不能与苯肼生成脎。

淀粉不溶于水、醇和醚等有机溶剂，能吸收空气中的水分。在冷水中容易膨胀，干燥后又收缩为粒状，工业上利用这一性质来分离淀粉。

以淀粉为原料生产酒精时，先将淀粉水解成葡萄糖，葡萄糖受酒化酶的作用，转变成酒精，同时放出二氧化碳。

$$C_6H_{12}O_6 \xrightarrow{\text{酒化酶}} 2C_2H_5OH + CO_2\uparrow$$

葡萄糖

2. 纤维素

纤维素是自然界中分布最广的有机化合物。它是植物细胞壁的主要成分。木材中含纤维素 $50\%\sim70\%$，亚麻约含纤维素 80%，棉花含纤维素 $92\%\sim95\%$。这三种物质是工业上纤维素的主要来源。此外，已经发现某些动物体内也有动物纤维素。

纤维素纯品是无色、无味、无嗅的纤维状物质，不溶于水、稀酸或稀碱，也不溶于一般有机溶剂，但能溶于浓硫酸。

人体内不存在水解纤维素的酶，故纤维素在人体内不能被水解成葡萄糖，从而不能被人体消化吸收。而食草动物如马、牛、羊等的消化道中寄存的微生物能分泌水解纤维素的酶，使之转化为 D-葡萄糖，所以纤维素可以作为它们的食物。

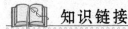 **知识链接**

1. 环糊精

环糊精是经浸解杆菌淀粉酶作用于淀粉后产生的环状低聚糖的总称。具有一定水溶性，同时，许多非极性有机分子或有机分子的非极性一端又可进入其内腔形成包结物。被广泛应用于食品、医药、农药等方面。

2. 糖脂

糖脂是由糖和脂质部分组成的，糖给予分子以"亲水极"。可分为甘油糖脂和鞘糖脂两类。

3. 糖蛋白

糖蛋白是指由比较短的、往往是有分支的寡糖链与蛋白质以共价键相连的络合物。它们广泛存在于动物、植物和某些微生物中。

4. 糖与血型物质

人的血型是由红细胞膜上所谓的"抗原决定簇"所决定的，它们是糖蛋白。

5. 化学糖生物学和糖类药物

现在使用的糖类化合物药物已超过 500 个，包括各种抗生素、核苷、多糖和糖脂等。我国很多传统中药的中药成分多数与糖有关。糖类药物的研究和发展也为中医中药的研发提供了极好的机遇。

 本章小结

知识点	知识内容归纳
糖类的存在	糖类是广泛存在于动、植物体内非常重要的一类有机化合物
糖类的概念	糖类，称多羟基（2个或以上）的醛类或酮类的化合物，在水解后能生成多羟基醛、多羟基酮的一类有机化合物化学式，符合 $C_n(H_2O)_m$ 的通式
糖类的分类	糖类可以分为单糖、寡糖、多糖
糖的物理性质	糖的溶解度，单糖和双糖都有甜味；单糖和双糖的吸湿性大小为：果糖、转化糖＞葡萄糖、麦芽糖＞蔗糖
单糖的定义与分类	单糖是指不能被水解成更小分子的糖。按碳原子数分为：丙糖、丁糖、戊糖、己糖
单糖的结构	Fischer 投影式、Haworth 投影式、优势构象式
单糖的化学反应	成苷反应、氧化反应、与溴水的反应、与硝酸反应、还原反应、与含氮试剂的反应、碱性条件下的反应
双糖	麦芽糖、纤维二糖、乳糖和蔗糖
多糖	淀粉、纤维素

目标检测

1. 选择题。

(1) 葡萄糖的半缩醛羟基是（　　）。

  A. C_1OH B. C_2OH C. C_3OH D. C_4OH E. C_6OH

(2) 果糖的半缩醛羟基是（　　）。

  A. C_1OH B. C_2OH C. C_3OH D. C_4OH E. C_6OH

(3) 蔗糖是由葡萄糖的（　　）失水结合的。

  A. C_1OH 与果糖的 C_1OH B. C_2OH 与果糖的 C_2OH

  C. C_2OH 与果糖的 C_1OH D. C_1OH 与果糖的 C_2OH

  E. C_1OH 与果糖的 C_4OH

(4) 葡萄糖还原斐林试剂将生成（　　）沉淀。

  A. CuO B. Cu_2O C. $Cu(OH)_2$ D. Ag E. Ag_2O

2. 写出 D-（＋）-甘露糖与下列物质的反应、产物及其名称

(1) 羟胺   (2) 苯肼   (3) 溴水   (4) HNO_3

(5) HIO_3 (6) 乙酐   (7) CH_3OH、HCl

第十五章 萜类和甾体化合物

学习目标

1. 掌握萜类和甾体类化合物的定义分类。
2. 了解萜类和甾体类化合物的结构。

第一节 萜类化合物

萜类化合物是天然物质中最多的一类化合物。如挥发油、树脂、橡胶，以及胡萝卜素等，其中有些具有生理活性，如龙脑、山道年和川楝素（驱蛔）、穿心莲内酯（抗菌）、人参皂苷，以及甘草酸等。

一、定义

萜类化合物是指由两个或两个以上异戊二烯分子相连而成的聚合物及其含氧的和饱和程度不等的衍生物。

二、分类

根据组成分子的异戊二烯单位的数目可将萜分成以下几类：单萜，含有两个异戊二烯单位，它包含开链单萜、单环萜、二环单萜三种。倍半萜，含有三个异戊二烯单位的萜。双萜，含有四个异戊二烯单位的萜。三萜，含有六个异戊二烯单位的萜。以此类推。这些萜类和单萜一样，也有开链和成环之分。如表 15-1 所示。

表 15-1　萜类化合物的分类

单萜	两个异戊二烯单位	C_{10}
倍半萜	三个异戊二烯单位	C_{15}
双萜	四个异戊二烯单位	C_{20}
三萜	六个异戊二烯单位	C_{30}
四萜	八个异戊二烯单位	C_{40}

1. 单萜

单萜属于萜类化合物之一。通常指由二分子异戊二烯聚合而成的萜类化合物及其含氧的和饱和程度不等的衍生物。单萜按分子的基本碳骨架分为：开链单萜、单环单萜、双环单萜以及三环单萜四大类。其中开链单萜、单环单萜、双环单萜其的结构如下所示。

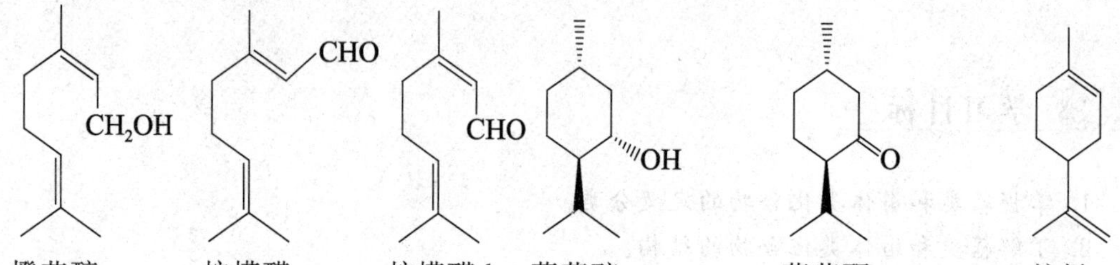

橙花醇　　　柠檬醛 a　　柠檬醛 b　薄荷醇　　　　薄荷酮　　　　柠烯

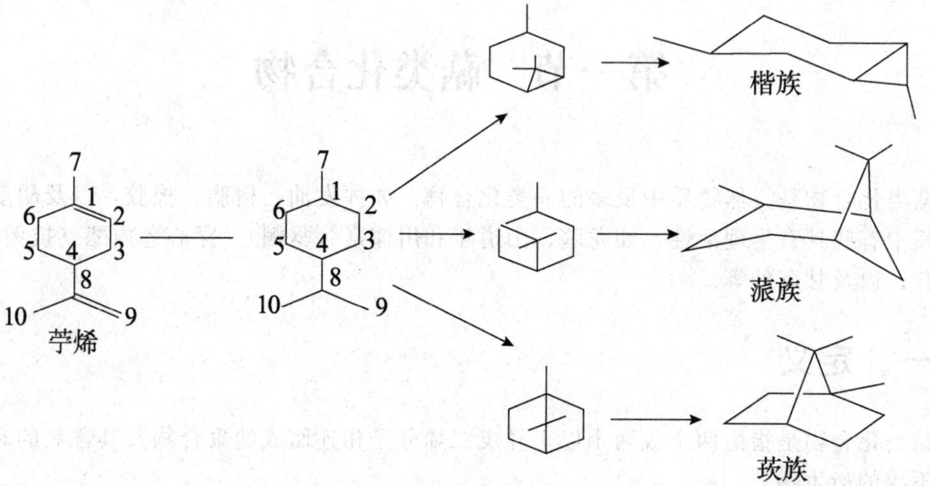

双环单萜

2. 倍半萜

倍半萜是指分子中含有 15 个碳原子的天然萜类化合物。倍半萜类化合物分布较广，在植物体内常以醇、酮、内酯等形式存在于挥发油中，是挥发油中高沸点部分的主要组成部分。多具有较强的香气和生物活性，是医药、食品、化妆品工业的重要原料，例如法尼醇和山道年都属于倍半萜，结构如下所示。

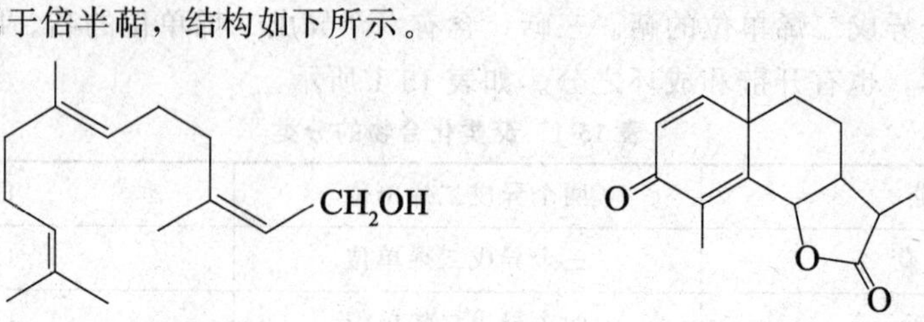

法尼醇　　　　　　　　　　　山道年

3. 二萜

二萜是含有四个异戊二烯单位的萜类化合物。维生素 A 是其中一种，其结构如下所示。

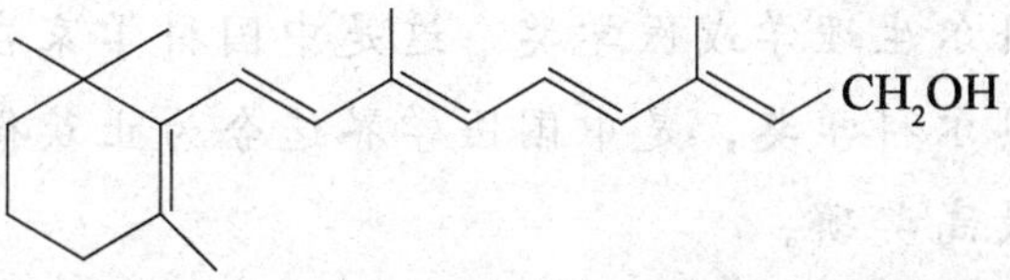

维生素 A（A₁）

3. 三萜

萜类化合物之一，有 30 个碳原子构成的基本碳架，大多数可以看作是由 6 个异戊二烯单体联结而成的。如α-胡萝卜素属于其中的一种。

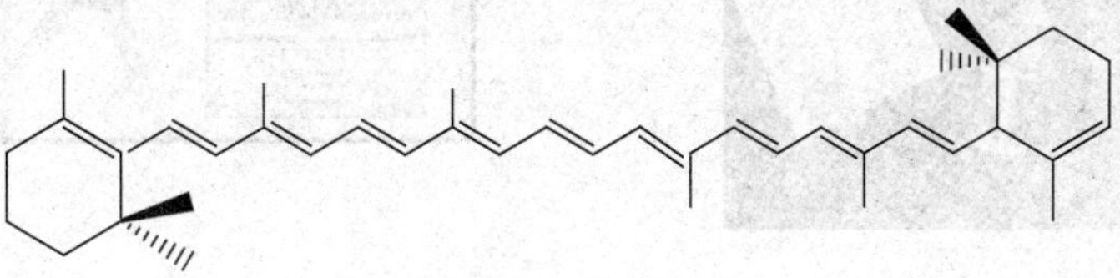

α-胡萝卜素

三、物理性质

1. 形态

单萜、倍半萜是多具有特殊香气的油状液体，常温下为可挥发或低熔点的固体。沸点：单萜＜倍半萜（分子量、双键的增加→挥发性降低，熔点和沸点增高→用分馏法进行分离）。二萜和二倍半萜多为结晶性固体。

2. 溶解度

萜类亲脂性强，易溶于醇及脂溶性有机溶剂，难溶水；具有内酯结构的萜类溶于碱水，酸化析出（用于分离纯化）；萜类对高热、光和酸碱较为敏感，易氧化。

📖 **知识链接**

青蒿素

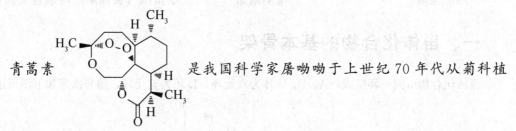

青蒿素 是我国科学家屠呦呦于上世纪 70 年代从菊科植物黄花蒿中提取分离得到的新型倍半萜内酯类活性成分，包括对氯喹有耐药性的恶性疟也有治疗作用，具有速效、高效、低毒等优点。

2015 年 12 月 10 日，在瑞典首都斯德哥尔摩音乐厅举行的诺贝尔奖颁奖仪式上，中国科学家屠呦呦从瑞典国王卡尔十六世·古斯塔夫手中领取诺贝尔生理学或医学奖。屠呦呦因开创性地从中草药黄花蒿中分离出青蒿素应用于疟疾治疗获得当年的诺贝尔生理学或医学奖。这是中国科学家在中国本土进行的科学研究而首次获诺贝尔科学奖，是中国医学界迄今为止获得的最高奖项，也是中医药成果获得的最高奖项。

第二节　甾体化合物

甾体化合物广泛存在于动植物体内，人体含有的甾体激素有肾上腺皮质激素（例如氢化可的松）、雌性激素（例如黄体酮），雄性激素（例如睾丸素）等。临床用以治疗某些疾病有明显疗效。

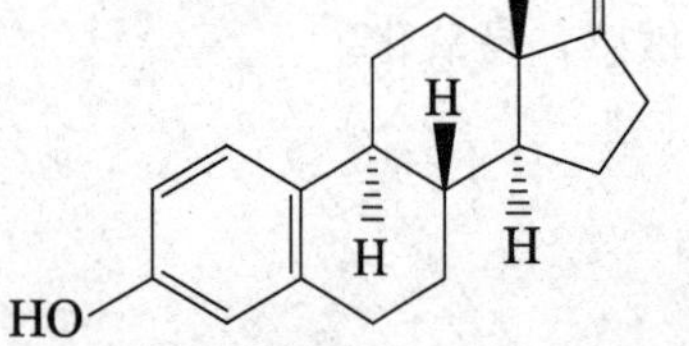

雌酮激素 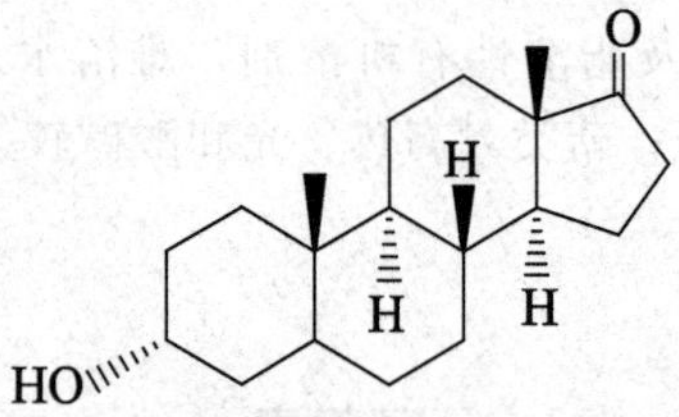　　　　　　　雄酮激素 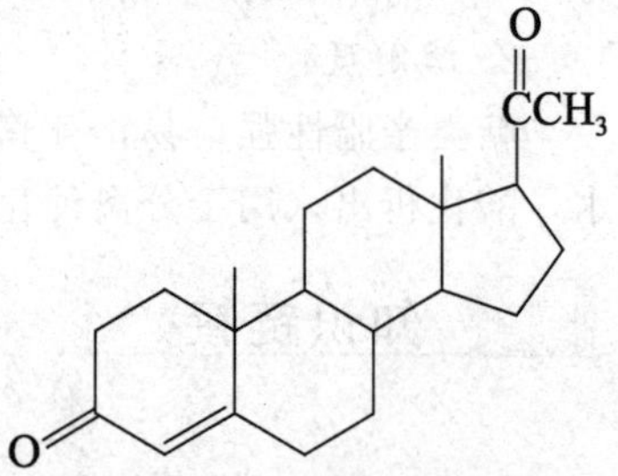　　　孕甾酮（黄体酮）雌激素类药物

一、甾体化合物的基本骨架

甾体化合物由四个环组成，A、B、C 环为六元环，D 环为五元环，编号次序如下图所示。

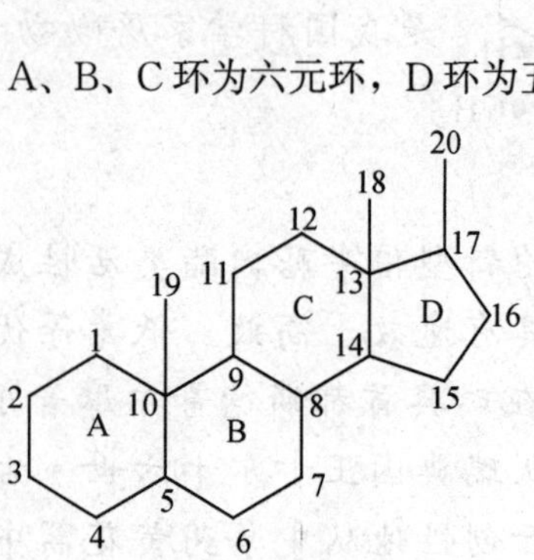

二、命名

很多存在于自然界的甾体化合物都有其各自的习惯名称。若按系统命名法定名，需先确定所选用的甾体母核，然后在其前后表明各取代基或功能基的名称、数量、位置与构型。根据其所连的侧链不同，甾体母核可分为雌甾、雄甾、甾烷、孕甾烷、胆甾烷等。

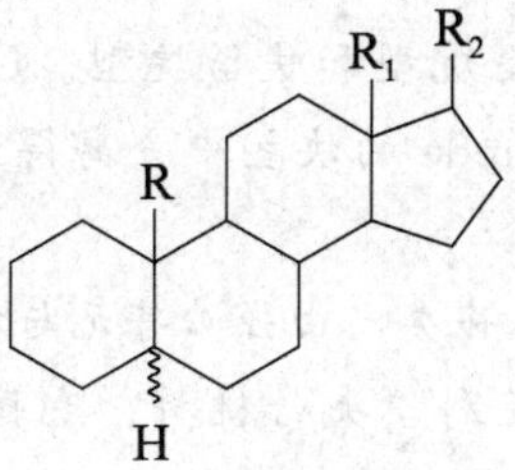

母核名称	R	R_1	R_2
甾烷	H	H	H
雌甾烷	H	CH_3	H
雄甾烷	CH_3	CH_3	H
孕甾烷	CH_3	CH_3	CH_3CH_2
胆烷	CH_3	CH_3	$CH_3CH_2CH_2(CH_3)CH$
胆甾烷	CH_3	CH_3	$(CH_3)_2CHCH_2CH_2CH_2(CH_3)CH$

📖 知识链接

1. 胆固醇与人体的关系

在人体和动物的脑、脊髓，以及血液中都存在胆固醇，其中正常人的血液中胆固醇的含量是 $2.82\sim5.95\text{mmol/L}$。若人体内的胆固醇代谢发生障碍或者摄入量太多时，就会从血液中沉淀析出引起血管硬化和结石胆固醇在肝中降解的代谢产物，是胆汁的重要成分，有助于脂质在肠道的消化吸收。

2. 脱羟胆固醇

与胆固醇不同的是，该结构中的 $C_7\sim C_8$ 之间含有双键，它存在于人体皮肤中，在紫外线的照射下，能转化为维生素 D_3。麦角固醇结构与其结构相似，在 C_{17} 所连的烃基上多了一个双键和一个甲基。它是一种植物甾醇，在紫外线的照射下能转化为维生素 D_2。以上两种维生素都属于 D 族维生素，是脂溶性维生素，具有抗佝偻病作用，因此小孩可通过当地晒阳光，多吃含有维生素 D 的食物，如鱼肝油、牛奶、蛋黄等预防佝偻病、软骨病。

3. 甾体皂苷

螺甾烷及其相似生源的甾体化合物的低聚糖苷，其水溶液经强烈振摇后多产生大量持久性肥皂样泡沫。分布单子叶植物：百合科、薯蓣科、石蒜科、龙舌兰科等，麦冬、薤白、百合、玉竹、知母、重楼等；海洋生物、动物。地奥心血康胶囊（黄山药）、对冠心病、心绞痛发作疗效显著，总有效率为 91%；重楼皂苷Ⅰ和Ⅳ能抗癌；降血糖、降胆固醇、调节免疫等甾体皂苷元——合成甾体避孕药和激素类药物。心脑舒通（蒺藜）已在心脑血管病得以应用，具有扩张冠状动脉、改善冠状动脉循环作用，对缓解心绞痛、改善心肌缺血有较好疗效。甾体皂苷是天然产物中的一类重要的化学成分。目前，从植物中已被发现的甾体皂苷化合物大多具有一定的生物（抗菌）活性；从其化学结构上看，其苷元母核基本为螺甾烷型和呋甾烷型。Carotenuto 等报道从葱属植物韭葱（Alliumporrum）和 A. minutiflorumde 的块茎中分离得到具有抗真菌活性的甾体皂苷。

4. 强心苷

对心脏有显著生理活性的甾体苷类，由强心苷元与糖缩合而成。主要分布于植物中的玄参科、百合科、萝摩科、十字花科、夹竹桃科、毛茛科、卫矛科、桑科等 100 多种植物。具有加强心肌收缩性、减慢窦性频率的活性的作用，同时，有一定毒性。强心苷具有强心作用，目前临床上应用的达二三十种，主要用以治疗充血性心力衰竭及戒律障碍等心脏疾病，如毛花丙苷、地高辛、洋地黄毒苷等。动物中至今尚未发现有强心苷类存在，具有强心作用的是由蟾蜍皮下腺分泌的分泌物中所含有的蟾蜍配基类及其脂类。

 **本 章 小 结**

知识点	知识内容归纳
萜类化合物	萜类化合物是指由两个或两个以上异戊二烯分子相连而成的聚合物及其含氧的和饱和程度不等的衍生物
萜类化合物分类	根据组成分子的异戊二烯单位的数目可将萜分成以下几类：单萜、倍半萜、双萜、三萜
物理性质	单萜、倍半萜——多具有特殊香气的油状液体，萜类亲脂性强，易溶于醇及脂溶性有机溶剂，难溶于水
甾体化合物	若按系统命名法定名，需先确定所选用的甾体母核，然后在其前后表明各取代基或功能基的名称、数量、位置与构型。

目标检测

1. 选择题。

(1) 萜类化合物由哪种物质衍生而成（　　）。

　　A. 甲戊二羟酸　　B. 异戊二烯　　C. 桂皮酸　　D. 苯丙氨酸

(2) 倍半萜含有的碳原子数目为（　　）。

　　A. 10　　　　　　B. 15　　　　　　C. 20　　　　　　D. 25

（3）三萜的异戊二烯单位有（　　）。

　　A. 5 个　　　　　　B. 6 个　　　　　　C. 4 个　　　　　　D. 3 个

（4）下列化合物不属于二萜类的是（　　）。

　　A. 银杏内酯　　　B. 穿心莲内酯　　　C. 雷公藤内酯　　　D. 紫杉醇

2. 找出下列化合物的手性碳原子，并计算一下在理论上有多少对映异构体。

（1）α-蒎烯　　　　　（2）薄荷醇

3. 甾体化合物母核可分为哪几种类型？

第十六章　氨基酸和蛋白质

熟悉：氨基酸的分类，命名及等电点概念。

了解：氨基酸蛋白质的性质。

分子中既含有氨基又含有羧基的双官能团化合物称为氨基酸。氨基酸是蛋白质的基本组成单位，是人体必不可缺的物质。有些氨基酸还可以直接做药物。

第一节　氨基酸

一、氨基酸的分类

根据烃基不同，氨基酸可分为脂肪族氨基酸和芳香族氨基酸。根据氨基和羧基的相对位置不同，又可分为 α-氨基酸、β-氨基酸、γ-氨基酸。例如：

其中，α-氨基酸在自然界中存在最多，它是构成蛋白质分子的基础。

根据分子氨基和羧基的相对数目不同，又可分为中性氨基酸（氨基和羧基的数目相等）、酸性氨基酸（氨基的数目小于羧基的数目）和碱性氨基酸（氨基的数目大于羧基的数目）。例如：

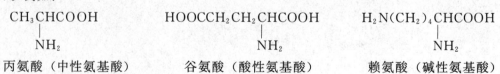

二、氨基酸的命名

氨基酸的系统命名法是以羧基为母体，氨基为取代基。天然 α-氨基酸通常使用俗名，即根据其来源或性质命名。例如，具有微甜味的称甘氨酸；最初从蚕丝中得到的称为丝氨酸；从天门冬的幼苗中发现的称为天门冬氨酸。例如：

$$\begin{array}{ccc} CH_2COOH & CH_2CHCOOH & HOOCCH_2CHCOOH \\ | & | \ \ | & | \\ NH_2 & OH\ NH_2 & NH_2 \end{array}$$

α-氨基乙酸（甘氨酸） α-氨基-β-羟基丙酸（丝氨酸） α-氨基丁二酸（天门冬氨酸）

组成蛋白质的 α-氨基酸，除甘氨酸外，都含有一个手性碳原子，具有旋光性，天然氨基酸构型绝大多数是 *L*-型。

$$\begin{array}{ccc} & CHO & COOH \\ COOH & | & | \\ H_2N\text{—}|\text{—}H & HO\text{—}|\text{—}H & NH\text{—}C\text{—}H \\ | & | & CH_2 \quad | \\ CH_3 & CH_2OH & CH_2\text{—}CH_2 \end{array}$$

L-丙氨酸 L-甘油醛 L-脯氨酸

三、氨基酸的性质

α-氨基酸都是无色晶体，具有较高的熔点。

1. 两性和等电点

氨基酸分子中既有碱性的氨基，又有酸性的羧基，可以和酸反应生成铵盐，又可以和碱反应生成羧酸盐。所以具有两性，是两性化合物。例如：

$$\underset{\underset{+NH_3\ Cl^-}{|}}{RCHCOOH} \xleftarrow{HCl} \underset{\underset{NH_2}{|}}{RCHCOOH} \xrightarrow{NaOH} \underset{\underset{NH_2}{|}}{RCHCOO^-\ Na^+}$$

氨基酸分子中的氨基和羧基可以相互作用生成内盐。

$$\underset{\underset{NH_2}{|}}{RCHCOOOH} \longrightarrow \underset{\underset{+NH_3}{|}}{RCHCOO^-}$$

内盐

内盐分子中，既有带正电荷的部分，又有带负电荷的部分，所以又叫两性离子（偶极离子）。

氨基酸在水溶液中，形成下列平衡体系：

$$\underset{\underset{NH_2}{|}}{RCHCOO^-} \underset{OH^-}{\overset{H^+}{\rightleftharpoons}} \underset{\underset{+NH_3}{|}}{RCHCOO^-} \underset{OH^-}{\overset{K^+}{\rightleftharpoons}} \underset{\underset{+NH_3}{|}}{RCHCOOH}$$

负离子 偶极离子 正离子

从上述平衡可以看出，当加入酸时，平衡向右移动，氨基酸主要以正离子形式存在，当 pH＜1 时，氨基酸几乎全为正离子。当加入碱时，平衡向左移动，氨基酸主要以负离子形式存在，当 pH＞11 时，氨基酸几乎全部为负离子。氨基酸溶液置于电场之中时，离子则将随着溶液 pH 值的不同而向不同的极移动。碱性时向阳极移动，酸性时向阴极移动。对于中性氨基酸来说，其水溶液中所含的负离子要比正离子多，为了使它形成相等的解离，即生成两性离子，应加入少量的酸，以抑制酸性解离，即抑制负离子的形成。

可以看出，中性氨基酸要完全以两性离子存在，pH 值不是为 7，而是小于 7。如甘氨酸在 pH 值为 6.1 时，酸式电离和碱式电离相等，完全以两性离子存在，在电场中处于平衡状态，不向两极移动。这种氨基酸在碱式电离和酸式电离相等时的 pH 值，称为该氨基酸的等电点。用 pI 表示。

由于不同的氨基酸分子中所含的氨基和羧基的数目不同，所以它们的等电点也各不相同。一般说来，酸性氨基酸的等电点 pI 为 2.8～3.2；中性氨基酸的等电点 pI 为 4.8～6.3；碱性氨基酸的等电点 pI 为 7.6～11。

在等电点时，氨基酸的溶解度最小。因此可以用调节溶液 pH 值的方法使不同的氨基酸在各自的等电点结晶析出，以分离或提纯氨基酸。

2. 与亚硝酸反应

$$R-CH-COOH + HNO_2 \xrightarrow{\triangle} RCH-COOH + N_2\uparrow + H_2O$$
$$\underset{NH_2}{|} \qquad\qquad\qquad \underset{OH}{|}$$

氨基酸中的氨基可以与亚硝酸反应放出氮气。

根据反应所得氮气的体积，可以计算氨基酸和蛋白质分子中氨基的含量。这一方法叫作范斯莱克（Van Slyke）氨基测定法。

3. 与茚三酮反应

α-基酸水溶液与水合茚三酮反应，生成蓝紫色物质。该反应非常灵敏，常用于 α-氨基酸的鉴定。

水合茚三酮　　　　　　　　　　　　　　　　　　　　蓝紫色

4. 肽

一个 α-氨基酸分子中的氨基与另一个 α-氨基酸分子中的羧基发生分子间脱水生成酰胺键（—CONH₂—），称为肽键，相连接的缩合产物称为肽。由两个 α-氨基酸缩合形成的肽称为二肽。例如：

丙氨酸　　　　　　　　　　甘氨酸　　　　　　　丙氨酰甘氨酸（二肽）

由 2 个以上 α-氨基酸单位通过肽键互相连接起来的化合物称为多肽。其通式为：$RCHNH_2—(CONHCHR)_n—COOH$。在多肽链中，保留有游离氨基的一端称为 N 端，保留有游离羧基的一端称为 C 端。习惯上把 N 端写在左边，C 端写右边。

常见的氨基酸：

1. 具有止血功能的氨基酸如止血芳酸、止血环酸和 6-氨基己酸等。

2. 甘氨酸为无色晶体，有甜味。

3. 半胱氨酸和胱氨酸在医药上，半胱氨酸用于肝炎、锑中毒或放射性药物中毒的治疗。胱氨酸有促进机体细胞氧化还原机能，增加白血球和阻止病原菌发育等作用，并可用于治疗脱发症。

4. 色氨酸在医药上有防治癞皮病的作用。

5. 谷氨酸为难溶于水的晶体，左旋谷氨酸的单钠盐就是味精。

第二节 蛋白质

蛋白质也是由氨基酸通过肽键连接而成的高分子化合物，也是多肽。人们通常把分子量低于 10000 的视为多肽，高于 10000 的称为蛋白质。由于蛋白质中大多数的含氮量都近似为 16%，即任何生物样品中，每克氮相当于 6.25g 蛋白质，故 6.25 称为蛋白质系数。

一、蛋白质的组成

蛋白质是一类很重要的生物高分子化合物，是各种生命现象不可缺少的物质。

其种类繁多，结构较为复杂。蛋白质主要由碳、氢、氧、氮和硫 5 种元素组成，有些还含有微量的磷、铁、锰、锌和碘等元素。与多肽相比，蛋白质的肽链更长，其相对分子质量更大，在一万以上到数百万不等，有的甚至高达数千万。

二、蛋白质的性质

1. 两性和等电性

蛋白质与氨基酸相似，也是两性物质，能与酸和碱反应生成盐，并且具有等电点。在水溶液中，蛋白质的两性解离可用下式表示：

$$\underset{\text{正离子}}{P\begin{matrix} NH_3^+ \\ COOH \end{matrix}} \underset{H^+}{\overset{OH^-}{\rightleftharpoons}} \underset{\text{偶极离子（两性离子）}}{P\begin{matrix} NH_3^+ \\ COO^- \end{matrix}} \underset{H^+}{\overset{OH^-}{\rightleftharpoons}} \underset{\text{负离子}}{P\begin{matrix} NH_2 \\ COO^- \end{matrix}}$$

（P 代表不包括链端氨基和羧基在内的蛋白质大分子）

不同蛋白质的等电点不同。在等电点时，蛋白质在水中的溶解度最小，最易析出沉淀。利用此性质，通过调节溶液的 pH 值，使不同的蛋白质从混合溶液中分离出来。

2. 盐析

在蛋白质的水溶液中加入某些中性盐，如氯化钠、硫酸钠、硫酸铵等，可使蛋白质从溶液中沉淀出来，这种作用称为盐析。盐析是一个可逆过程，被沉淀出来的蛋白质分子结构基本无变化，只要消除沉淀因素，沉淀会重新溶解。不同蛋白质盐析时所需盐的最低浓度不同，利用这一性质可以分离不同的蛋白质。

3. 蛋白质的变性

蛋白质的性质与它们的结构密切相关。而某些物理或化学因素，能够破坏蛋白质结构状态，引起蛋白质理化性质改变并导致其生理活性丧失，这种现象称为蛋白质的变性。引起变性的因素主要是热、紫外光、强酸和强碱等。蛋白质变性是不可逆的。这正是高温灭菌、酒精消毒的依据，因为在这些条件下，细菌（蛋白质）变性而死亡。

4. 显色反应

蛋白质也能与水合茚三酮溶液反应，呈现蓝紫色。与硫酸铜的碱性溶液反应呈红紫色，此反应称缩二脲反应。含有芳环的蛋白质遇浓硝酸显黄色，叫作蛋白黄反应。显色反应用于蛋白质的鉴别。

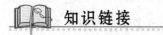

知识链接

酶

绝大多数酶是具有特殊功能的蛋白质。酶在生物反应中具有催化作用，同时具有高效、专一、多样和温和等特点。如酶的催化效率比无机催化剂更高，使得反应速率更快。一般一种酶只能催化一种或一类底物，如蛋白酶只能催化蛋白质水解成多肽。酶的种类很多，生物体内大约有 4000 多种。酶所催化的化学反应一般是在较温和的条件下进行的。

酶的活性是可调节性地变化的，包括抑制剂和激活剂调节、反馈抑制调节、共价修饰调节和变构调节等。酶易变性，大多数会因高温、强酸、强碱等而被破坏。

人工全合成结晶牛胰岛素

1965 年 9 月，中国科学家团结合作锐意创新在国际上首次成功合成了具有生物活性的人工全合成结晶牛胰岛素。这一举世瞩目的科学成果标志着人类在认识生命、探索生命奥秘的长征途中迈出了具有里程碑意义的重要一步，开辟了人工合成蛋白质的时代，在生命科学发展史上产生了重大影响。人工全合成结晶牛胰岛素的成功实践不仅提供了在基础研究领域优势集成，致力于破解重大科学问题的有益尝试和宝贵经验，也为后人留下了无尽的精神财富。大力传承和弘扬"胰岛素精神"，对当前加快实施创新驱动发展战略，早日实现中国科技强国之梦具有重大现实意义。

 **本章小结**

知识点	知识内容归纳
知识点	知识内容归纳
氨基酸	氨基酸的分类、命名及性质，等电点概念
蛋白质	蛋白质性质

目标检测

1. 氨基酸可分为哪几类？各类列一个代表物。

2. 何为肽键等电点？有什么作用？

3. 蛋白质有哪些性质？

第十七章 有机化学实验

第一节 有机化学实验基础知识

通过有机化学实验，使学生能够加深对有机化学基本概念和基本理论的理解；学会正确使用常用仪器，获取实验数据，正确处理数据和表达实验结果；掌握有机化学实验的基本操作和技能；培养独立思考、独立解决问题的能力和良好的实验素养，为学习后继课程、开展科学研究，及参加实际工作打下良好的基础。

一、有机化学实验室规则

为了保证有机化学实验课正常、有效、安全地进行，培养良好的实验习惯，并保证实验课的教学质量，学生必须遵守有机化学实验室的下列规则：

1. 实验前做好实验的一切准备工作。学生在本课程开始时，必须认真阅读实验讲义，做好预习，必须写出实验预习报告。

2. 实验前要清点仪器，如果发现有破损或缺失，应立即报告教师，按规定手续向实验预备室补领。实验时仪器若有损坏，亦应按规定手续向实验预备室换取仪器。未经教师同意，不得拿用别的位置上的仪器。

3. 实验时应保持安静，思想集中，认真操作，仔细观察现象，如实记录结果，积极思考问题。

4. 实验时应保持实验室和桌面清洁整齐。火柴梗、废纸屑、废液、金属屑等应投入废纸篓或倒入废液钵中，严禁投入或倒入水槽内，以防水槽和下水管道堵塞或腐蚀。

5. 实验时要爱护仪器设备，小心地使用仪器和实验设备，注意节约水、电、药品。使用精密仪器时，应严格按照操作规程进行，要谨慎细致。如果发现仪器有故障，应立即停止使用，及时报告指导教师。药品应按需用量取用，自药品瓶中取出的药品，不应倒回原瓶中，以免带入杂质；取用药品后，应立即盖上瓶塞，以免搞错瓶塞，沾污药品，并随即将药品放回原处。

6. 实验时要求按正确操作方法进行，注意安全。

7. 实验完毕后应将玻璃仪器洗涤洁净，按要求放置。整理好桌面，打扫干净水槽和地面，最后洗净双手。

8. 实验结束后必须检查电源是否断开，水龙头是否关闭等。值日学生认真打扫实验室卫生，将实验过程产生的垃圾送到垃圾存放点，实验室内的一切物品（仪器、药品和实验产物等）不得带离实验室。

二、有机化学实验室安全守则

有机化学药品中有很多是易燃、易爆炸、有腐蚀性或有毒的，所以在实验前应充分了解安全注意事项。在实验时，应在思想上十分重视安全问题，集中注意力，遵守操作规程，以避免事故的发生。

1. 实验开始前，做好实验前的准备工作。衣着符合实验要求，必须穿着实验服，有特殊要求时，带防护帽、防护眼镜、橡胶手套。不得穿短裤、短裙等露腿衣服，也不允许穿露脚面的鞋子。女生的长发也必须束好。

2. 熟悉安全用具如灭火器材、砂箱以及急救药箱的放置地点和使用方法，并妥善爱护。安全用具和急救药品不准移作它用。

3. 实验进行时，不得离开岗位，要注意观察反应进行的情况和装置有无漏气和破裂等现象。如发现意外情况，立即断电、停止加热，立即向老师汇报。

4. 浓酸、浓碱具有强腐蚀性，切勿溅在衣服、皮肤上，尤其不要溅到眼睛上。如果溅上，立即用洗眼器大量水冲洗。稀释浓硫酸时，应将浓硫酸慢慢倒入水中，而不能将水向浓硫酸中倒，以免迸溅。

5. 有机实验有大量易燃物质，加热过程不得使用明火。乙醚、乙醇、丙酮、苯等有机物极易引燃，使用时必须远离火源，取用完毕后应立即盖紧瓶塞。

6. 能产生有刺激性或有毒气体的实验，应在通风橱内进行。

7. 有毒药品（如重铬酸钾、钡盐、砷的化合物、汞的化合物等，特别是氰化物）不得进入口内或接触伤口，也不能将有毒药品随便倒入下水管道。

8. 注意实验室用水用电安全，实验中做到先通水，后通电。实验结束后，做到先断电，后断水，做到水电分离，避免触电。

9. 实验室内严禁饮食、吸烟。实验完毕，应洗净双手后，才可离开实验室。

三、实验室意外事故的处理

1. 若因酒精、苯或乙醚等引起着火，应立即用湿布或沙土等扑灭。若遇电气设备着火，必须先切断电源，再用二氧化碳或 1211 灭火器灭火。若火势蔓延，则应沿疏散通道迅速撤离，并及时拨打火警电话 119。

2. 遇到烫伤事故，可用高锰酸钾或苦味酸溶液揩洗灼伤处，再搽上烫伤油膏。

3. 若在眼睛或皮肤上溅着强酸或强碱，应立即用大量水冲洗，然后相应地用碳酸氢钠溶液或硼酸溶液冲洗（若溅在皮肤上，最后可涂抹些凡士林）。

4. 若吸入氯、氯化氢等有毒气体，可立即吸入少量酒精和乙醚的混合蒸气以解毒；若吸入硫化氢气体而感到不适或头晕时，应立即到室外吸入新鲜空气。

5. 被玻璃割伤时，伤口内若有玻璃碎片，须先挑出，然后抹上红药水并包扎。

6. 遇到触电事故，首先应切断（关断）电源，然后在必要时进行人工呼吸。

7. 对伤势较重者，应立即送医院医治。

四、有机化学实验常用的玻璃仪器

玻璃仪器一般是由软质或硬质玻璃制作而成的。软质玻璃耐温、耐腐蚀性较差，但是价格便宜，因此，一般用它制作的仪器均不耐温，如普通漏斗、量筒、吸滤瓶、干燥器等。硬质玻璃具有较好的耐温和耐腐蚀性，制成的仪器可在温度变化较大的情况下使用，如烧瓶、烧杯、冷凝管等。

玻璃仪器一般分为普通和标准磨口两种。在实验室常用的普通玻璃仪器有非磨口锥形瓶、烧杯、布氏漏斗、吸滤瓶、普通漏斗等，见图 17-1。常用标准磨口仪器有磨口锥形瓶、圆底烧瓶、三颈瓶、蒸馏头、冷凝管、接收管等，见图 17-2。

标准磨口玻璃仪器是具有标准磨口或磨塞的玻璃仪器。由于磨口尺寸的标准化、系统化，磨砂密合，凡属于同类规格的接口，均可任意互换，各部件能组装成各种配套仪器。当不同类型规格的部件无法直接组装时，可使用变接头使之连接起来。使用标准磨口玻璃仪器既可免去配塞子的麻烦，又能避免反应物或产物被塞子玷污的危险；磨砂性能良好，使密合性可达较高真空度，对蒸馏尤其减压蒸馏有利，对于毒物或挥发性液体的实验较为安全。

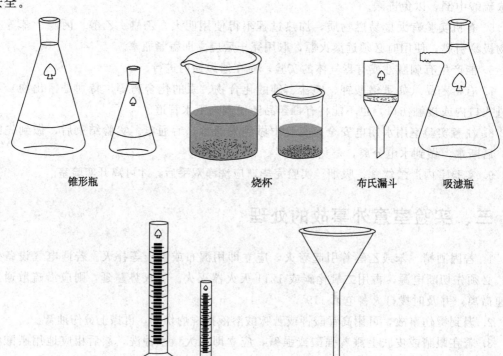

<table>
<tr><td>锥形瓶</td><td>烧杯</td><td>布氏漏斗</td><td>吸滤瓶</td></tr>
<tr><td>量筒</td><td></td><td>漏斗</td><td></td></tr>
</table>

图 17-1　常用普通玻璃仪器

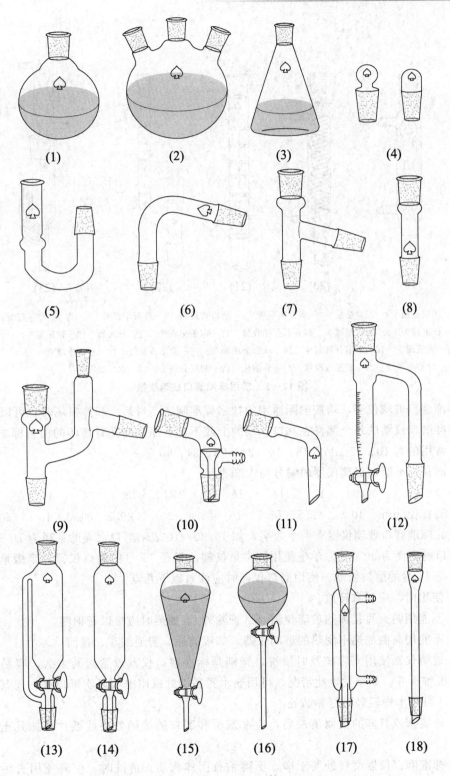

(1)　　　　(2)　　　　(3)　　　　(4)

(5)　　　　(6)　　　　(7)　　　　(8)

(9)　　　　(10)　　　(11)　　　(12)

(13)　　(14)　　(15)　　(16)　　(17)　　(18)

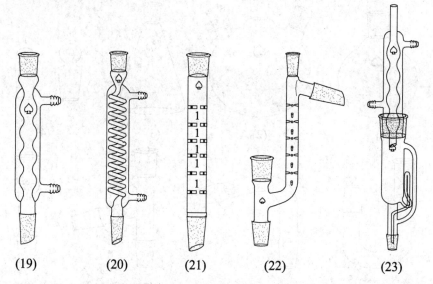

(19)   (20)   (21)   (22)   (23)

1—圆底烧瓶　2—三口烧瓶　3—磨口锥形瓶　4—磨口玻璃塞　5—U形干燥管　6—弯头　7—蒸馏头
8—标准接头　9—克氏蒸馏头　10—真空接收管　11—弯形接收管　12—分水器　13—恒压漏斗
14—滴液漏斗　15—梨形分液漏斗　16—球形分液漏斗　17—直形冷凝管　18—空气冷凝管
19—球形冷凝管　20—蛇形冷凝管　21—分馏柱　22—刺形分馏头　23—索氏提取器

图 17—2　常用标准磨口玻璃仪器

标准磨口玻璃仪器，均按国际通用的技术标准制造。当某个部件损坏时，可以选购。

标准磨口仪器的每个部件在其口、塞的上或下显著部位均具有烤印的白色标志，表明规格。常用的有 10、12、14、16、19、24、29、34、40 等。

下面是标准磨口玻璃仪器的编号与大端直径：

编号	10	12	14	16	19	24	29	34	40
大端直径/mm	10	12.5	14.5	16	18.8	24	29.2	34.5	40

有的标准磨口玻璃仪器有两个数字，如 10/30，10 表示磨口大端的直径为 10 mm，30 表示磨口的高度为 30 mm。学生使用的常量仪器一般是 19 号的磨口仪器，半微量实验中采用的是 14 号的磨口仪器。使用磨口仪器时应注意以下几点：

1. 使用时，应轻拿轻放。

2. 不能用明火直接加热玻璃仪器（试管除外），加热时应垫以石棉网。

3. 不能用高温加热不耐热的玻璃仪器，如吸滤瓶、普通漏斗、量筒。

4. 玻璃仪器使用完后应及时清洗，特别是标准磨口仪器放置时间太久，容易黏结在一起，很难拆开。如果发生此情况，可用热水煮黏结处或用电吹风吹母口处，使其膨胀而脱落，还可用木槌轻轻敲打黏结处。

5. 带旋塞或具塞的仪器清洗后，应在塞子和磨口的接触处夹放纸片或抹凡士林，以防黏结。

6. 标准磨口仪器磨口处要干净，不得粘有固体物质。清洗时，应避免用去污粉擦洗磨口，否则，会使磨口连接不紧密，甚至会损坏磨口。

五、有机化学的实验报告

做好预习报告，有助于学生实验前对实验的内容、目的要求、基本原理、具体操作方法、数据记录格式及实验要点等有一定了解，减少盲目性，增强教学效果。实验指导教师应检查学生的预习情况，进行必要的提问，解答疑难。预习报告应包括实验原理、详细的实验操作步骤及做好实验的注意事项，并拟定好实验数据表格等。详细、准确、如实地做好实验记录是极为重要的，记录如果有误，会使整个实验失败，这也是培养学生实验能力和严谨的科学作风的一个重要方面。

1. 每位同学须准备一个实验记录本，记录本上要编好页数，不得撕页和涂改，写错时可以画去重写。不得用铅笔记录，只能用钢笔或圆珠笔记录。记录本的左页做计算和草稿用，右页用作实验记录。同组的两位同学合做同一实验时，两人必须都有相同、完整的记录。

2. 实验中应及时准确地记录所观察到的现象和测量的数据，条理清楚，字迹端正，切不可潦草，以致日后无法辨认。实验记录必须公正客观，不可夹杂主观因素。

3. 实验中要记录的各种数据，都应事先在记录本上设计好各种记录格式和表格，以免实验中由于忙乱而遗漏测量和记录，造成不可挽回的损失。

4. 实验记录要注意有效数字，如吸光度值应为"0050"，而不能记成"005"。每个结果都要尽可能重复观测二次以上，即使观测的数据相同或偏差很大，也都应如实记录，不得涂改。

5. 实验中要详细记录实验条件，如使用的仪器型号、编号、生产厂等；生物材料的来源、形态特征、健康状况，选用的组织及其重量等；试剂的规格、化学式、分子量，试剂的浓度等，都应记录清楚。二人一组的实验，必须每人都作记录。

附：实验报告的参考格式

实验报告的格式如下：

1. 性质实验及其他实验报告

实验名称＿＿＿＿＿＿＿＿＿＿＿＿＿＿＿＿＿＿

姓名＿＿＿＿＿＿＿ 班级＿＿＿＿＿＿＿ 学号＿＿＿＿＿＿＿

同组者姓名＿＿＿＿＿＿＿ 日期＿＿＿＿＿ 成绩＿＿＿＿＿＿＿

一、目的要求

二、实验记录和结论

实验步骤	实验现象	解释和反应式

三、实验分析及思考题

2. 有机化合物的制备实验报告

实验名称 _____

姓名 _____ 班级 _____ 学号 _____

同组者姓名 _____ 日期 _____ 成绩 _____

一、实验目的

二、实验原理

三、主要试剂及产物的物理常数

名称	分子量	沸点 (℃)	熔点 (℃)	密度	折射率	溶解性 (g/100mL)			投料量	摩尔数 (mol)	理论产量
						水	醇	醚			

四、仪器装置图

五、实验步骤及实验现象解释

六、产品物理常数、重量、产率

七、实验分析及思考题

第二节 有机化学实验的基本操作

一、玻璃器皿的洗涤和干燥、保养

1. 玻璃器皿的洗涤

有机化学实验必须使用清洁的玻璃仪器。实验用过的玻璃器皿必须立即洗涤，应该养成习惯。由于污垢的性质在当时是清楚的，用适当的方法进行洗涤是容易办到的。若时间久了，会增加洗涤的困难。

洗涤的一般方法是用水、洗衣粉刷洗。刷子是特制的，如瓶刷、烧杯刷、冷凝管刷等，但用腐蚀性洗液时则不用刷子。若难于洗净时，则可根据污垢的性质选用适当的洗液进行洗涤。如果是酸性（或碱性）的污垢用碱（或酸性）洗液洗涤；有机污垢用碱液或有机溶剂洗涤。下面介绍几种常用洗液：

（1）铬酸洗液

铬酸洗液是用重铬酸钾加硫酸配置而成的。这种洗液氧化性很强，对有机污垢破坏力很强。倾去器皿内的水，慢慢倒入洗液，转动器皿，使洗液充分浸润不干净的器壁，数分钟后把洗液倒回洗液瓶中，用自来水冲洗。若壁上粘有少量炭化残渣，可加入少量洗液，浸泡一段时间后在小火上加热，直至冒出气泡，炭化残渣可被除去，但当洗液颜色变绿，表示失效，应该弃去，不能倒回洗液瓶中。

（2）盐酸

用浓盐酸可以洗去附着在器壁上的二氧化锰或碳酸钙、氢氧化钙等残渣。

（3）碱液和合成洗涤剂

用氢氧化钠配成浓溶液即可。用以洗涤油脂和一些有机物（如有机酸）。

（4）有机溶剂洗涤液

当胶状或焦油状的有机污垢如用上述方法不能洗去时，可选用丙酮、乙醚、苯浸泡，要加盖以免溶剂挥发，或用氢氧化钠的乙醇溶液亦可。用有机溶剂做洗涤剂，使用后可回收重复使用。器皿是否清洁的标志是：加水倒置，水顺着器壁流下，内壁被水均匀润湿，有一层既薄又均匀的水膜，不挂水珠。

2. 玻璃仪器的干燥

有机化学实验经常都要使用干燥的玻璃仪器，故要养成在每次实验后马上把玻璃仪器洗净和倒置使之干燥的习惯，以便下次实验时使用。干燥玻璃仪器的方法有下列几种：

（1）自然风干

自然风干是指把已洗净的仪器放在干燥架上自然风干，这是常用和简单的方法。同学们应养成习惯。但必须注意，若玻璃仪器洗得不够干净时，水珠便不易流下，干燥就会较为缓慢。

（2）烘干

把玻璃器皿顺序从上层往下层放入烘箱烘干，放入烘箱中干燥的玻璃仪器一般要求不带水珠。器皿口向上，带有磨砂口玻璃塞的仪器，必须取出活塞后才能烘干，烘箱内的温度保持80℃，约2h，待烘箱内的温度降至室温时才能取出。切不可把很热的玻璃仪器取出，以免破裂。当烘箱已工作时则不能往上层放入湿的器皿，以免水滴下落，使热的器皿骤冷而破裂。

（3）吹干

有时仪器洗涤后需立即使用，可以吹干，即用气流干燥器或电吹风把仪器吹干。首先将水尽量沥干后，加入少量丙酮或乙醇摇洗并倾出，先通入冷风吹1~2min，待大部分溶剂挥发后，吹入热风至完全干燥为止，最后吹入冷风使仪器逐渐冷却。

3. 常用仪器的保养

有机化学实验常用各种玻璃仪器的性能是不同的，必须掌握它们的性能、保养和洗涤方法，才能正确使用，提高实验效果，避免不必要的损失。下面介绍几种常用的玻璃仪器的保养和清洗方法。

（1）温度计

温度计水银球部位的玻璃很薄，容易破损，使用时要特别小心，一不能用温度计当搅拌棒使用；二不能测定超过温度计的最高刻度的温度；三不能把温度计长时间放在高温的溶剂中，否则，会使水银球变形，读数不准。

温度计用后要让它慢慢冷却，特别是在测量高温之后，切不可立即用水冲洗。否则，会破裂，或水银柱断裂。应悬挂在铁架台上，待冷却后把它洗净抹干，放回温度计盒内，盒底要垫上一小块棉花。如果是纸盒，放回温度计时要检查盒底是否完好。

（2）冷凝管

冷凝管通水后很重，所以安装冷凝管时应将夹子夹在冷凝管的重心的地方，以免翻倒。洗刷冷凝管时要用特制的长毛刷，如用洗涤液或有机溶液洗涤时，则用软木塞塞住一端，不用时，应直立放置，使之易干。

（3）分液漏斗

分液漏斗的活塞和盖子都是磨砂口的，若非原配的，就可能不严密，所以，使用时要注意保护它。各个分液漏斗之间活塞也不要相互调换，用后一定要清洗干净，并在活塞和盖子的磨砂口间垫上纸片，以免日久后难以打开。

（4）布氏漏斗

布氏漏斗在使用后应立即用水冲洗，以后将难于洗净。滤板不太稠密的漏斗可用强烈的水流冲洗，如果是较稠密的，则用抽滤的方法冲洗。必要时用有机溶剂洗涤。

二、仪器的选择、装配与拆卸

有机化学实验的各种反应装置都是由一件件玻璃仪器组装而成的，实验中应根据实验要求选择合适的仪器。一般选择仪器的原则如下：

（1）烧瓶的选择　根据液体的体积而定，一般液体的体积应占容器体积的1/3~1/2，也就是说，烧瓶容积的大小应是液体体积的1.5倍。进行水蒸气蒸馏和减压蒸馏时，液体体积不应超过烧瓶容积的1/3。

（2）冷凝管的选择　一般情况下回流用球形冷凝管，蒸馏用直形冷凝管。但是当蒸馏温度超过140℃时应改用空气冷凝管，以防温差较大时，由于仪器受热不均匀而造成冷凝管断裂。

（3）温度计的选择　实验室一般备有100℃、200℃和300℃几种温度计，根据所测温度可选用不同的温度计。一般选用的温度计要高于被测温度10~20℃。

有机化学实验中仪器装配得正确与否，对于实验的成败有很大关系。

首先，在装配一套装置时，所选用的玻璃仪器和配件都要干净。否则，往往会影响产物的产量和质量。

其次，所选用的器材要恰当。例如，在需要加热的实验中，则应选用圆底烧瓶时，不能选平底烧瓶，再有应选用质量好的，不能有裂纹。其容积大小应为所盛反应物占其容积的1/3~1/2左右为好。

第三，安装仪器时，应选好主要仪器的位置，要先下后上，先左后右，逐个将仪器边固定边组装。拆卸的顺序则与组装相反。拆卸前，应先停止加热，移走加热源，待稍微冷却后，先取下产物，然后再从右至左，由上至下逐个拆掉。

总之，仪器装配要求做到紧密、牢固和美观。严密的要求是仪器磨口接触部分要涂少许凡士林，旋转磨口使接磨口处部位透明，做到仪器连接紧密。牢固的要求是每件玻璃仪器必须有支撑或固定，要使用铁夹固定，铁夹的双钳内侧贴有橡皮，固定时一只手捏住铁夹的双钳，另一只手紧螺母，螺母紧到头再加半下，做到牢固。美观的要求是，使整套仪器横平竖直，横看是一个面，纵看是一条线，而且使用设备的电源线，上下水的胶皮管不缠绕。使用玻璃仪器时，最基本的原则是切忌对玻璃仪器的任何部分施加过度的压力或扭曲，实验装置的错误不仅看上去使人感觉不舒服，而且也是潜在的危险。

三、回流装置的安装及操作

回流是指沸腾液体的蒸气经过冷凝管冷凝，冷凝液又返回原容器中的过程。许多有机制备反应，中药、生物提取，要在加热的条件下才能完成，为了防止有机溶剂蒸气逸出，就要安装回流装置。一般的回流装置由圆底烧瓶和冷凝管组成。根据液体沸腾温度可以选用球形冷凝管冷凝和适当的加热方式。

普通回流操作步骤如下

1. 安装仪器

如图17-3所示，按照"紧密、牢固、美观"的要求，安装好仪器。

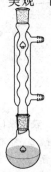

图17-3　普通回流装置

　　首先放置升降台，而后在升降台放上加热装置（有机实验常用电热套）。接下来，在电热套上方固定好圆底烧瓶，在圆底烧瓶上固定球形冷凝管。在球形冷凝管的下端用胶管连接水龙头上水，球形冷凝管的上端支管用胶管通到下水管口。

　　2. 加入反应物

　　在圆底烧瓶中加入有机溶剂，并放入少许沸石，防止暴沸。注意：沸石必须在加热前放入，如果忘记加入，必须等到溶剂冷却才能加入。如加热中断，再加热时应重新加入新沸石，因原来沸石上的小孔已被液体充满，不能再起到汽化中心的作用。

　　3. 通冷凝水

　　小心打开水龙头，使冷却水慢慢充满冷凝管。注意，在整个回流过程中，不要停水，也要随时检查冷凝管的水温。如果温度升高，说明冷凝失效，立即停止加热，检查仪器。

　　4. 通电加热

　　打开电热套的电源，调节升降台高度，调节电压，控制加热温度，使液体回滴的速度均匀。同时应仔细观察蒸气界面，保持在球形冷凝管的倒数二球附近。记录回滴的起始时间和持续的时间。

　　5. 停止加热

　　首先，关闭电热套电源，撤去热源。待体系冷却后，关上水龙头，按照由上至下的顺序，先撤去球形冷凝管，注意不要将球形冷凝管外部的水滴入圆底烧瓶。再取下圆底烧瓶，倒出溶剂。完成操作。

　　此外，实验中经常用到的带干燥管的回流装置，用于无水实验；带气体吸收装置的回流装置，用于有刺激性气体产生的实验；带分水器的回流装置以及带有滴加装置的回流装置。

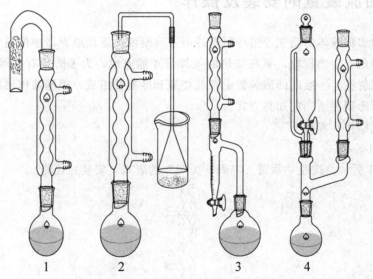

图 17-4　较复杂回流装置

1—带干燥管的回流装置　2—带气体吸收装置的回流装置

3—带分水器的回流装置　4—带有滴加装置的回流装置

四、常压蒸馏和沸点测定

1. 蒸馏的原理

当液态物质受热时，液体的分子有从表面逸出的倾向，这种倾向随温度升高而增大。如果把液体置于密闭容器中，液体的分子连续不断地从表面逸出形成蒸气，同时蒸气分子也不断地回到液相中。当两种过程的速度相等时，液面上的蒸气达到饱和，它对液面所产生的压力称为饱和蒸气压，简称蒸气压。液体的蒸气压随温度升高而增大，当蒸气压增大到与外界大气压力相等时，分子就从液体内部大量逸出，即液体沸腾，这时的温度称为液体的沸点。显然，沸点与外界压力有关，通常所说的沸点是 101325Pa 下液体沸腾时的温度。纯的液态化合物在一定的压力下都有一定的沸点，并且沸点范围（沸程）很小，通常不超过 2℃；但当含有杂质时，会使沸点降低，并且沸点范围增大。因此，沸点的测定常用以鉴定液态化合物并作为该化合物纯度的一个指标。但具有固定沸点的液态有机化合物不一定都是纯的，因为某些有机化合物常常可以与其他组分形成二元或三元共沸混合物，它们也有一定的沸点。

利用蒸馏可以将沸点相差较大（如相差 30℃）的液态混合物分开。所谓蒸馏就是将液态物质加热到沸腾变为蒸气，又将蒸气冷凝为液体这两个过程的联合操作。如蒸馏沸点差别较大的液体时，沸点较低的先蒸出，沸点较高的随后蒸出，不挥发的留在蒸馏器内，这样，可以达到分离和提纯的目的。故蒸馏为分离和提纯液态有机化合物常用的方法之一，是重要的基本操作，必须熟练掌握。但在蒸馏沸点比较接近的混合物时，各种物质的蒸气将同时蒸出，只不过低沸点的多一些，故难于达到分离和提纯的目的，只好借助于分馏。纯液态有机化合物在蒸馏过程中沸点范围很小（0.5~1℃），所以，可以利用蒸馏来测定沸点，用蒸馏法测定沸点叫常量法，此法用量较大，要 10mL 以上，若样品不多时，可采用微量法。

为了消除在蒸馏过程中的过热现象和保证沸腾的平稳状态，常加入素烧瓷片或沸石，或一端封口的毛细管，因为它们都能防止加热时的暴沸现象，故把它们叫作止暴剂。在加热蒸馏前就应加入止暴剂。当加热后发觉未加止暴剂或原有止暴剂失效时，千万不要匆忙地投入止暴剂。因为当液体在沸腾时投入止暴剂，将会引起猛烈的暴沸，液体易冲出瓶口，若是易燃的液体，将会引起火灾。所以，应使沸腾的液体冷却至沸点以下后才能加入止暴剂。切记！如蒸馏中途停止，而后来又需要继续蒸馏，也必须在加热前补添新的止暴剂，以免出现暴沸。

蒸馏操作是有机化学实验中常用的实验技术，一般用于下列几个方面：

（1）分离液体混合物，仅对混合物中各成分的沸点有较大差别时才能达到有效的分离；

（2）测定化合物的沸点；

（3）提纯，除去不挥发的杂质；

（4）回收溶剂，或蒸出部分溶剂以浓缩溶液。

2. 蒸馏的步骤

常压蒸馏是由安装仪器、加料、加热、收集馏出液四个步骤组成的。

（1）仪器安装

常压蒸馏装置由蒸馏瓶（长颈或短颈圆底烧瓶）、蒸馏头、温度计套管、温度计、直形冷凝管、接受管、接收瓶等组装而成，见图 17-5。

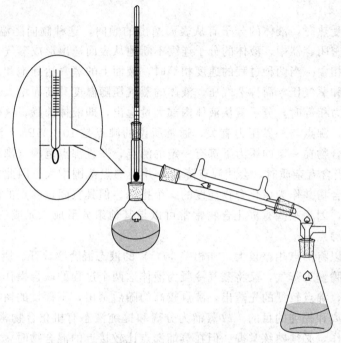

图 17-5　普通蒸馏装置及温度计放置的位置

在装配过程中应注意：

①为了保证温度测量的准确性，温度计水银球的位置应放置如图 17-5 所示位置，即温度计水银球上限与蒸馏头支管下限在同一水平线上，如图 17-5 所示。

②任何蒸馏或回流装置均不能密封，否则，当液体蒸气压增大时，轻者蒸气冲开连接口，使液体冲出蒸馏瓶；重者会发生装置爆炸而引起火灾。

③安装仪器时，应首先确定仪器的高度，一般在铁架台上安装升降台，将电热套放在升降台上，再将蒸馏瓶放置于电热套中间。然后，按自上而下，从左至右的顺序组装，仪器组装应做到横平竖直，铁架台一律整齐地放置于仪器背后。

（2）常压蒸馏操作

①加药品　做任何实验都应先组装仪器后再加原料。可将圆底烧瓶取下，直接加入药品。加液体原料时，也可取下温度计和温度计套管，在蒸馏头上口放一个长颈漏斗。注意长颈漏斗下口处的斜面应超过蒸馏头支管，慢慢地将液体倒入蒸馏瓶中。为了防止液体暴沸，再加入 2~3 粒沸石。

②通冷凝水　小心打开水龙头，使水缓慢沿直形冷凝管下端支管口进入，充满直形冷凝管内管，并沿上端支管口排出。在整个蒸馏操作中，不要停水，并随时检查冷凝水的温度，防止过热，失去冷却效果。

③通电加热　在加热前，应检查仪器装配是否正确，原料、沸石是否加好，冷凝水是否通入，一切无误后再开始加热。开始加热时，电压可以调得略高一些，一旦液体沸腾，

水银球部位出现液滴，开始控制调压器电压，以蒸馏速度每秒 1～2 滴为宜。蒸馏时，温度计水银球上应始终保持有液滴存在，这是气液两相达到平衡的标志，此时的温度才能代表馏出液的沸点。记录第一滴馏出液滴入接收瓶时的温度 1，并注意温度有无变化，当温度稳定不变时，即为样品沸点。如果没有液滴说明可能有两种情况：一是温度低于沸点，体系内气－液相没有达到平衡，此时，应将电压调高；二是温度过高，出现过热现象，此时，温度已超过沸点，应将电压调低。

④馏分的收集　收集馏分时，应取下接收馏头的容器，换一个经过称量干燥的容器来接收馏分，即产物。当温度超过沸程范围，停止接收。沸程越小，蒸出的物质越纯。

⑤停止蒸馏　馏分蒸完后，如不需要接收第二组分，可停止蒸馏。应先停止加热，将变压器调至零点，关掉电源，取下电热套。待稍冷却后馏出物不再继续流出时，取接收瓶，保存好产物，关掉冷却水，按安装仪器的相反顺序拆除仪器，即按次序取下接收瓶、接引管、冷凝管和蒸馏烧瓶，并加以清洗。

3. 注意事项

（1）蒸馏前应根据待蒸馏液体的体积，选择合适的蒸馏瓶。一般被蒸馏的液体为蒸馏瓶容积的 2/3 为宜，蒸馏瓶越大，产品损失越多。

（2）在加热开始后发现没加沸石，应停止加热，待稍冷却后再加入沸石。千万不可在沸腾或接近沸腾的溶液中加入沸石，以免在加入沸石的过程中发生暴沸。

（3）对于沸点较低又易燃的液体，如乙醚，应用水浴加热，而且蒸馏速度不能太快，以保证蒸气全部冷凝。如果室温较高，接收瓶应放在冷水中冷却，在接引管支口处连接橡胶管，将未被冷凝的蒸气导入流动的水中带走。

（4）在蒸馏沸点高于 130℃ 的液体时，应用空气冷凝管。主要原因是温度高时，水作为冷却介质，冷凝管内外温差增大，而使冷凝管接口处局部骤然遇冷容易断裂。

五、减压蒸馏

1. 减压蒸馏的原理

某些沸点较高的有机化合物在加热还未达到沸点时往往发生分解、聚合或氧化的现象，所以，不能用常压蒸馏。使用减压蒸馏便可避免这种现象的发生。因为当蒸馏系统内的压力减小后，其沸点便降低，许多有机化合物的沸点当压力降低到 1.3～2.0kPa（10～15mmHg）时，可以比其常压下沸点降低 80～100℃。因此，减压蒸馏对于分离或提纯沸点较高或性质比较不稳定的液态有机化合物具有特别重要的意义。所以，减压蒸馏亦是分离提纯液态有机物常用的方法。

在进行减压蒸馏前，应先从文献中查阅该化合物在所选择的压力下的相应沸点，如果文献中缺乏此数据，可用下述经验规律大致推算，以供参考。当蒸馏在 1333～1999 Pa（10～15 mmHg）时，压力每相差 133.3Pa（1mmHg），沸点相差约 1℃；也可以用图 17-6 的压力－温度关系图来查找，即从某一压力下的沸点便可近似地推算出另一压力下的沸点。如苯甲酸乙酯在常压下的沸点为 213℃，需要减压至 2.67kPa（20mmHg），将尺子通过图中 B 线 213 的点和右边 C 线 20 的点，此两点的延长线与左边 A 线的交点就是

2.67kPa 时苯甲酸乙酯的沸点，约为 100℃左右。

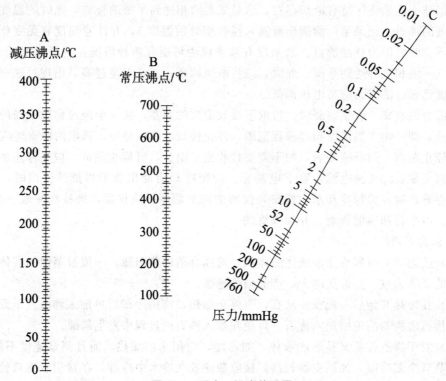

图 17-6　压力—温度关系图

一般把压力范围划分为几个等级：

低真空 [1.333～100kPa（10～760mmHg）]，一般可用水泵获得；

中度真空 [0.133～133.3Pa（0.001～1mmHg）]，可用油泵获得；

高真空 [< 0.133Pa（< 10^{-3} mmHg）]，可用机械泵和扩散泵联合使用获得。

2. 减压蒸馏的装置

减压蒸馏装置是由蒸馏瓶、克氏蒸馏头（或用 Y 型管与蒸馏头组成）、直形冷凝管、真空接收管（双股接引管或多股接引管），接受瓶、安全瓶、压力计和油泵（或循环水泵）组成的，见图 17-7。

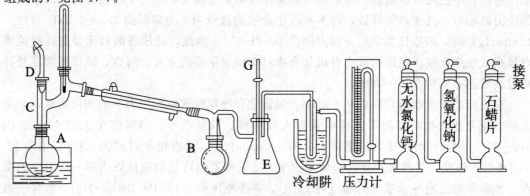

图 17-7　减压蒸馏装置

（1）蒸馏部分 A为减压蒸馏烧瓶，也称为克氏蒸馏烧瓶，有两个颈，能防止减压蒸馏时瓶内液体由于暴沸而冲入冷凝管中。在带支管的瓶颈中插入温度计（安装要求与常压蒸馏相同），另一瓶颈中插入一根毛细管C（也称起泡管），其长度恰好使其下端离瓶底1～2mm。毛细管上端连一段带螺旋夹D的橡皮管，以调节进入空气，使有极少量的空气进入液体呈微小气泡冒出，产生液体沸腾的汽化中心，使蒸馏平稳进行。减压蒸馏的毛细管要粗细合适，否则达不到预期的效果。一般检查方法是将毛细管插入少量丙酮或乙醚中，由另一端吹气，从毛细管中冒出一连串小气泡，则毛细管合用。

接收器B常用圆底烧瓶或蒸馏烧瓶（切不可用平底烧瓶或锥形瓶）。蒸馏时若要收集不同的馏分而又不中断蒸馏，可用两股或多股接引管。转动多股接引管，就可使不同馏分收集到不同的接收器中。

应根据减压时馏出液的沸点选用合适的热浴和冷凝管。一般使用热浴的温度比液体沸点高20～30℃。为使加热温度均匀平稳，减压蒸馏中常选用水浴或油浴。

（2）减压部分 实验室通常用水泵或油泵进行抽气减压。应根据实验要求选用减压泵。真空度愈高，操作要求愈严。如果能用水泵减压蒸馏的物质则尽量使用水泵，否则非但自寻麻烦，而且导致产品损失，甚至损坏减压泵（沸点降低易被抽走或抽入减压泵中）。

（3）保护及测压部分 使用水泵减压时，必须在馏液接收器U与水泵之间装上安全瓶E，安全瓶由耐压的抽滤瓶或其他广口瓶装置组成，瓶上的两通活塞G可调节系统内压力及防止水压骤然下降时，水泵的水倒吸入接收器中。

若用油泵减压时，油泵与接收器之间除连接安全瓶外，还须顺次安装冷却阱和几种吸收塔以防止易挥发的有机溶剂、酸性气体和水蒸气进入油泵，污染泵油，腐蚀机体，降低油泵减压效能。冷却阱置于盛有冷却剂（如冰－盐等）的广口保温瓶中，用以除去易挥发的有机溶剂；吸收塔装无水氯化钙或硅胶用以吸收水蒸气；装氢氧化钠（粒状）用以吸收酸性气体和水蒸气（装浓硫酸则可用以吸收酸性气体和水蒸气）；装石蜡片用以吸收烃类气体。使用时可按实验的具体情况加以组装。

减压装置的整个系统必须保持密封不漏气。

2. 减压蒸馏操作

如图安装好仪器（注意安装顺序），检查蒸馏系统是否漏气。方法是旋紧毛细管上的螺旋夹D，打开安全瓶上的二通活塞G，旋开水银压力计的活塞，然后开泵抽气（如用水泵，这时应开至最大流量）。逐渐关闭G，从压力计上观察系统所能达到的压力，若压力降不下来或变动不大，应检查装置中各部分的塞子和橡皮管的连接是否紧密，必要时可用熔融的石蜡密封。磨口仪器可在磨口接头的上部涂少量真空油脂进行密封（密封应在解除真空后才能进行）。检查完毕后，缓慢打开安全瓶的活塞G，使系统与大气相通，压力计缓慢复原，关闭油泵停止抽气。

将待蒸馏液装入蒸馏烧瓶中，以不超过其容积的1/2为宜。若被蒸馏物质中含有低沸点物质时，在进行减压蒸馏前，应先进行常压蒸馏。然后用水泵减压，尽可能除去低沸点物质。

按上述操作方法开泵减压，通过小心调节安全瓶上的二通活塞G达到实验所需真空度。调节螺旋夹D，使液体中有连续平稳的小气泡通过。若在现有条件下仍达不到所需真空度，可按原理中所述方法，从图 17-6 中查出在所能达到的压力条件下，读物质的近似沸点，进行减压蒸馏。

当调节到所需真空度时，将蒸馏烧瓶浸入水浴或油浴中，通入冷凝水，开始加热蒸馏。加热时，蒸馏烧瓶的圆球部分至少应有 2/3 浸入热浴中。待液体开始沸腾时，调节热源的温度，控制馏出速度为每秒 1~2 滴。

在整个蒸馏过程中都要密切注意温度和压力的读数，并及时记录。纯物质的沸点范围一般不超过 1~2℃，但有时因压力有所变化，沸程会稍大一点。

蒸馏完毕时，应先移去热源，待稍冷后，稍稍旋松螺旋夹 D，缓慢打开安全瓶上的活塞 G 解除真空，待系统内外压力平衡后方可关闭减压泵。再停止加入冷凝水，拆除装置。

3. 注意事项

（1）减压蒸馏装置中与减压系统连接的橡皮管应都用耐压橡皮管，否则在减压时会抽瘪而堵塞。

（2）一定要缓慢旋开安全瓶上的活塞，使压力计中的汞柱缓慢地恢复原状，否则，汞柱急速上升，有冲破压力计的危险。

六、旋转蒸发器的安装及使用

旋转蒸发器通过电子调速，使烧瓶在最合适的速度下恒速旋转，在水浴加热恒温负压条件下，使瓶内溶液扩散蒸发，然后再冷凝回收溶剂。是用于浓缩、结晶、分离、回收等较为理想的必备仪器。

1. 特点

旋转蒸发器具有蒸发效率高、自动化程度高、操作简便的特点。旋转蒸发器的烧瓶恒速旋转时，物料在瓶壁形成大面积薄膜，增大溶液的表面积，提高蒸发效率。旋转蒸发器既能一次性投料，也可以连续投料。旋转蒸发器通过真空泵使蒸发烧瓶处于负压状态。蒸发烧瓶在旋转同时置于水浴锅中恒温加热，瓶内溶液在负压下在旋转烧瓶内进行加热扩散蒸发。旋转蒸发器系统可以密封减压至 400~600mgHg；用加热浴加热蒸馏瓶中的溶剂，加热温度可接近该溶剂的沸点；同时还可以进行旋转，速度为 50~160r/min，使溶剂形成薄膜，增大蒸发面积。此外，在高效冷却器作用下，可将热蒸气迅速液化，加快蒸发速率。

2. 安装步骤

（1）将机架旋转在靠近水源牢固的工作台上，如遇不平可垫四只硬橡皮脚。

（2）将机头中心移到距底盘 48cm 高度向右倾斜 30°左右锁紧机架上各锁紧螺母。

（3）将电控箱按图固定，插上电机五芯插头。

（4）将冷凝器插在机头接口上，调整各活动关节使冷凝器垂直，用固定夹保持。冷凝器各管接头向后。

（5）将加料管插入冷凝管。

（6）将收集瓶与冷凝管对接，用瓶口夹夹好。

（7）将旋转瓶套在旋转轴右端，用瓶口夹夹好。

（8）在抽气管处用真空管接通真空管接头，另一接头连接真空泵或实验室真空开关。

图 17-8　旋转蒸发器示意图

3. 旋转蒸发器的操作

（1）抽真空

打开真空泵后，发现真空连接不上，应检查各瓶口是否密封好，真空泵自身是否漏气，放置轴处密封圈是否完好。外接真空管中串联一只真空开关可以提高回收率和蒸发速度。

（2）加料

利用系统真空负压，液料可在加料口上用软管吸入旋转瓶，液料不要超过旋转瓶的一半。旋转蒸发器可连续加料，加料时需注意：①关掉真空泵，②停止加热，③待蒸发停止后缓缓打开管旋塞，以防倒流。

（3）通冷却水

打开水龙头，使水缓缓沿胶管进入旋转蒸发器的蛇形冷凝管中。打开旋转蒸发器的升降装置，使蒸发烧瓶降到水面以下。

（4）加热

旋转蒸发器配用专门设计的水浴锅，必须先加水后通电，温控刻度 0～99℃ 可供参考。由于热惯性的存在，实际水温要比设定温度高 2℃ 左右，使用时可修正设定值，如您需要水温 1/3～1/2。用毕拔去电源插头。

（5）抽真空

打开真空泵，观察气压表。

（6）开旋转

打开电控箱开关，调节旋钮至最佳蒸发转速。必须先开真空泵，再开旋转，否则在旋转中，容易将烧瓶甩出，打碎仪器。

（7）回收溶剂

蒸发结束，首先升起仪器。待冷却后，先停止旋转，再打开加料开关放气，然后关掉真空泵，取出收集瓶内溶媒。关闭水浴锅电源，停止通水。

4. 操作注意事项

（1）玻璃零件接装应轻拿轻放，装前应洗干净、擦干或烘干。

（2）各磨口、密封面、密封圈，及接头安装前都需要涂一层真空脂。

（3）加热槽通电前必须加水，不允许无水干烧。

（4）电源保险必须拧入保险孔内，以免损坏烧瓶。

（5）如真空抽不上来需检查各接头，接口是否密封，封圈、密封面是否有效，主轴与密封圈之间真空脂是否涂好，真空泵及其皮管是否漏气，玻璃件是否有裂缝、碎裂、损坏的现象。

七、水蒸气蒸馏

1. 原理

蒸气蒸馏是分离和纯化有机物质的重要方法之一，常用于下列几种情况：

（1）混合物中含有大量树脂状杂质或不挥发性杂质，采用蒸馏、萃取等方法难于分离。

（2）在沸点温度时易分解的高沸点有机物质。

（3）从固体较多的反应混合物中分离被吸附的液体。

（4）提取植物中的挥发油组分。

使用这种方法时被提纯物质必须具备下列条件：

（1）不溶或难溶于水。

（2）在沸腾下与水长时间共存而不发生化学反应。

（3）在 100℃左右时须有一定的蒸气压，一般不小于 6665Pa（5mmHg）。

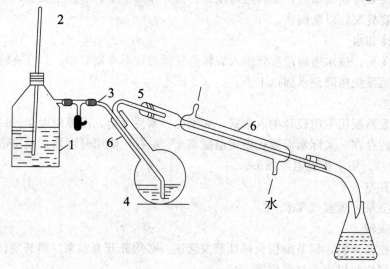

图 17-9　水蒸气蒸馏装置图

2. 水蒸气蒸馏装置

图 17-9 所示是实验室常用的装置，主要是由水蒸气发生器、蒸馏部分、冷凝部分和接收器组成的。水蒸气发生器 1 一般是金属制的，内插一根 40～50cm 长玻管 2（直径约 5mm）作安全管，其下端接近底部，以调节内压。器内盛水量一般为其容积的 1/2～3/4。

烧瓶 4 作蒸馏器，应斜放，使与桌面成 45°角，可防止水蒸气通入时飞溅的液体被带进冷凝管中。烧瓶内液体不宜超过其容积的 1/3。水蒸气导管 3（直径约 8mm）应插到接近烧瓶底部，馏出导管 5（直径约 9mm）一端插入烧瓶中，露出塞子约 5mm，另一端与冷凝管相接。

水蒸气发生器 1 的支管与水蒸气导管 3 之间装一个 T 形管，其支管上套一段短橡皮管，用螺旋夹旋紧。T 形管可用来除去水蒸气中冷凝下来的水，也可在发生不正常情况时立刻打开夹子，使与大气相通，保证安全。为了减少蒸气冷凝，应尽量缩短水蒸气发生器与圆底烧瓶间的距离。

3. 操作方法

将被蒸馏物倒入圆底烧瓶中，加入适量蒸馏水。在水蒸气发生器内加入水和几粒沸石，按图 17-9 所示装配好仪器，接通冷凝水。先打开 T 形管的螺旋夹，加热水蒸气发生器，当有大量水蒸气从 T 形管的支管冲出时，立刻旋紧螺旋夹，水蒸气进入圆底烧瓶，开始蒸馏。在蒸馏过程中，如因水蒸气的冷凝而使烧瓶内液体量增加，以至超过其容积的 2/3 时，或蒸馏速度不快时，可将烧瓶直接用电热套加热。但应注意防止烧瓶内发生蹦跳现象，蒸馏速度应控制在每秒钟 2～3 滴。当馏出液呈澄清透明、无明显油珠时，即停止蒸馏。首先打开螺旋夹与大气相通，再停止加热。依次拆下接液管、冷凝管、圆底烧瓶等。馏出液转移到分液漏斗中，静置，待完全分层后，再分离得到油层。

4. 注意事项

（1）水蒸气发生器内盛水量宜占其容积的 1/2～3/4，太满时，沸腾后会将水直接冲入圆底烧瓶内。

（2）圆底烧瓶中液体的体积不宜超过其容积的 1/3，过多容易从馏出导管中冲出。

（3）在中断蒸馏时或蒸馏完毕后，不能先移去水蒸气发生器的火源，应先打开螺旋夹与大气相通，再停止加热，以防烧瓶中的液体倒吸入水蒸气发生器。

（4）水蒸气导管应小心地插到接近圆底烧瓶的底部，以便水蒸气和被蒸馏物质充分接触并起搅动作用。

八、重结晶

1. 原理

重结晶是提纯固体有机物最常用的方法。固体有机物在溶剂中的溶解度与温度有密切关系。一般温度升高，溶解度增大。若把固体溶解在热的溶剂中达到饱和，冷却时即由于溶解度降低，溶液变成过饱和而析出晶体。利用溶剂对被提纯物质及杂质的溶解度不同，可以使被提纯物质从过饱和溶液中析出。而让杂质全部或大部分仍留在溶液中（若在溶剂中的溶解度极小，则配成饱和溶液后被过滤除去），从而达到提纯目的。

以一个含有目标物 A 和杂质 B 的混合物为例。设 A 和 B 在某溶剂中的溶解度都是 1g/100mL，20℃和 10g/100mL，100℃。若一个混合物样品中含有 9gA 和 2gB，将这个样品用 100mL 溶剂在 100℃下溶解，A 和 B 可以完全溶解于溶剂中。将其冷却到 20℃，则有 8gA 和 1gB 从溶液中析出。过滤，剩余溶液（通常称为母液）中还溶有 1gA 和 1gB。

再将析出的 9g 结晶依次溶解、冷却、过滤，又得到 7g 结晶，这已是纯的 A 物质了，母液又带走了 1gA 和 1gB。这样在损失了 2gA 的前提下，通过两次结晶得到了纯净的 A。

2. 操作方法

（1）选择溶剂

在进行重结晶时，选择理想的溶剂是一个关键，理想的溶剂必须具备下列条件：

①不与被提纯物质发生化学反应。

②在较高温度时能溶解大量的被提纯物质；而在室温或更低温度时，只能溶解很少量的该种物质。

③对杂质溶解非常大或者非常小（前一种情况是要使杂质留在母液中不随被提纯物晶体一同析出；后一种情况是使杂质在热过滤的时候被滤去）。

④容易挥发（溶剂的沸点较低），易与结晶分离除去。

⑤能结出较好的晶体。

⑥无毒或毒性很小，便于操作。

⑦价廉易得。

经常采用以下试验的方法选择合适的溶剂：

取 0.1g 目标物质于一小试管中，滴加约 1mL 溶剂，加热至沸。若完全溶解，且冷却后能析出大量晶体，这种溶剂一般认为可以使用。如样品在冷时或热时，都能溶于 1mL 溶剂中，则这种溶剂不可以使用。若样品不溶于 1mL 沸腾溶剂中，再分批加入溶剂，每次加入 0.5mL，并加热至沸。总共用 3mL 热溶剂，而样品仍未溶解，这种溶剂也不可以使用。若样品溶于 3mL 以内的热溶剂中，冷却后仍无结晶析出，这种溶剂也不可以使用。

（2）固体物质的溶解

原则上为减少目标物遗留在母液中造成的损失，在溶剂的沸腾温度下溶解混合物，并使之饱和。为此将混合物置于烧瓶中，滴加溶剂，加热到沸腾。不断滴加溶剂并保持微沸，直到混合物恰好溶解。在此过程中要注意混合物中可能有不溶物，如为脱色加入的活性炭、纸纤维等，防止误加过多的溶剂。

溶剂应尽可能不过量，但这样在热过滤时，会因冷却而在漏斗中出现结晶，引起很大的麻烦和损失。综合考虑，一般可比需要量多加 20％ 甚至更多的溶剂。

（3）杂质的除去

热溶液中若还含有不溶物，应在热水漏斗中使用短而粗的玻璃漏斗趁热过滤。过滤使用菊花形滤纸。溶液若有不应出现的颜色，待溶液稍冷后加入活性炭，煮沸 5min 左右脱色，然后趁热过滤。活性炭的用量一般为固体粗产物的 1％～5％。

（4）晶体的析出

将收集的热滤液静置缓缓冷却（一般要几小时后才能完全），不要急冷滤液，因为这样形成的结晶会很细、表面积大、吸附的杂质多。有时晶体不易析出，则可用玻璃棒摩擦器壁或加入少量该溶质的结晶，引入晶核，不得已也可放置冰箱中促使晶体较快地析出。

（5）晶体的收集和洗涤

把结晶通过抽气过滤从母液中分离出来。滤纸的直径应小于布氏漏斗内径。抽滤后打开安全瓶活塞停止抽滤，以免倒吸。用少量溶剂润湿晶体，继续抽滤，干燥。

（6）晶体的干燥

纯化后的晶体，可根据实际情况采取自然晾干，或烘箱烘干。

九、熔点的测定

1. 原理

熔点是晶体物质的固相与液相在 101 325Pa 下达成平衡时的温度。熔点测定对有机化合物的研究有很大的实用价值。纯净的固态有机化合物都有固定的熔点，并且一般温度都不高（350℃以下），用简单的仪器就能测定。有机化合物的熔点通常是用毛细管法测定，实际上由此法测定的不是一个温度点，而是熔点范围（熔程），即固态试样从开始熔化到完全熔化为液态的温度范围。纯净的有机化合物固液两相之间的变化非常敏锐，熔点范围很小，一般不超过1℃，但当含有杂质时，会使熔点降低，并且熔点范围增大，因此，熔点的测定常用以鉴定固态有机化合物并作为该化合物纯度的一个指标。若两种试样具有相同或相近的熔点，要判别它们是否为同一化合物，可将它们混合后再测。若熔点不变，则为同一化合物；若熔点降低，熔点范围增大，则为不同的化合物。

熔点测定常在圆底烧瓶或提勒（Thiele）管中进行。浴液（加热液体）有浓硫酸、液体石蜡、甘油和硅油等。选哪一种应视加热温度而定。若温度低于140℃，最好用液体石蜡或甘油，药用液体石蜡加热到220℃仍不变色。若温度高于140℃，可用浓硫酸，但有机物掉入浓硫酸内使之变黑，妨碍样品观察，这时可加入少许硝酸钾晶体，加热除去有机物使之脱色。温度超过250℃时，浓硫酸会分解出 SO_3 而冒白烟，妨碍温度的读数，这时，可加入少许 K_2SO_4 晶体，使之成为饱和溶液。必须注意，热的浓硫酸有极强的腐蚀性，因此，用浓硫酸作浴液时，一定要小心加热，防止溅出伤人。同时，一定要戴护目镜。硅油加热到250℃时仍稳定透明，且无腐蚀性，但硅油价格较高。

2. 操作方法

（1）熔点管的制作及试样的装入

取一直径为 1～2mm、长度为 7～8cm 的毛细管，将其一端放在火焰上烧熔，使之封闭，即成熔点管。把少许干燥的试样放在洁净干燥的表面皿上，用玻璃棒研成粉末并聚成一堆。然后将熔点管的开口端插入试样中，装取试样后，将开口端向上，把熔点管竖起来，在台面上轻轻墩几下，再取一根长 30～40cm 的干燥玻璃管，垂直于台面上，让熔点管沿玻璃管自由下落，重复几次，使试样落到管的底部并且结实均匀（装入的试样不应有空隙，否则不易传热，影响测定结果）。如试样装得不够，可重复装取，高度以 2～3mm 为宜。沾在熔点管外面的粉末须轻轻拭去，以免污染浴液。

（2）仪器的安装

取一支已校正的温度计，用小橡皮圈将熔点管套在温度计上（橡皮圈应高出浴液液面，如用浓硫酸作浴液，可用温度计下端蘸取少许浓硫酸滴在熔点管上端外壁上，即可使熔点管粘于温度计而免去橡皮圈），使熔点管紧贴温度计，试样中部与水银球中部处于同一水平位置，如图 17—10 所示。

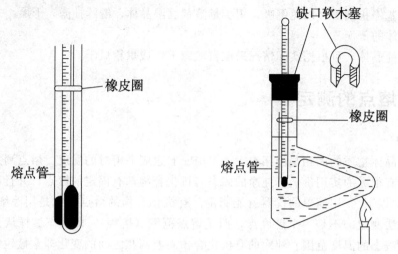

图 17-10 熔点测定装置

将温度计套入有缺口的单孔软木塞或橡皮塞中，缺口应对准温度计的刻度以便于观察和读数（同时通过缺口使体系与大气相通）。然后将贴有熔点管的温度计插入装有浴液的圆底烧瓶或提勒管中，调节位置使温度计的水银球高出圆底烧瓶底部1cm或处于提勒管的两侧管中间（浴液装到圆底烧瓶球部中间或提勒管刚高出上侧管处即可），如图17-10所示。

（3）测定熔点

仪器安装无误后，即可开始加热。加热时，控制升温速度是测定熔点准确与否的关键，一般是开始时每分钟升温5~6℃，熔点前20℃时减为每分钟1~2℃，接近熔点时再减为每分钟0.3~0.5℃，此时应特别注意熔点管中试样的变化。当试样开始塌落、湿润、出现小液滴时，表示开始熔化，立即记录温度。至试样全部熔化成为透明液体时，表示完全熔化，立即记录温度。开始熔化至安全熔化的温度范围即为试样的熔点范围。报告熔点时，一定要写出这两个温度。另外，在加热过程中还应注意试样是否有萎缩、变色、发泡、升华、炭化等现象。

3. 注意事项

（1）当试样熔点未知时，应先做一次粗测，加热升温速度可稍快。知道其大致熔点后，再另取熔点管装取试样，作精确测定。

（2）测定完后，不能立即从浴液中取出温度计，而要等浴液自然冷却到100℃以下再取出，以防水银柱断裂。

十、折光率的测定

折光率（又称折射率）是有机化合物的重要常数之一。它是液态化合物的纯度标志，也可作为定性鉴定的手段。

当光线从一种介质A射入另外一种介质B时光的速度发生变化，光的传播方向（除光线与两介质的界面垂直）也会改变。这种现象称为光的折射现象。

当入射角 $\theta_i = 90°$ 时，这时的折射角最大，称为临界角 θ_c。

$$n = \frac{\sin 90^\circ}{\sin \theta_c} = \frac{1}{\sin \theta_c}$$

只要测出临界角，即可求得介质的折光率。

测定折光率通常使用阿贝折光仪，阿贝折光仪主要是由两块棱镜组成，上面一块是光滑的，下面一块是磨砂的。测定时，将被测液体滴入磨砂棱镜，然后将两上棱镜叠合关紧。光线由反光镜入射到磨砂棱镜，产生漫射，以 0°～90°不同入射角进入液体层，再到达光滑镜。光滑棱镜的折光率很高（约为 185），大于液体的折光率，其折射角小于入射角，这时在临界角以内的区域有光线通过，是明亮的，而临界角以外区域没有光线通过，是暗的，从而形成了半明半暗的图像，见图 17－11。

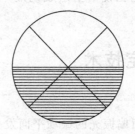

图 17－11　临界角时目镜视野图

不同化合物的临界角不同，明暗两区的位置也不同。在目镜中刻上一个十字交叉线，改变棱镜与目镜的相对位置，使明、暗分界线正好与十字交叉点重合，通过测定其相对位置并换算，可测得化合物的折光率。阿贝折光仪标尺上的刻度就是经过换算后的折光率。由于阿贝折光仪有消色散装置，可以直接使用日光，测得的数据与使用钠光相同，量程 13 000～17 000，精密度为 0.00001。

图 17－12　阿贝折光仪

2. 操作方法

（1）将折光仪与恒温水槽相连，调节所需温度。打开直角棱镜，用丝绢或擦纸沾少量乙醇或丙酮轻轻沿一个方向擦净镜面（不可来回擦），晾干后待用。

（2）恒温后，用滴管将被测液体滴到磨砂棱镜上，注意不要使滴管尖直接接触镜面，以防造成刻痕。关闭棱镜，调好反光镜，使光线射入。所滴液体应均匀分布在两块棱镜之间，不可太少，否则观察不清。

（3）通过棱镜转动手轮转动棱镜，直到从目镜中找到明暗分界线。如果出现彩色带，则调节消色散镜，使明暗线清晰。再调节转动棱镜手轮，使分界线对准十字交叉点，打开读数望远镜下面的小窗，使光线射入，记录读数。

（4）测定后，立即用乙醇或丙酮擦洗两块棱镜，晾干后关闭，放进木箱中。

3.注意事项

（1）折光仪不能用来测定强酸、强碱，以及有腐蚀性的液体，也不能测定对棱镜、保温套之间的黏合剂有溶解性的液体。

（2）使用前应先对仪器进行校正。通常用纯水校正，测得纯水的折光率与标准值比较，求得校正值（一般重复两次，求得平均值）。校正值一般都很小，若此值太大，整个仪器必须重新校正。也可用校正玻璃块校正。

（3）仪器不能曝于日光中，也不能在较高温度下使用。

（4）必须注意保护棱镜，不能在镜面上造成刻痕，使用完毕，用乙醇或丙酮洗净镜面，晾干后合上棱镜，妥善保管。

十一、旋光度的测定技术

1.旋光度及比旋光度

具有光学活性的物质能使平面偏振光的振动平面发生旋转，旋转的角度叫作旋光度。使平面偏振光的振动平面向右旋转的叫作右旋，用（＋）或 D 表示，向左旋转的叫作左旋，用（－）或 L 表示。

一个化合物具有光学活性是由其分子结构决定的。具有光学活性的化合物的分子具有实物与其镜影不能重叠的特点，即具有"手性"。在一定条件下不同旋光活性物质的旋光度为一常数，通常用比旋光度 [α] 表示。比旋光度是旋光活性物质的特征物理常数，只与分子结构有关，可以通过旋光仪测定物质的旋光度经计算求得。

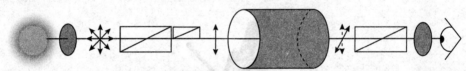

光源　透镜　光线　　偏振光光栅　单方向　　旋光管（样本）　　检测器　透镜　眼睛
　　　　　　　　　　　　　　　　偏振光

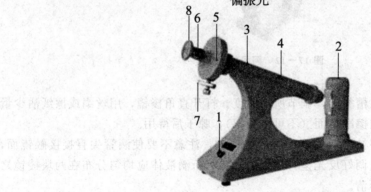

图 17-13　旋光仪的结构示意图

1—电源开关　2—钠光源　3—镜筒　4—镜筒盖　5—刻度游盘
6—视度调节螺旋　7—刻度盘转动手轮　8—目镜

它由光源（一般测定时用钠灯）、起偏镜、样品管、检偏镜和目镜组成。起偏镜为尼科尔棱镜，它只能使与其镜轴平行的平面振动的光通过。这种在一个平面振动的光叫作平面偏振光。检偏镜是能转动的尼科尔棱镜，它连有一刻度盘。样品管装待测物质液体或溶液，长度有 1dm 和 2dm 等几种。对于旋光度小或很稀的溶液，最好用 2dm 的样品管。当检偏镜和起偏镜的镜轴平行，并且样品管是空着或放有无旋光活性物质时，由旋光仪的目镜可以看到最大强度的光，这时刻度盘指向零。当样品管放入有旋光活性物质的溶液时，由起偏镜射来的平面偏振光被它向左或右旋转了一定角度，达到目镜的光的强度就被减弱。这时转动检偏镜直至光的亮度最强时为止，由刻度盘上可以读出左旋或右旋的度数。但人的眼睛对最亮点并不是很灵敏。为了准确判断旋光度的大小，在旋光仪的起偏镜后加一石英晶片，使光的偏振方向旋转一定角度 φ（φ 称半暗角）。当检偏镜与通过石英片的光的偏振面平行时，通过目镜可以观察到中间明亮，两旁较暗，见图 17-14（3）；若检偏镜的偏振面与起偏镜的偏振面平行时，可观察到中间暗，两旁明亮，见图 17-14（2）；只有当检偏镜的偏振面处于 1/2 的角度时，视场内明暗相同，见图 17-14（1），把这一位置定为零点。测定时应调节视场内明暗相同，以使观察结果准确。由于人的眼睛对弱照度的变化比较敏感，一般测定时选较小的半暗角，视野的照度随着半暗角减小而变弱，所以在测定时通常选几度到几十度的结果。

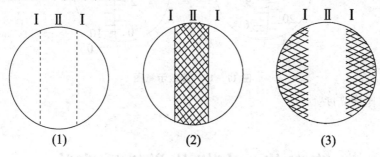

图 17-14　旋光仪的视野图像

物质的旋光度与所用光源的波长、测定时溶液的浓度、样品管长度、温度，及溶剂等因素有关。为了表征出只与分子结构有关的化合物的旋光特性，引入比旋光度 $[\alpha]$ 概念。当光源、温度、溶剂固定时，$[\alpha]$ 为样品浓度为 1g/mL，样品管长度为 1dm 的物质的旋光度。测定出旋光度后，用下式求出比旋光度：

$$[\alpha]_D^t = \alpha / c \cdot L$$

式中：$[\alpha]_D^t$——钠光作光源（D），温度为 t（℃）时的比旋光度；

α——从旋光仪测得的旋光度；

L——样品管长度，单位以分米（dm）表示；

c——溶液浓度，以每毫升含溶质的克数表示，如果测定的物质为纯液体，则 c 改为密度 ρ（g/cm³）。另外，还应标出测定时所用的溶剂。

2. 测定方法

准备工作准确称取 0.5～1g 样品，选择适当溶剂在容量瓶中配制溶液。一般溶剂可选用水、乙醇、氯仿等。

（1）接通电源，5min 后钠灯发光正常，开始测定。

（2）校正仪器零点在样品管中未放样品和充满蒸馏水时，观察视场是否一致。如果不一致，说明零点有误差，应在测量读数中减去或加上这一偏差值。

（3）测试选取合适长度的样品管，将样品管的一端用玻盖和螺帽封好，并用已配好的待测溶液冲洗 2 次。将管竖起，充满待测溶液，并使溶液因表面张力而形成凸液面，中心高出管顶。将玻璃盖沿管口边上平移过去，使样品管内不留空气泡，然后旋上螺帽，使之不漏。螺丝不宜过紧，过紧会使玻璃盖产生应力，影响读数。将样品管擦干净，放入旋光仪中。旋转旋钮，使视场明暗一致，从刻度盘上读数。

（4）读数方法

刻度盘分两出个半圆形分别标 0 °～180°，并有固定的游标分为 20 等份，等于将刻度盘 19 等分，读数时先看游标的 0 落在刻度盘上的位置，记下整数值，如图 17-15 中整数为 9，再利用游标尺与主盘上刻度画线重合的方法，读出游标尺上的数值为小数，可以读到两位小数，此时图中为 0.30，所以最后的读数为 $\alpha = 9.30°$。

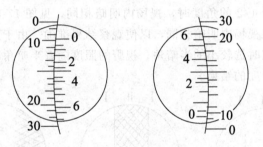

图 17-15　读数示意图

（5）计算比旋光度。

第三节　有机化学性质实验

实验一　芳香烃的性质

一、目的

1. 掌握芳烃的化学性质，重点掌握取代反应的条件。
2. 了解游离基的存在及化学检验方法。

二、原理

在苯的结构中，由于在环状闭合共轭体系中电子云密度、键长平均化，导致苯的性质稳定，不易发生加成和氧化反应，而容易进行取代反应。而当苯上连有烃基，导致苯环活化，取代反应更易进行。烃基上的 α-氢也容易被氧化剂氧化。

三、药品

苯、甲苯、$KMnO_4$、10％H_2SO_4、20％Br_2/CCl_4、10％$NaOH$。

四、实验内容

1. 高锰酸钾溶液氧化

取二支试管中分别加入苯、甲苯各 0.5mL，然后各加入 1 滴 0.5％ $KMnO_4$ 和 0.5mL10％ H_2SO_4，于水浴 60～70℃ 加热，然后剧烈振荡，观察现象。

2. 芳烃的取代反应

在二支试管中分别加入 5 滴苯和甲苯，再各加入 5 滴 20％Br_2/CCl_4 溶液，振荡后放置数分钟，观察现象。颜色是否消失，是否有 HBr 烟雾生成？

五、思考题

1. 苯和甲苯的溴代反应，为什么只能在温热的水浴中而不能在沸水浴中进行？
2. 苯和甲苯的溴代反应条件有何不同，原因是什么？

实验二　卤代烃的性质

一、目的

掌握卤代烃的化学性质和鉴别方法。

二、原理

取代反应和消除反应是卤代烃的主要化学性质。其化学活性取决于卤原子的种类和烃基的结构。叔碳原子上的卤素活泼性比仲碳和伯碳原子上的要大。在烷基结构相同时，不同的卤素表现出不同的活泼性，其活泼性次序为：$RI>RBr>RCl>RF$。乙烯型的卤原子都很稳定，即使加热也不与硝酸银的醇溶液作用。烯丙型卤代烃非常活泼，室温下与硝酸银的醇溶液作用。隔离型卤代烃需要加热才与硝酸银的醇溶液作用。

三、药品

1-溴丁烷、1-氯丁烷、1-碘丁烷、溴化苄、溴苯、硝酸银乙醇溶液、5％氢氧化钠。

四、实验内容

1. 与硝酸银乙醇溶液反应

①不同烃基结构的反应

取三支干燥试管并编号，分别加入 5 滴 1-溴丁烷，5 滴溴化苄（溴苯甲烷），5 滴溴苯，然后各加入 4 滴 2％硝酸银的乙醇溶液，摇动试管观察有无沉淀析出。如 10min 后仍无沉淀析出，可在水浴上加热煮沸后再观察。写出它们活泼性。

②不同卤原子的反应

取三支干燥试管并编号，各加入 4 滴 2％硝酸银的乙醇溶液，然后分别加入 10 滴 1-氯丁烷、1-溴丁烷及 1-碘丁烷。按上述方法观察沉淀生成的速度，写出它们活泼性的次序。

2. 卤代烃的水解

①不同烃基结构的反应

取三支试管，分别加入 10～15 滴 1-氯丁烷、2-氯丁烷及 2-氯-2-甲基丙烷，然后在各试管中加入 1～2ml 5％氢氧化钠溶液，充分振荡后静置。小心取水层数用 2％硝酸银检查有无沉淀。若无沉淀，可在水浴上小心加热，再检查。比较三种氯代烃的活泼性次序。

②不同卤原子的反应

取三支试管分别加入 10～15 滴 1-氯丁烷、1-溴丁烷及 1-碘丁烷，然后各加入 1～2mL 5％氢氧化钠溶液，振荡，静置。小心取水层数滴，按上述方法用稀硝酸酸化后，再用 2％硝酸银检查，记录活泼性次序。

五、注意事项

1. 在 18～20℃时，硝酸银在无水乙醇中的溶解度为 2.1g，由于卤代烃能溶于醇而不溶于水，所以用作溶剂能使反应处于均相，有利于反应顺利进行。

2. 本实验通过检查氯离子是否存在来判断卤代烃是否水解，实验中忌用含氯离子的自来水。

六、思考题

1. 说明氯代烃、溴代烃、碘代烃的活性顺序。并解释原因。

2. 说明鉴别 3-溴丙烯，1-溴丙烯的方法。

实验三 醇、酚、醚的性质

一、目的

1. 进一步认识醇、酚、醚类的一般性质，掌握酚类化合物的鉴别技术。

2. 熟悉结构、组成对性质的影响。

二、原理

醇可被看作烃分子中的氢原子被羟基取代的产物，根据烃中的氢原子被羟基取代的多少，可分为一元醇、二元醇及多元醇。在一元醇中，按羟基在分子中的位置又区分为伯醇、仲醇、叔醇。各种醇的性质与羟基的数目、烃基的结构有密切关系。

醇的化学性质大体有下列三类：

（1）醇羟基和羟基上氢原子可被取代。

（2）可发生氧化反应，但叔醇很难被氧化。

（3）醇分子内或分子间的脱水作用。

酚与醇都有羟基，它们的化学性质有某些相似之处，但因羟基所连烃基不同，二者的化学性质也有显著区别。如二者羟基上的氢都能被取代，都能发生氧化反应。酚不同于醇之处在于酚有较显著的酸性，酚芳环上的取代反应，以及和 $FeCl_3$ 的显色反应等。醚的性质比较稳定。

三、仪器、药品

实验仪器：试管、表面皿、酒精灯、镊子、切钠刀、试管、水浴锅、酒精灯等。

药品：金属钠、无水乙醇、正丁醇、仲丁醇、叔丁醇、卢卡斯试剂、浓硫酸、5％ $CuSO_4$ 溶液，$6mol/L$ HCl、5％ NH_3 溶液、甘油、0.5％ $KMnO_4$、浓硫酸、乙二醇、10％硫酸、苯酚饱和水溶液、饱和碳酸氢钠溶液、饱和溴水、5％ $NaHCO_3$ 溶液、对甲苯酚、α-萘酚、1％ $FeCl_3$ 溶液、乙醚、10％KI、淀粉指示剂、pH 试纸和石蕊试纸等。

四、实验内容

（一）醇的性质

1. 醇羟基上氢及醇羟基的取代反应

（1）与金属钠的反应

取 10 滴无水乙醇，置于干燥的试管中，加入米粒大小的金属钠块一块（需将钠外层的煤油用滤纸擦干，切去外皮，取用带金属钠光泽的钠块），观察现象。然后用点燃的火柴接近试管口，放出的氢气与空气混合，发生特殊的爆鸣声。当反应逐渐变慢时，可将试管浸入 $40\sim50℃$ 温水中加速反应，如反应液中尚残余金属钠时，可酌情加少许乙醇，使反应完全，然后倒入表面皿，于水浴上蒸发至醇钠析出，将醇钠投入 2mL 水中，用石蕊试纸检查溶液酸碱性。

（2）醇羟基的取代分别取正丁醇、仲丁醇和叔丁醇各 0.5mL，放入干燥试管中，再加入卢卡斯试剂 2mL，振摇后放在 $25\sim30℃$ 水浴中温热，观察反应中出现浑浊和分层现象的快慢，说明原因。

（3）多元醇与 $Cu(OH)_2$ 的反应

在 3 支试管中分中入 5% $CuSO_4$ 溶液 5 滴和 0.5mL5% NaOH 溶液，即得天蓝色 Cu（OH）$_2$ 沉淀，然后向 3 支试管中分别加入 5 滴甘油、乙二醇和乙醇，观察现象并对比结果。

2. 醇的氧化

将 3 支试管均加入 0.5% $KMnO_4$ 溶液 1mL，6mol/LHCl 溶液 1mL，再向试管中分别加入正丁醇、仲丁醇和叔丁醇各 3～4 滴，振摇、试管微热，观察现象并对比结果，说明原因。

（二）酚的性质

1. 酚的酸性

取苯酚的饱和水溶液 8mL，置于试管中，用广泛 pH 试纸测定酸性。将上述苯酚饱和水溶液分为 3 份，一份作空白对照，于第 2 份中逐滴加入 5% NaOH 溶液，边加边振荡，直至溶液呈清亮为止（解释溶液变清的理由），然后在此溶液中逐滴加入 6mol/L 的 HCl 溶液，观察现象。向第 3 份苯酚溶液中加入饱和 $NaHCO_3$ 溶液，振摇试管，观察现象。有反应的写出反应式。

2. 芳环上的取代反应

取苯酚饱和溶液 2 滴置于试管中，用水稀释到 2mL，逐滴加入溴水，溶液开始析出白色沉淀后化为黄色沉淀时，停止滴加。

苯酚与溴水作用，可生成微溶于水的 2，4，6-三溴苯酚白色沉淀。滴加过量溴水，则白色三溴苯酚就转化为淡黄色的难溶于水的四溴化物。

反应式：

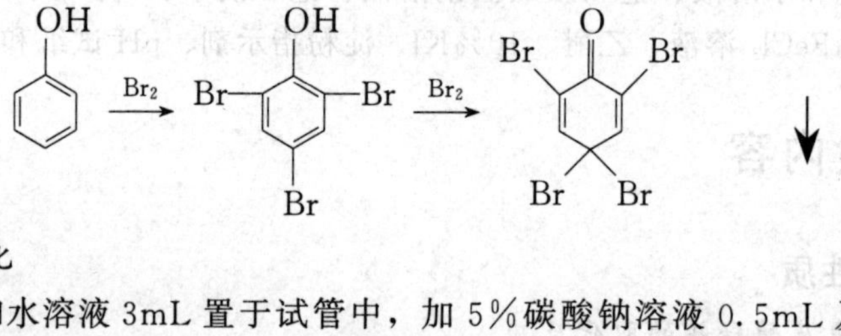

3. 苯酚的氧化

取苯酚的饱和水溶液 3mL 置于试管中，加 5% 碳酸钠溶液 0.5mL 及 0.5% 高锰酸钾溶液 1mL，边振荡边观察现象。

4. 苯酚与 $FeCl_3$ 作用

取苯酚、对甲苯酚、α-萘酚各 0.1g 放入试管中，并用 1mL 水稀释，再加入新配制的 1% $FeCl_3$ 溶液 1 滴，观察并记录现象。

加入酸、过量酒精的 $FeCl_3$ 溶液，均能降低酚铁盐的电离度，随之有颜色的阴离子浓度相应降低，反应液的颜色褪去。

（三）醚的性质

1. 锌盐的形成

取 2mL 浓硫酸于试管中，在冰水浴中冷却至 0℃后，于振摇下逐滴加入冷冻好的乙醚 1mL，然后把试管中的反应液倒入盛有 5mL 冰水的另一试管中，同时边振荡边冷却，观察现象。说明原因。除醚外，醇、酸、酯、酮、醛等含氧有机物均可形成 详盐。

2. 过氧化物的检查

加 10％KI 溶液 1mL 于 5mL 水中，并用 2 滴稀硫酸酸化，加入待检查之乙醚 1mL，振摇片刻，加入 4 滴淀粉指示剂，如溶液呈蓝色，表明醚中有过氧化物存在。

五、注意事项

1. 可用焙烧过的无水硫酸铜检查无水乙醇是否含有水分。
2. 用镊子取金属钠时，切下或剩余的钠渣不能乱丢，需放在指定容器中，以免着火。
3. 配制卢卡斯试剂时注意浓盐酸、无水氯化锌应在冰水中冷却，防止氯化氢逸出。
4. 酚的样品浓度大时与 $FeCl_3$ 反应所表现的颜色太深，难以区别，可加适量的水稀释。

六、思考题

1. 为什么苯酚与 NaOH 反应而不与 $NaHCO_3$ 反应？
2. 醇与酚的性质为什么不同？

实验四　醛、酮的性质

一、目的

1. 通过实验加深对醛、酮性质的理解。
2. 掌握醛、酮的鉴别技术。

二、原理

醛和酮都含有羰基，结构相似性使得二者在化学性质上有共性之处。如与亚硫酸氢钠的加成反应，和氨（或胺）类衍生物的作用，以及碘仿反应等。但醛的羰基与一个烃基和一个氢相连，而酮的羰基则与两个烃基相连，由于结构上的差异又使得醛和酮在化学性质上各有其特殊性。

如醛可以被弱氧化剂托伦试剂和斐林试剂氧化，而酮则不能；希夫试剂只能与醛作用生成紫色化合物，酮则不会发生这样的反应。利用醛、酮上述化学性质上的差异，可对一些醛、酮进行鉴别。

三、仪器、药品

实验仪器：试管、试管架、烧杯、水浴锅等。

药品：饱和亚硫酸氢钠溶液、2，4-二硝基苯肼试液、异丙醇、正丁醇、碘-碘化钾溶液、托伦试剂、斐林试剂、丁酮、37％甲醛溶液、希夫试剂、10％NaOH 溶液、5％氢氧化钠溶液、40％乙醛溶液、试剂丙酮、试剂苯甲醛、试剂苯乙酮。

四、实验内容

（一）加成反应（醛、酮的共性反应）

1. 与亚硫酸氢钠加成

向 4 支试管中分别加入新配制的饱和亚硫酸氢钠溶液 2mL，分别滴入 40％乙醛、丙酮、苯甲醛、苯乙酮溶液 6～8 滴，剧烈振摇，置冰水中冷却，观察有无晶体析出（醛和大多数低级酮都会在 15min 内生成加成物），并说明原因。

2. 与 2，4-二硝基苯肼的加成（鉴别）

在 3 支试管中各加入 2，4-二硝基苯肼试液 1mL，分别滴入甲醛、丙酮和苯甲醛 1～2 滴，摇匀、静置。观察有无结晶析出，并注意结晶的颜色。

析出结晶的颜色常和醛、酮分子中的共轭链有关。非共轭的酮生成黄色沉淀，共轭酮生成橙至红色沉淀，具有长共轭链的羰基化合物则生成红色沉淀。但是，试剂本身就是橙红色的，故对沉淀的颜色就应仔细判断。此外，在个别情况下，强酸、强碱性化合物会使未反应的试剂沉淀析出。

（二）醛、酮 α-H 的活泼性——碘仿试验

向盛有 3mL 蒸馏水的 4 支试管中各加入 40％乙醛、丙酮、异丙醇和正丁醇各 3～5 滴，再各加入 10％氢氧化钠溶液 6 滴，然后，向 4 支试管中逐滴滴入碘-碘化钾溶液，边滴边摇，至反应液能保持淡黄色为止，继续振摇，浅黄色逐渐消失，随之出现浅黄色沉淀，同时逸出特殊的碘仿气味。

若未生成沉淀，微热到 60℃左右，静置观察。

若溶液黄色已褪完又无沉淀析出，则追加几滴碘-碘化钾溶液并微热之，静置观察。说明出现上述现象的原因。

（三）区别醛和酮的化学反应

1. 和希夫试剂的反应（品红试验）

在 3 支试管中加入 1～2mL 希夫试剂，再分别加入甲醛、40％乙醛和丁酮 2～3 滴，振荡摇匀，放置数分钟，观察颜色的变化，并对比 3 支试管的结果。

本法对含有 1～3 个碳原子的醛很灵敏，微量的醛存在即显阳性，其他醛则需 0.5～1mg 左右。一些特殊的醛，如芳草醛等不显阳性。某些酮和不饱和化合物以及易吸收 SO_2 的物质能使希夫试剂复原。无机酸的存在，会大大地降低反应灵敏度。希夫试剂与醛作用生成了另一种紫色化合物，并非恢复品红原来的颜色。反应生成的紫红色物质与试剂中过量 SO_2 作用，会脱掉醛而恢复成试剂，所以，反应液静置后会逐渐褪色。

2. 与托伦试剂的反应（银镜反应）

（1）托伦试剂的配制：

取 2mL5％AgNO₃ 溶液置于一洁净试管中，加入 1 滴 5％NaOH 溶液，即析出沉淀，再逐滴加入 5％氨水，并不断振摇，使析出的沉淀恰好溶解为止。

（2）将配制好的托伦试剂分别置于 3 支洁净试管中，分别加入甲醛、丙酮、苯甲醛 2～3 滴，摇匀。若无变化，可放约 40℃的温水浴中微热几分钟，观察现象，比较结果。

3. 与斐林试剂的反应

取斐林试剂 A、B 两液各 2mL，在试管中混合摇匀，分盛于 4 支试管中，再分别加入甲醛、40％乙醛、苯甲醛和丙酮 2～3 滴，轻轻摇匀，放入水浴中加热，观察现象并比较结果。

斐林试剂 A、B 的混合液呈深蓝色，与醛共热后，溶液颜色有下列变化：深蓝绿色、黄色、红色（氧化亚铜）。氧化亚铜遇甲醛还原为 Cu，呈暗红色粉末或铜镜。长时间加热也能使斐林试剂的混合液析出少量的氧化亚铜。

五、注意事项

1. 在进行银镜反应时，若试管不够干净，阳性反应时，不能生成银镜。为了洗净试管，可用铬酸洗液、自来水、蒸馏水依次洗涤。

2. 在进行银镜反应时，切勿在灯焰上直接加热试管，也不宜加热过久。因试剂受热会生成易爆炸的雷酸银。实验完毕后，应加硝酸少许煮沸，洗去银镜。

六、思考题

1. 异丙醇和正丁醇不具有羰基结构，为什么会发生碘仿反应？
2. 如果丙酮中含有少量乙醛杂质，如何去除掉？

实验五　羧酸及其衍生物的性质

一、目的

1. 验证羧酸及其衍生物的性质，进一步加深对其性质的理解。
2. 掌握羧酸的衍生物鉴别技术。

二、原理

含有羧基的化合物称为羧酸。若羧酸烃基上含有卤素、羟基、氨基、羰基等分别称为卤代酸、羟基酸、氨基酸、羰基酸。羧酸典型的化学性质首先是作为有机酸与碱的中和反应，其次是和醇的酯化反应，以及遇高热后的脱羧反应。

羧酸的衍生物有酯、酯卤、酰胺、酸酐等。羧酸衍生物虽多，但化学性质有其共性，如都能发生水解、氨解和醇解反应等。乙酰乙酸乙酯是一个比较特殊的羧酸衍生物，分子结构中具有羰基，并可互变为烯醇结构，所以它既有羰基化合物的性质，又具有烯醇的化学性质。

三、仪器、药品

实验仪器：试管、试管架、酒精灯、水浴锅、玻璃棒等。

药品：甲酸溶液、醋酸、草酸、无水乙醇、浓硫酸、苯甲酸、10%盐酸、10%NaOH澄清石灰水、乙酸乙酯、5%NaOH溶液、2%$FeCl_3$溶液、乙酰氯、2%$AgNO_3$溶液、乙酸酐、乙酰胺、20%NaOH溶液、10%硫酸溶液、20%Na_2CO_3溶液、苯胺、2，4-二硝基苯肼试液、乙酰乙酸乙酯、1%$FeCl_3$溶液、溴水、3mol/L硫酸溶液等。

四、实验内容

（一）羧酸的性质

1. 酸性

取3支试管，各加入2mL蒸馏水，再分别加入10滴甲酸溶液，醋酸溶液和0.5g草酸，然后用洗净的玻璃棒分别沾取相应的酸液在同一条刚果红试纸上画线，比较各线的颜色和深浅程度，说明各酸的酸性强弱。

2. 酯化反应（羟基取代反应）

在一干燥的试管中加入1mL无水乙醇和1mL冰醋酸，再加入0.2mL浓硫酸，摇匀后浸入60~70℃的热水浴中约10min。然后将试管浸入冷水中冷却，最后向试管中加入5mL水。这时有酯层析出并浮于液面上，注意所生成酯的气味。

3. 成盐反应（中和反应）及酸化

取0.2g苯甲酸晶体放入盛有1ml水的试管中，加10%NaOH溶液数滴，振摇，观察现象。接着加数滴10%盐酸，振摇并观察所发生的现象。

4. 加热脱羧反应

将冰醋酸1mL及1g草酸分别放入2支带有导管的小试管中，导管末端分别伸入2支各自盛有1~2mL澄清石灰水的试管中（导管要插入石灰水中！）。加热样品，当有连续气泡发生时观察现象。

（二）羧酸衍生物的性质

1. 水解反应

（1）酯的水解　在1支试管中，加入1mL蒸馏水，0.5mL乙酸乙酯和2滴3mol/l硫酸，振摇后浸入60~70℃水浴中加热至酯层消失。然后用5%NaOH溶液小心调至中性，向试管中加入2滴2%$FeCl_3$溶液，溶液呈棕红色，加热煮沸后生成棕红色的絮状沉淀。即证明醋酸的存在。

（2）酰氯的水解　于试管中加入1mL蒸馏水，2滴乙酰氯，轻轻振摇，剧烈反应放热，试管冷却后加入 2 滴 2‰AgNO₃ 溶液，观察现象。

（3）酸酐的水解 于试管中加入 1mL 蒸馏水，2 滴乙酸酐，振摇过程中难溶于水的乙酸酐逐渐消失，可以嗅到醋酸的气味，可用酯水解中的方法检查醋酸的存在。

（4）酰胺的水解 取 2 支试管，各加入 0.1g 乙酰胺，另分别加入 1mL20％NaOH 溶液和 2mL10％H₂SO₄ 溶液，摇匀。

将加碱的试管用小火加热至沸。用湿润的红色石蕊试纸在试管口检查产生气体的酸、碱性，并说明是什么气体。

将加酸的试管用小火加热沸腾 2min，注意有醋酸味产生。放冷并加入 20％NaOH 溶液至反应液呈碱性后再次加热。用润湿的红色石蕊试纸检查产生气体的酸、碱性。先后产生的气体是什么物质？

2. 酰氯的醇解反应

在一干燥的小试管中加入 1mL 无水乙醇，慢慢滴加 1mL 乙酰氯，同时用冷水冷却试管并不断振荡。反应结束后先加入 1mL 水，然后小心用 20％Na₂CO₃ 溶液中和反应液至中性，即有一层酯层浮在液面上，如果没有酯层浮起，在溶液中加入粉末状的氯化钠至溶液饱和为止，观察现象并嗅其气味。

3. 酰氯的氨解

在一干燥的试管中加入新蒸馏过的淡黄色苯胺 5 滴，然后慢慢滴加乙酰氯 8 滴，待反应结束后，再加入 5mL 水并用玻璃棒搅匀，观察现象。

（三）乙酰乙酸乙酯的性质

1. 具有羰基的性质

取 2,4-二硝基苯肼试液 1mL 加入试管中，然后加入乙酰乙酸乙酯 3～4 滴，振摇片刻观察现象。

2. 具有烯醇的性质

在 1 支试管中加入 2mL 水，再加入乙酰乙酸乙酯 3～4 滴，振摇后加入 1％FeCl₃ 溶液 2～3 滴，反应液呈紫色。再加溴水数滴，反应液变成无色，但放置片刻后又显紫红色。解释上述变化过程。

五、注意事项

进行酰氯水解时，必须用无色透明的乙酰氯进行有关性质实验，防止杂质干扰结果。

六、思考题

1. 试比较芳香羧酸与芳香羧酸钠盐在水中的溶解情况并说明如何利用二者溶解度上的差别从溶液中分离芳香酸类药物和精制芳香酸类药物？

2. 简述羧酸酯、酰卤、酰胺、酸酐共有的化学性质，说明用含有上述 4 种功能基的原料合成药物时，如何保证功能基不被破坏，及用含有上述功能基的原料药制备水针剂时的注意事项。

实验六 胺的性质

一、目的

掌握胺的重要性质和胺的鉴别技术。

二、原理

胺可被看作氨（NH_3）分子中的氢原子被烃基取代的产物，按氢原子被取代的数目可分为伯、仲、叔胺。胺同氨相似，在水溶液中呈碱性，和酸形成胺盐。除叔胺外，伯胺和仲胺都可以发生氮上的酰化和磺酰化反应。在磺酰化反应后，伯胺生成的磺酰胺溶于碱性溶液中，不溶于酸性水溶液中，仲胺生成的磺酰胺不溶于碱性水溶液，也不溶于酸性溶液中，而叔胺不发生磺酰化反应，根据这些现象可区别和分离三种胺。

在亚硝化反应中，三种胺的化学性质各不相同。在一定的条件下，经亚硝基取代反应，芳伯胺生成的重氮盐可与酚或芳香胺发生偶合反应，生成颜色鲜艳的偶合产物，可用来鉴别酚类和芳胺类药物。

三、仪器、药品

实验仪器：试管、试管架、玻璃棒、水浴锅等。

药品：苯胺、浓盐酸、20%NaOH、乙酰氯、乙酸酐、N-甲基苯胺、N，N-二甲基苯胺、10%NaOH溶液、苯磺酰氯、6mol/L盐酸、5%$NaNO_2$溶液、β-萘酚碱溶液、5%NaOH溶液、pH试纸等。

四、实验内容

（一）胺的弱碱性

取1mL水置于试管中，滴加5滴苯胺，振摇，观察苯胺是否溶解于水。然后加入3滴浓盐酸振摇，观察其变化。全溶后，再加入3～4滴20%NaOH溶液，又有何变化？解释现象。

（二）乙酰化反应

取2支干燥试管，各加入3滴苯胺，然后分别加入3滴乙酰氯和3滴乙酸酐，观察现象。

（三）磺酰化反应（区别伯、仲、叔胺）

在3支试管中，分别加入苯胺、N-甲基苯胺和N、N-二甲基苯胺各0.1mL，10%

NaOH 溶液各 5mL 及 3 滴苯磺酰氯，塞住试管口，剧烈振摇 3～5min，除去塞子，振摇后在水浴上温热 1min，冷却溶液，用试纸检查溶液应呈碱性，否则加氢氧化钠使其呈碱性。观察有无固体或油状物析出。

若有沉淀或油状物析出，加 6mol/L 盐酸酸化后不溶解者，则为仲胺。

若溶液中无沉淀析出，加 6mol/L 盐酸酸化并用玻璃棒摩擦试管壁后，析出沉淀者为伯胺。若溶液中仍为油状物，加浓盐酸后溶解为澄清溶液，则为叔胺。

（四）亚硝化试验、偶联反应与芳胺的鉴别

1. 芳伯胺（重氮化、偶联）

在试管中加入 2 滴苯胺，0.5mL 水及 6 滴浓盐酸（浓盐酸的量当于胺的 3 倍，反应剩余的盐酸用于维持重氮盐稳定），振摇均匀后浸入冰水中冷却至 0℃，在振摇下慢慢加入 5％NaNO$_2$ 溶液 3 滴，得澄清溶液。向此溶液中加入 2 滴新配制的 β-萘酚碱溶液，即析出橙红色沉淀。

2. 芳仲胺（N 上亚硝化反应）

在试管中加入 2 滴 N-甲基苯胺、0.5mL 蒸馏水及 3 滴浓盐酸，于冰水冷却后，在不断振摇下慢慢滴加 5％NaNO$_2$ 溶液 5 滴，溶液中立即产生黄色油珠或固体沉淀。

3. 芳叔胺（环上亚硝化反应）

在试管中加入 2 滴 N，N-二甲基苯胺，3 滴浓盐酸，于冰水中冷却后，滴加 5％NaNO$_2$ 溶液 3 滴，即有黄色固体析出。加入 5％NaOH 溶液使其溶液呈碱性，沉淀变成绿色。

五、思考题

1. 芳胺和芳胺盐酸盐在水中的溶解度及在乙醚中的溶解度会有什么样的差别？这对于从溶液中分离芳胺类药物或精制芳胺类药物有何意义？

2. 有一个混合物，其中含有苯胺、N-甲基苯胺、N，N-二甲基苯胺，请设计一种方法来分离它们。

实验七　糖类的性质

一、目的

1. 通过实验加深对糖类物质的主要化学性质的理解。
2. 熟悉某些糖类物质的鉴定方法。
3. 学习鉴定糖类及区分酮糖和醛糖的方法。
4. 了解鉴定还原糖的方法及其原理。

二、原理

还原糖含有半缩醛（酮）的结构，即醇羟基、醛基，在化学性质上具有醛的性质和醇的性质。能和斐林试剂，Benedict 试剂和托伦试剂发生反应；非还原糖不含有半缩醛（酮）的结构。糖在浓无机酸（硫酸、盐酸）作用下脱水生成糠醛及糠醛衍生物，后者能与 α-萘酚生成紫红色物质。还原性糖能与过量的苯肼作用生成脎，糖脎是不溶于水的黄色晶体。

三、药品

10％α-萘酚、间苯二酚、斐林试剂 A 和 B、Benedict 试剂、托伦试剂、5％硝酸银溶液、稀氨水、苯肼、浓盐酸、10％氢氧化钠溶液、碘-碘化钾溶液、硝酸、酒精-乙醚液（1∶3 体积比）、葡萄糖、果糖、麦芽糖、蔗糖、纤维素。

四、实验内容

1. Molish 试验——α-萘酚试验

取 5 支试管分别加入 5％葡萄糖、果糖、麦芽糖、蔗糖、淀粉液 1mL，再滴入 2 滴 10％α-萘酚和 95％乙醇溶液，将试管倾斜 45°，沿管壁慢慢加入 1mL 浓硫酸，观察现象？若无颜色，可在水浴中加热，再观察结果。

2. 间苯二酚试验

取 4 支试管分别加入 5％葡萄糖、果糖、麦芽糖、蔗糖 1mL，再加入间苯二酚 2mL，加入 5％葡萄糖溶液 1mL，混匀，沸水浴中加热 1～2min，观察颜色有何变化？加热 20min 后，再观察，并解释。

3. Benedict 试剂、托伦试剂检出还原糖

（1）与 Benedict 试剂反应：

取 6 支试管分别加入 5％葡萄糖、果糖、麦芽糖、蔗糖、乳糖、淀粉，再分别加入 1ml Benedict 试剂，微热至沸，分别加入 5％葡萄糖溶液，在沸水中加热 2～3min，放冷观察现象。

（2）与托伦试剂反应：

取 6 支洁净的试管分别加入 5％葡萄糖、果糖、麦芽糖、蔗糖、淀粉液、滤纸浆，再加入 1.5mL 托伦试剂，分别加入 0.5mL 5％葡萄糖溶液，在 60～800℃热水浴中加热，观察并比较结果，解释为什么。

4. 糖脎的生成

取 5 支试管分别加入 2mL 苯肼试剂，分别加入 5％葡萄糖、果糖、乳糖、麦芽糖、蔗糖溶液，沸水浴中加热，检查晶体形成及所需时间。

5. 淀粉水解

取 1 支试管加入 3mL 淀粉溶液，加 0.5mL 稀盐酸，煮沸 5min，冷却后，用 10％

NaOH 溶液中和，用此水解液作斐林试验。

五、思考题

1. 醛糖和酮糖的结构的区别是什么？
2. 如何鉴别醛糖和酮糖，有几种方法？

第四节 有机化学制备实验

实验一 无水乙醇的制备

一、目的

1. 掌握无水乙醇（即 99.5％的乙醇）的制备技术。
2. 进一步了解和熟悉回流与蒸馏技术。
3. 学习无水操作技术。

二、原理

乙醇是常用的有机溶剂，在许多的有机化学反应中，乙醇无论是作为反应物还是有机溶剂，它的纯度有时都对化学反应有着很大的影响。由于乙醇和水易形成共沸物，沸点为 78.15℃，故含量为 95.5％的工业乙醇中还含有 4.5％的水分。若要得到含量较高的乙醇，可以把工业乙醇与氧化钙在一起进行加热回流，使乙醇中的水分与氧化钙充分反应，生成不挥发性的氢氧化钙而除去。然后再采用蒸馏的方法把乙醇蒸出，这样得到的乙醇的纯度可达 99.5％，若要得到纯度更高的无水乙醇，可用金属镁或金属钠进行处理，也可用分子筛法进行制取。本实验主要介绍氧化钙法制备 99.5％的乙醇的方法。

反应式：$CaO + H_2O \longrightarrow Ca(OH)_2$

三、仪器、药品

250mL 圆底烧瓶、球形冷凝管、直形冷凝管、锥形瓶、温度计 150℃、量筒 100mL、接液管、干燥管（装无水氯化钙）1 个、乙醇（95％）工业品 100mL、高锰酸钾少量、生石灰（氧化钙）工业品 25g。

四、实验内容

在 250mL 的圆底烧瓶中放入 100mL95％的乙醇，25g 生石灰，装上球形冷凝管，冷凝管的上端接一干燥管，通上冷凝水，用电加热套加热回流1.5h。稍冷后，取下球形冷凝管，换上装有温度计的蒸馏头，装上直形冷凝管、接液管和锥形瓶，接液管的支管上接一氯化钙干燥管，通入冷凝水后用电加热套加热进行蒸馏。开始有馏出液时，要调节温度，使馏出液流速为1～2滴/秒，直到几乎无液滴流出为止（注意：千万不要蒸干）。将接收瓶中的乙醇量体积，计算回收率。然后在一试管中放少量无水乙醇，加入一小粒高锰酸钾晶体，若不呈现紫色，表明产品合格。

1. 回流时间：（   ）小时（   ）分钟。
2. 蒸馏开始温度：（   ）；稳定温度：（   ）；结束温度：（   ）。
3. 最后产量：（   ）mL。
4. 计算产率：
5. 产品检验：加高锰酸钾后颜色（   ），结论（   ）。

五、思考题

1. 用反应式表示生石灰起干燥作用的原因。计算 100mL95％的乙醇制成无水乙醇理论上需要多少生石灰？
2. 制备无水试剂应注意什么事项？为什么在回流冷凝管上端及接收器的支管上都要装氯化钙干燥管？

实验二　苯甲酸的制备

一、目的

1 掌握芳香烃通过氧化反应制备羧酸的原理和实验室操作。
2 运用重结晶法从反应体系中提取产物。

二、实验原理

制备芳香族通常用芳香烃的氧化来制备。芳香烃的苯环比较稳定，难以氧化，而环上的支链无论长短，在强氧化剂作用下，最后都变成羧酸。本实验就是用甲苯氧化制备苯甲酸，反应式：

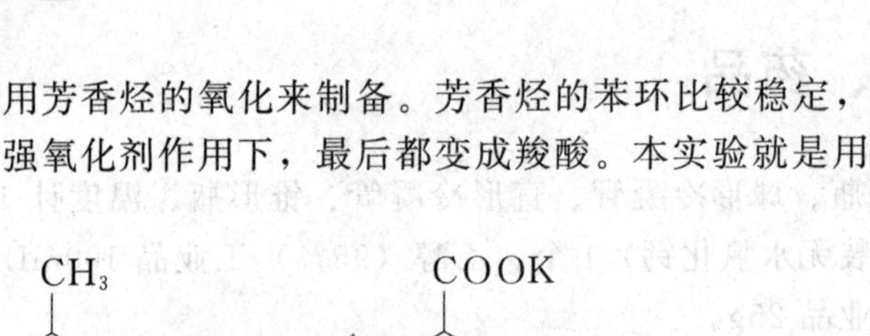

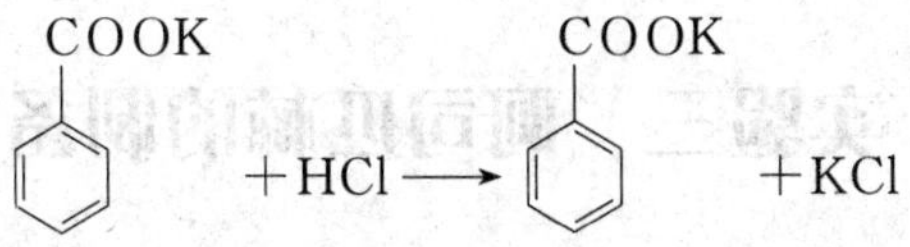

$$\underset{\text{(COOK)}}{\text{COOK}} + HCl \longrightarrow \underset{\text{(COOK)}}{\text{COOK}} + KCl$$

三、仪器与药品

仪器：250mL 圆底烧瓶、球形冷凝管、布氏漏斗、抽滤瓶、200mL 烧杯、电动搅拌加热套。

药品：甲苯、$KMnO_4$，浓 HCl、$NaHSO_3$（固体）。

四、实验内容：

1. 合成

在 250 mL 三口烧瓶加入 5.4 mL 甲苯、10mL 水、两粒沸石，组装回流冷凝装置。加热至沸，分批从冷凝管上口加入 8.0g$KMnO_4$，摇动，并用水将黏附于冷凝管内壁的 $KMnO_4$ 冲洗入瓶内。继续加热煮沸，并摇动，回流反应 1.5h。

反应时间结束，趁热减压抽滤去除 MnO_2 滤渣，热水洗涤 3 次，合并滤液、洗液，用冰水冷却，然后用浓盐酸酸化，直到刚果红试纸变蓝，苯甲酸全部析出为止。抽滤，滤液用少量冷水洗涤，挤压去水分，转移到表面皿，烘干箱干燥，得苯甲酸粗品。

2. 精制处理

采用重结晶法，用水作溶剂对粗品苯甲酸进行纯化。烘干产品，得苯甲酸精品。称重，测熔点。

纯苯甲酸为无色针状结晶，熔点：122.4℃，易升华。

五、注意事项

1. 高锰酸钾必须小量分批加入；每次加入后要充分反应，待反应缓和再加入次批。

2. 若反应至甲苯层几乎消失，回流不再出现油珠需要 4~5h。

3. 重结晶操作时，一定要注意溶剂的用量。

4. 如果滤液呈紫色，可加入少量 $NaHSO_3$ 使紫色褪去，若有大量沉淀出现，需重新过滤。

六、问题讨论

1. 在氧化反应中，影响苯甲酸产量的主要因素是哪些？

2. 反应完毕后，如果滤液呈紫色，为什么要加亚硫酸氢钠？

3. 精制苯甲酸还有什么方法？

实验三　阿司匹林的制备

阿司匹林 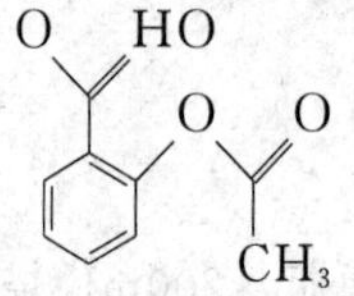 为常见的解热镇痛药，其出现至今已经有百年历史，且现今每年的用药量仍然巨大。该药小剂量应用有抗血小板凝集作用，目前也用作抗血栓药物。

一、目的要求

1. 熟悉阿司匹林的制备原理及方法。
2. 掌握带搅拌器的回流装置的安装与操作。
3. 熟悉利用重结晶精制固体产品的操作技术。

二、实验原理

主反应：

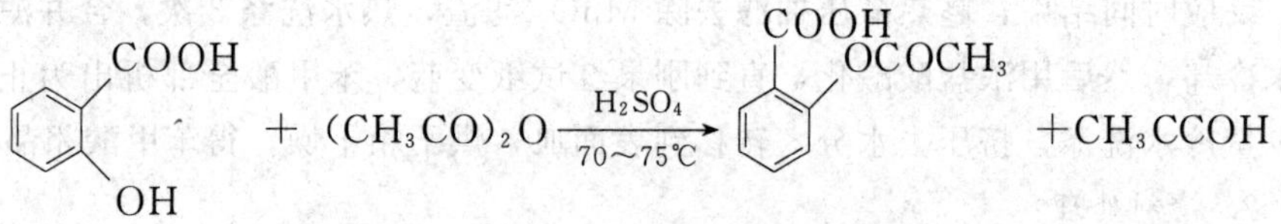

乙酰水杨酸（阿司匹林）

水杨酸在酸性条件下受热，还可发生缩合反应，生成少量聚合物。

副反应：

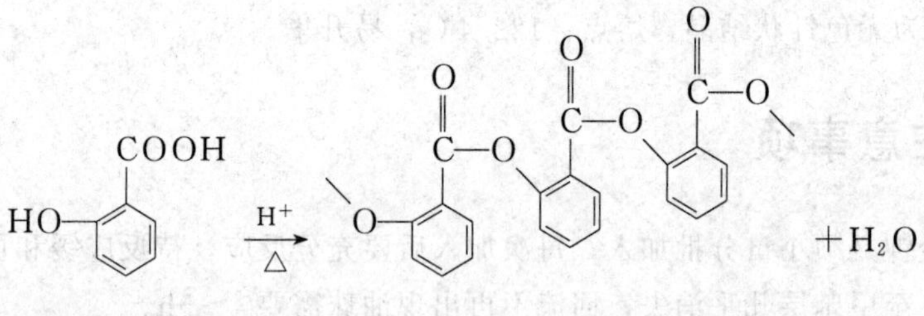

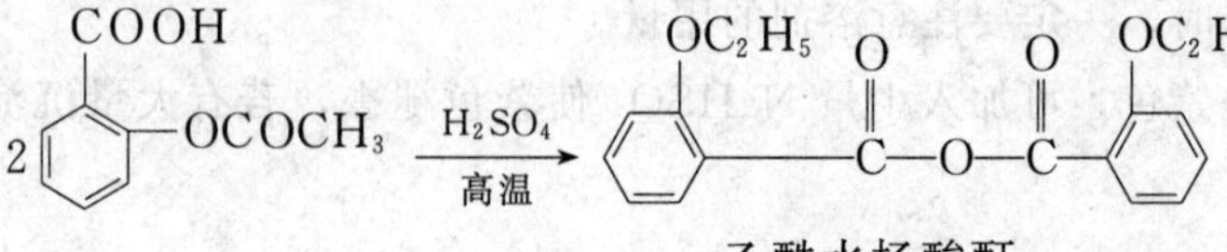

乙酰水杨酸酐

阿司匹林为白色晶体，熔点 134～136℃，文献值为 136℃。无嗅、微带酸味，难溶于水，易溶于醇、醚、氯仿等有机溶剂。在干燥空气中稳定，在潮湿的空气中易水解，故应密封存放于干燥处。

三、实验仪器药品

仪器：三颈瓶（250mL）、球形冷凝管、减压过滤装置、熔点仪、表面皿、水浴锅、温度计（100℃）。

药品：水杨酸（C.P.）、乙酸酐（C.P.）、浓硫酸。

四、实验步骤

1. 酰化反应

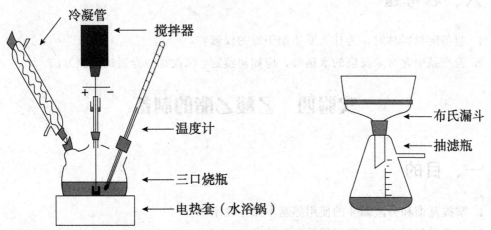

图 17-16 带搅拌器的回流装置及抽滤装置

于干燥的圆底烧瓶中加入 6g 水杨酸和 15mL 新蒸馏的乙酸酐，在振摇下缓慢滴加 10 滴浓硫酸，参照图安装普通回流装置。通水后，搅拌反应液使水杨酸溶解。然后用水浴加热，控制水浴温度在 75～80℃之间，反应 45min。撤去水浴，趁热于球形冷凝管上口加入 2mL 蒸馏水，以分解过量的乙酸酐。稍冷后，拆下冷凝装置。在搅拌下将反应液倒入盛有 100mL 冷水的烧杯中，并用冰－水浴冷却，放置 20min。待结晶析出完全后，减压过滤，得粗品。

2. 精制

将上述所得粗品置于 200mL 烧杯中，加入无水乙醇 20mLl，于水浴上微热溶解；之后再加入 70mL 热水至 80℃；全部溶解，加少量的活性炭脱色，趁热过滤；滤液如有固体析出，则加热至溶解；放置，自然冷却至室温，即慢慢析出白色针状结晶；抽滤，用少量冷水洗涤二次；抽干，置红外灯下干燥（不超过 60℃为宜），即得精品。测定熔点，计算收率。

五、注意事项

1. 酰化时所用仪器必须干燥无水。

2. 刚开始加入原料和反应物时，勿将固体黏附至瓶颈壁上。

3. 水浴加热时应避免水蒸气进入锥形瓶中，以防醋酐和生成的阿司匹林水解。同时反应温度不宜过高，否则会增加副产物（乙酰水杨酰水杨酸酯、水杨酰水杨酸酯等）的生成。

4. 浓硫酸具有强腐蚀性，应避免触及皮肤或衣物。

5. 由于阿司匹林微溶于水，所以洗涤结晶时，用水量要少些，温度要低些，以减少产品损失。

6. 乙酸酐有毒并有较强烈的刺激性，取用时应注意不要与皮肤直接接触，防止吸入大量蒸气。加料时最好于通风橱内操作，物料加入烧瓶后，应尽快安装冷凝管，冷凝管内事先接通冷却水。

六、思考题

1. 制备阿司匹林时，为什么要使用干燥的仪器？

2. 若产品中含有未反应的水杨酸，应如何鉴定？试设计一合适的检测方法。

实验四　乙酸乙酯的制备

一、目的

1. 掌握蒸馏和分液漏斗的使用等基本操作技术。

2. 熟悉酯化反应的原理和酯的制备技术。

二、原理

羧酸和醇在酸催化作用下生成酯和水，本实验是以乙酸和乙醇为原料，采用浓硫酸催化，在 $110 \sim 120\,^{\circ}\text{C}$ 的温度下反应而制得乙酸乙酯。

主反应：

$$CH_3COOH + CH_3CH_2OH \underset{110 \sim 120^{\circ}}{\overset{H_2SO_4}{\rightleftharpoons}} CH_3COOC_2H_5 + H_2O$$

副反应：

$$C_2H_5OH \underset{H_2SO_4}{\overset{140\,^{\circ}\text{C}}{\rightleftharpoons}} C_2H_5OC_2H_5 + H_2O$$

酯化反应为可逆反应，达到平衡后，乙酸乙酯的生成量就不再增加，使用催化剂（如浓硫酸）只能缩短达到平衡的时间。为了使反应向生成酯的方向进行，提高酯的产量，可以采用增加反应物的用量（乙酸或乙醇）及不断将反应产物（乙酸乙酯或水）蒸出等方法。由于乙醇较乙酸便宜，一般将乙醇过量投料，而乙酸乙酯能与水、乙醇形成低沸点的共沸物，很容易从反应体系中蒸馏出来。另外，浓硫酸除催化作用外，还能吸收反应生成的水，有利于酯化反应的进行。

三、实验仪器、药品

仪器：250 mL 三口瓶；直形冷凝管；真空接尾管；150 mL 锥形瓶；真空塞；60 mL 滴液漏斗（以上均为 19#）；温度计（200℃、100℃）；500 mL 烧杯 2 个；量筒（10mL、100mL）；125mL 分液漏斗；维氏分馏柱；蒸馏头 19#、水浴锅（或电热套）。

药品：95％乙醇溶液、冰醋酸、浓硫酸（密度 18.4g/mL）、饱和碳酸钠溶液、饱和氯化钙溶液、饱和食盐水、无水硫酸镁、pH 试纸。

四、实验内容

1. 合成反应

在 250mL 三颈瓶中，加入 95％乙醇溶液 12mL，在摇动下慢慢分次加入浓硫酸 12mL，使混合均匀，并加入几粒沸石。三颈瓶左口插入温度计，中口插入 60mL 滴液漏斗（其末端用橡皮管接一个带尖嘴的玻璃管），漏斗末端（即带尖嘴玻璃管）及温度计水银球均应浸入液面以下，距瓶底约 0.5～1cm。三颈瓶右口装一玻璃弯管，并与直形冷凝管连接，冷凝管末端连接～接液管，伸入 50mL 锥形瓶中。反应装置如图 17-17 所示。

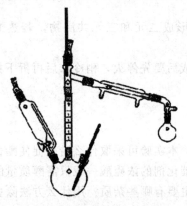

图 17-17 乙酸乙酯合成装置图

将 95％的乙醇溶液 12mL 与冰醋酸 12mL 混合均匀后加入滴液漏斗中。先缓缓滴入蒸馏瓶内约 3～4mL，然后用油浴（或电热套）加热三颈瓶，使瓶内反应液温度升至 110～120℃左右。此时应有液体蒸出，再由滴液漏斗慢慢滴加其余混合液。控制滴加速度和馏出速度大致相等，并保持反应液温度在 110～120℃之间（约需 1h 左右）。加料完毕后，继续加热数分钟，直至温度升高到 130℃，不再有液体馏出为止。撤去热源，取下接收器。

2. 精制

馏出液中含有乙酸乙酯及少量乙醇、乙醚、水和醋酸等。向馏出液中慢慢加入饱和碳酸钠溶液约 10mL，边加边振摇（注意活塞放气）后，静置分层。分出下层水相层，酯层用 10mL 饱和食盐水洗涤一次，放出下层食盐水层，再用 20mL 饱和氯化钙溶液分两次洗涤。弃去下层液体，酯层自漏斗上口倒入干燥的 50mL 锥形瓶中，加入无水硫酸镁 2～3g

脱水干燥约半小时。将经过干燥的粗乙酸乙酯滤入 60mL 蒸馏烧瓶中，加入几粒沸石后，在水浴上进行蒸馏。收集 73～78℃ 的馏分，称重，测定产品的折光率，计算产率。

乙酸乙酯为无色而有香味的液体，沸点为 77.06℃，n_D^{20} 为 1.3723。

五、注意事项

1. 本实验所用的酯化方法仅适用于合成一些低沸点的酯类。其优点是反应能连续进行，用较小容积的反应瓶即可制得大量的产物。用此法制备沸点高的酯类，效果不太理想。

2. 当采用油浴加热时，油浴的温度约在 135℃ 左右。也可采用电热套或在石棉网上用小火直接加热，但反应液的温度必须控制在 120℃ 以内，否则会增加副产物乙醚的含量。

3. 分液漏斗滴加混合液的速度不宜太快，否则会使醋酸和乙醇来不及作用而被蒸出，从而影响产量。

4. 用饱和碳酸钠洗涤的目的是除去馏出液中的酸性物质，用饱和氯化钙溶液洗涤的目的是除去未反应的醇。但在用氯化钙溶液洗涤前必须先洗去残余的碳酸钠，否则会产生絮状的碳酸钙沉淀，使进一步分离变得困难。用饱和食盐水代替水进行洗涤，是因为酯在盐水中的溶解度比在水中溶解度（每 17 份水能溶解 1 份乙酸乙酯）小，可降低用水洗涤造成的损失。

5. 乙酸乙酯和水或醇能形成二元和三元共沸物，若蒸馏前洗涤不净或干燥不够时，都会使沸点降低，影响产率。

6. 装置要严密，反应完成后要先停火，稍冷却后再拆下接收器，防止产物挥发。

六、思考题

1. 酯化反应有什么特点？本实验可采取什么措施促使酯化反应向生成物方向进行？
2. 在酯化反应中，用作催化剂的浓硫酸一般只需醇质量的 3%，此处为何采用 12mL？
3. 蒸出的粗乙酸乙酯中主要有哪些杂质？用什么方法除去？

实验五　从茶叶中提取咖啡因

一、目的

1. 通过从茶叶中提取咖啡因，掌握一种从天然产物中提取纯有机物的方法
2. 学会使用索氏提取器和升华的基本操作。

二、原理

咖啡因具有刺激心脏、兴奋大脑和利尿的作用，是心脏、呼吸器官和神经的兴奋剂。

它是止痛片复方阿司匹林——APC（即阿司匹林-非那西汀-咖啡因）的一个组分。咖啡因又称咖啡碱，是茶叶中含量较多的生物碱，化学名称为 1，3，7-三甲基-2，6-二氧嘌呤，构造式如下

咖啡因是弱碱性化合物，味苦，能溶于氯仿（室温时饱和浓度为 12.5％），微溶于水和乙醇等。它为白色针状晶体，在 100℃时失去结晶水，并开始升华，120℃时升华相当显著，178℃时迅速升华。

茶叶中含有多种生物碱，其中咖啡碱约占 1％～5％，此外还含有色素、纤维素、蛋白质等。在实验室制备是从茶叶中提取咖啡因，常用索氏提取器连续提取。

三、仪器与药品

索氏（Soxhlet）提取器、蒸发皿、茶叶、95％乙醇溶液。

图 17-18 索氏提取装置

四、实验步骤

1. 索氏提取器提取法

称取 10g 茶叶，放入 150mL 索氏提取器中，在圆底烧瓶中加入 80～100mL 95％乙醇溶液，水浴加热回流提取，直到提取液颜色较浅为止。待冷凝液刚刚虹吸下去时，即可停

止加热。稍冷却后，改成蒸馏装置，把提取液中大部分乙醇蒸出（回收），趁热把瓶中剩余液倒入蒸发皿中，留作升华法提取咖啡因。

2. 升华法提取咖啡因

向提取液中加入 4g 生石灰粉，搅成浆状，在蒸气浴上蒸干，除去水分，使成粉状，然后移至石棉网上用酒精灯小火加热，焙炒片刻，除去水分。在蒸发皿上盖一张刺有许多小孔且孔刺向上的滤纸，再罩一个合适漏斗，漏斗颈部塞一小团疏松棉花，用酒精灯隔着石棉网小心加热，适当控温，当发现有棕色烟雾时，即升华完毕，停止加热。冷却后，取下漏斗，轻轻揭开滤纸，刮下咖啡因，残渣经搅拌后，用较大火再加热片刻，使升华完全。合并几次升华的咖啡因。

五、注意事项

1. 脂肪提取器的虹吸管极易折断，装置仪器和取拿时须特别小心。

2. 滤纸套大小既要紧贴器壁，又能方便取放，其高度不得超过虹吸管，滤纸包茶叶末时要严谨，防止漏出堵塞虹吸管，纸套上面折成凹形，以保证回流液均匀浸润被提取物。

3. 若提取液颜色很淡时，即可停止提取。

4. 瓶中乙醇不可蒸得太干，否则残液很黏，转移时损失较大。

六、思考题

（1）提取咖啡因时用到生石灰，它起什么作用？

（2）从茶叶中提取出的咖啡因有绿色光泽，为什么？

实验六　对甲苯磺酸钠的制备

一、目的

1. 掌握对甲苯磺酸钠合成的原理和技术。

2. 掌握减压过滤操作技术。

二、原理

对甲苯磺酸通常是由甲苯和浓硫酸反应来制备的，属于苯环上的磺化反应。由于甲基是邻、对位定位基，产物有两种：邻甲苯磺酸和对甲苯磺酸。因受空间效应的影响，产物以对甲苯磺酸为主。对甲苯磺酸是一种很强的有机酸，不仅能与碱作用生成盐，而且可与氯化钠建立平衡生成盐。

主反应：

$$\text{C}_6\text{H}_5\text{CH}_3 \xrightarrow{\text{H}_2\text{SO}_4} \text{CH}_3\text{-C}_6\text{H}_4\text{-SO}_3\text{H} \xrightarrow{\text{NaCl}} \text{CH}_3\text{-C}_6\text{H}_4\text{-SO}_2\text{Na}$$

副反应：

$$\text{C}_6\text{H}_5\text{CH}_3 + \text{H}_2\text{SO}_4 \longrightarrow \text{CH}_3\text{-C}_6\text{H}_4(\text{SO}_3\text{H}) + \text{H}_2\text{O}$$

三、仪器药品

仪器：圆底烧瓶、分水器、球形冷凝管、烧杯、布氏漏斗、吸滤瓶。
药品：甲苯、浓硫酸、饱和食盐水、活性炭。

四、实验内容

在 250mL 干燥的圆底烧瓶中放入 25mL 甲苯，慢慢加入 5.5mL 浓硫酸，并不断摇动圆底烧瓶，使两种液体尽量混合均匀。然后加入几粒沸石。将圆底烧瓶固定在铁架台的石棉网上，在圆底烧瓶上口安装一个分水器，分水器上口再安装一个球形冷凝管，如图 17-19 所示。

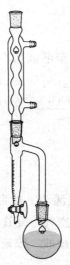

图 17-19　分水回流装置

加热回流，此时逐渐有水积累在分水器中，当水积存约 2mL 时（约回流 2h），可停止反应。反应液趁热倒入盛有 35mL 饱和氯化钠水溶液的烧杯中，搅拌并用冷水冷却烧杯，则有沉淀析出，减压过滤，滤出粗产品。

将粗产物放入盛有 35mL 25％氯化钠溶液的烧杯中，将烧杯放在铁架的石棉网上，加热煮沸。微冷后，加入 0.2g 活性炭，再煮沸 2~3min，趁热过滤，冷却滤液则析出产物。减压过滤，用饱和氯化钠溶液洗涤滤饼 1~2 次，抽滤压干滤饼，取出滤饼放在表面皿上干燥。称重，计算产率。

五、思考题

1. 本实验为何使甲苯过量？计算反应产率时应以何种物质为基准？

2. 本实验中生成的邻甲苯磺酸是如何除去的？

3. 在本实验中，将反应液倒入饱和氯化钠水溶液中（第一次使用饱和氯化钠溶液），而在实验后期，则用饱和氯化钠溶液洗涤产物（第二次使用饱和氯化钠溶液）。这两次氯化钠的作用各是什么？

实验七　苯乙酮的制备

一、目的

1. 掌握苯乙酮的制备原理和技术。

2. 巩固搅拌、回流、萃取、蒸馏等操作技术。

二、原理

在无水氯化铝的催化作用下，苯与亲电试剂乙酐作用，在苯环上发生亲电取代反应，引入乙酰基，生成苯乙酮。反应式如下：

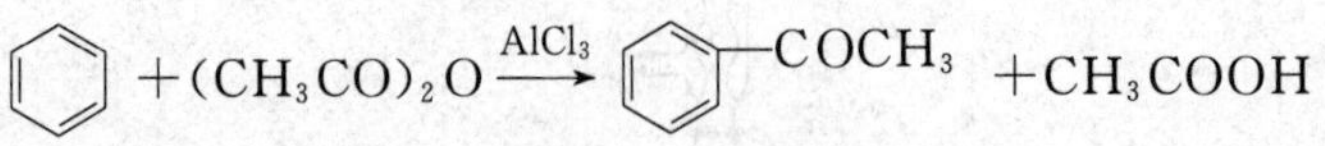

$$\text{〈苯环〉} + (CH_3CO)_2O \xrightarrow{AlCl_3} \text{〈苯环〉}-COCH_3 + CH_3COOH$$

三、仪器药品

仪器：三口瓶、液封搅拌器、滴液漏斗、球形冷凝管、氯化钙干燥管、烧杯、小漏斗、分液漏斗、蒸馏瓶、直形冷凝管、空气冷凝管、锥形瓶、温度计。

药品：苯、无水氯化铝、乙酐、浓盐酸、浓硫酸、5％氢氧化钠水溶液、无水硫酸镁 C. P.

四、实验步骤

取 100mL 干燥的三口烧瓶在中间瓶口安装液封搅拌器（液封管内放入浓硫酸），两个侧口分别安装滴液漏斗和球形冷凝管，球形冷凝管上口安装连有吸收装置的氯化钙干燥管，如图 17-20 所示。

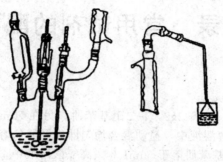

图 17-20　苯乙酮合成装置

在三口烧瓶中迅速加入 16g 无水氯化铝和 20mL 苯，在滴液漏斗中加入 4.7mL 乙酐和 5mL 苯的混合液，在搅拌下慢慢滴加乙酐和苯的混合物。反应很快发生，并有氯化氢气体放出，氯化铝逐渐溶解，反应物温度也逐渐升高。此时应控制乙酐和苯混合物的滴加速度，维持苯缓慢回流，加料时间约需 10min。加料完毕后，关闭滴液漏斗旋塞，然后将三口烧瓶放在水浴上加热，保持缓慢回流 1h。

待反应物冷却后，将反应物倒入盛有 50g 碎冰的 400mL 烧杯中，在倒入时应不断搅拌。然后在搅拌下慢慢加入浓盐酸至氢氧化铝沉淀全部溶解为止（约需 30mL 浓盐酸）。将烧杯中的液体全部倒入分液漏斗中，分出苯层，水层用 20mL 苯分两次萃取。萃取后的苯溶液与最初分离出的苯溶液合并，然后用 15mL 5％氢氧化钠溶液洗涤，再用 10～15ml 水洗。分出苯层，用无水硫酸镁干燥。将干燥后的苯溶液倒入 50mL 圆底烧瓶中，安装好蒸馏装置。在接引管的侧口上连一橡皮管通入水槽中或引至室外。在水浴上加热蒸馏，直至无苯蒸出为止。将水浴锅换成石棉网，然后加热蒸出残留的苯。当温度升至 140℃ 左右时停止加热。稍冷后，改换空气冷凝管和接收瓶。再加热进行蒸馏，收集 195～202℃ 的馏分。产量约 3.5～4g。

五、思考题

1. 为什么用过量的苯和无水氯化铝？
2. 为什么要缓慢滴加乙酐？
3. 为什么要将反应后的混合物倒入冰水中？直接倒入水中是否可以？

附录　常用试剂的配制

1.2，4-二硝基苯肼溶液

Ⅰ. 在 15mL 浓硫酸中，溶解 3g2，4-二硝基苯肼。另在 70mL95％乙醇里加 20mL 水，然后把硫酸苯肼倒入稀乙醇溶液中，搅动混合均匀即成橙红色溶液（若有沉淀应过滤）。

Ⅱ. 将 1.2g2，4-二硝基苯肼溶于 50mL30％高氯酸溶液中，配好后储于棕色瓶中，不易变质。

Ⅰ法配制的试剂，2，4-二硝基苯肼浓度较大，反应时沉淀多便于观察。Ⅱ法配制的试剂由于高氯酸盐在水中溶解度很大，因此便于检验水中醛且较稳定，长期贮存不易变质。

2. 卢卡斯（Lucas）试剂

将 34g 无水氯化锌在蒸发皿中强热熔融，稍冷后放在干燥器中冷至室温。取出捣碎，溶于 23mL 浓盐酸中（比重 1.187）。配制时须加以搅动，并把容器放在冰水浴中冷却，以防氯化氢逸出。此试剂一般是临用时配制。

3. 托伦（Tollens）试剂

Ⅰ. 取 0.5mL10％硝酸银溶液于试管里，滴加氨水，开始出现黑色沉淀，再继续滴加氨水，边滴边摇动试管，滴到沉淀刚好溶解为止，得澄清的硝酸银氨水溶液，即托伦试剂。

Ⅱ. 取一支干净试管，加入 1mL5％硝酸银，滴加 5％氢氧化钠溶液 2 滴，产生沉淀，然后滴加 5％氨水溶液，边摇边滴加，直到沉淀消失为止，此为托伦试剂。

无论Ⅰ法或Ⅱ法，氨的量不宜多，否则会影响试剂的灵敏度。Ⅰ法配制的 Tollens 试剂较Ⅱ法的碱性弱，在进行糖类实验时，用Ⅰ法配制的试剂较好。

4. 谢里瓦诺夫（Seliwanoff）试剂

将 0.05g 间苯二酚溶于 50mL 浓盐酸中，再用蒸馏水稀释至 100mL。

5. 希夫（Schiff）试剂

在 100mL 热水中溶解 0.2g 品红盐酸盐，放置冷却后，加入 2g 亚硫酸氢钠和 2mL 浓盐酸，再用蒸馏水稀释至 200mL。

或先配制 10mL 二氧化硫的饱和水溶液，冷却后加入 0.2g 品红盐酸盐，溶解后放置数小时使溶液变成无色或淡黄色，用蒸馏水稀释至 200mL。

此外，也可将 0.5g 品红盐酸盐溶于 100mL 热水中，冷却后用二氧化硫气体饱和至粉红色消失，加入 0.5g 活性炭，振荡过滤，再用蒸馏水稀释至 500mL。

本试剂所用的品红是假洋红（Para－rosaniline 或 Para－Fuchsin），此物与洋红（Rosaniline 或 Fuchsin）不同。希夫试剂应密封贮存在暗冷处，倘若受热或见光，或露置空气中过久，试剂中的二氧化硫易失去，结果又显桃红色。遇此情况，应再通入二氧化硫，使颜色消失后使用。但应指出，试剂中过量的二氧化硫愈少，反应就愈灵敏。

6. 0.1％茚三酮溶液

将 0.1g 茚三酮溶于 124.9mL95％乙醇中，用时新配。

7. 饱和亚硫酸氢钠

先配制 40％亚硫酸氢钠水溶液，然后在每 100mL 的 40％亚硫酸氢钠水溶液中加入不含醛的无水乙醇 25mL，溶液呈透明清亮状。

由于亚硫酸氢钠久置后易失去二氧化硫而变质，所以上述溶液也可按下法配制：将研细的碳酸钠晶体（$Na_2CO_3 \cdot 10H_2O$）与水混合，水的用量使粉末上只覆盖一薄层水为宜，然后在混合物中通入二氧化硫气体，至碳酸钠近乎完全溶解，或将二氧化硫通入 1 份碳酸钠与 3 份水的混合物中，至碳酸钠全部溶解为止，配制好后密封放置，但不可放置太久，最好用时新配。

8. 饱和溴水

溶解 15g 溴化钾于 100mL 水中，加入 10g 溴，振荡即成。

9. 莫利许（Molish）试剂

将 α-萘酚 2g 溶于 20mL95％乙醇中，用 95％乙醇稀释至 100mL，贮于棕色瓶中，一般用前配制。

10. 盐酸苯肼－醋酸钠溶液

将 5g 盐酸苯肼溶于 100mL 水中，必要时可加微热助溶，如果溶液呈深色，加活性炭共热，过滤后加 9g 醋酸钠晶体或用相同量的无水醋酸钠，搅拌使之溶解，贮于棕色瓶中。

11. 班氏（Benedict）试剂

把 4.3g 研细的硫酸铜溶于 25mL 热水中，待冷却后用水稀释至 40mL。另把 43g 柠檬酸钠及 25g 无水碳酸钠（若用有结晶水的碳酸钠，则取量应按比例计算）溶于 150mL 水中，加热溶解，待溶液冷却后，再加入上面所配的硫酸铜溶液，加水稀释至 250mL，将试剂贮于试剂瓶中，瓶口用橡皮塞塞紧。

12. 淀粉-碘化钾试纸

取 3g 可溶性淀粉，加入 25mL 水，搅匀，倾入 225mL 沸水中，再加入 1g 碘化钾及 1g 结晶硫酸钠，用水稀释到 500mL，将滤纸片（条）浸渍，取出晾干，密封备用。

13. 蛋白质溶液

取新鲜鸡蛋清 50mL，加蒸馏水至 100mL，搅拌溶解。如果浑浊，加入 5％氢氧化钠至刚清亮为止。

14. 10％淀粉溶液

将 1g 可溶性淀粉溶于 5mL 冷蒸馏水中，用力搅成稀浆状，然后倒入 94mL 沸水中，即得近于透明的胶体溶液，放冷使用。

15. β-萘酚碱溶液

取 4g β-萘酚，溶于 40mL5％氢氧化钠溶液中。

16. 斐林（Fehling）试剂

斐林试剂由斐林试剂 A 和斐林试剂 B 组成，使用时将两者等体积混合，其配法分别是：

斐林试剂 A：将 3.5g 含有五个结晶水的硫酸铜溶于 100mL 的水中即得淡蓝色的斐林试剂 A。

斐林试剂 B：将 17g 五个结晶水的酒石酸钾钠溶于 20mL 热水中，然后加入含有 5g 氢氧化钠的水溶液 20mL，稀释至 100mL 即得无色清亮的斐林试剂 B。

17. 碘溶液

Ⅰ. 将 20g 碘化钾溶于 100mL 蒸馏水中，然后加入 10g 研细的碘粉，搅动使其全溶呈深红色溶液。

Ⅱ. 将 1g 碘化钾溶于 100mL 蒸馏水中，然后加入 0.5g 碘，加热溶解即得红色清亮溶液。

参考文献

1. 陈任宏. 药用有机化学. 化学工业出版社，2005.
2. 徐寿昌. 有机化学. 高等教育出版社，1999.
3. 谷亨杰. 有机化学（第二版）. 高等教育出版社，2000.
4. 田厚伦. 有机化学. 化学工业出版社，2005.
5. 李军. 有机化学. 华中科技大学出版社，2016.